D1673134

Design for Six Sigma$^{+\text{Lean}}$ Toolset

Stephan Lunau (Hrsg.)

Jens-Peter Mollenhauer
Christian Staudter · Renata Meran
Alexis Hamalides · Olin Roenpage
Clemens von Hugo

Design for
Six Sigma⁺ᴸᵉᵃⁿ Toolset

Innovationen erfolgreich realisieren

 Springer

Herausgeber:

Dipl.-Kfm. Stephan Lunau
UMS GmbH Consulting
Hanauer Landstraße 291B
60314 Frankfurt
sl@ums-gmbh.com

Autoren:

Dipl.-Wirt.-Ing., Dipl.-Ing. Jens-Peter Mollenhauer
Dipl.-Bw. Christian Staudter
Dipl.-Vw. Renata Meran
Dipl.-Wirt.-Ing. Alexis Hamalides
Mag. Olin Roenpage
M.A. Clemens von Hugo

UMS GmbH Consulting
Hanauer Landstraße 291B
60314 Frankfurt

ISBN 978-3-540-69714-5 Springer Berlin Heidelberg New York

Bibliografische Information der Deutschen Nationalbibliothek
Die Deutsche Nationalbibliothek verzeichnet diese Publikation in der Deutschen Nationalbibliografie; detaillierte bibliografische Daten sind im Internet über http://dnb.d-nb.de abrufbar.

Springer ist ein Unternehmen von Springer Science+Business Media

springer.de

© Springer-Verlag Berlin Heidelberg

Herstellung: LE-TEX Jelonek, Schmidt & Vöckler GbR, Leipzig
Umschlaggestaltung: WMX Design GmbH, Heidelberg

SPIN 11973676   42/3180YL - 5 4 3 2 1 0   Gedruckt auf säurefreiem Papier

Inhalt

ANHANG

Vorwort

Um im weltweiten Wettbewerb bestehen zu können, ist jedes Unternehmen auf Innovationen angewiesen. Damit aus diesen Innovationen auch kommerzielle Erfolge werden, reichen kreative Ideen und Erfindungen alleine jedoch nicht aus. Immer wichtiger ist auch die Fähigkeit, das neue Produkt oder den neuen Prozess möglichst schnell auf den Markt zu bringen.

Um auf der Grundlage von Kundenbedürfnissen und Marktgegebenheiten kostengünstig und erfolgreich Produkte zu entwickeln, ist ein systematisches Management notwendig. Dies gilt insbesondere für die mittlerweile intensiv diskutierte und umgesetzte offene Innovation; nur ein sinnvolles Schnittstellen- und Informationsmanagement generiert aus vielen guten Ideen einen gemeinsamen Erfolg.

Einen Ansatz für ein solches systematisches Innovations-Management bietet Design for Six Sigma (DFSS). Um Innovationen zielgerichtet umzusetzen, wurde neben dem weltweit angewandten Konzept von Six Sigma^{+Lean} zur Optimierung bestehender Prozesse, ein Konzept entwickelt, das u. a. auf die Einbindung der Mitarbeiter, eine kundenorientierte Entwicklung, Komplexitätsreduktion durch Produktordnungssysteme und Innovationscontrolling im Sinne einer standardisierten Vorgehensweise baut.

Das vorliegende Toolset stellt den von der UMS praktizierten Ansatz dieses Konzeptes dar. Seine einzelnen Werkzeuge sind in einer klaren und übersichtlichen Struktur den Phasen Define, Measure, Analyze, Design und Verify zugeordnet. Dieser rote Faden erleichtert es, die Tools in der Praxis anzuwenden und eine innovative Produkt- bzw. Prozessentwicklung zielgerichtet und effizient zu gestalten.

Mein Dank gilt neben dem gesamten UMS-Team insbesondere den Autoren, die neben Fachwissen und Erfahrung auch eine Menge Engagement in dieses Buch eingebracht haben. Weiterhin danke ich Rike Bosselmann für ihre unermüdliche Geduld in der sprachlichen Ausgestaltung des Buches und Mariana Winterhager für die grafische Umsetzung der Inhalte.

Ich wünsche Ihnen viel Erfolg bei der Umsetzung Ihrer Innovationen.

Frankfurt am Main, Januar 2007
Stephan Lunau

Design For Six Sigma+Lean Toolset

Einführung

Einführung

Inhalt:

Innovation erfolgreich umsetzen

Der Six Sigma^{+Lean}-Ansatz
- Das Ziel von Six Sigma^{+Lean}
- Die vier Dimensionen von Six Sigma^{+Lean}

Die Entwicklung neuer Prozesse bzw. Produkte mit DFSS^{+Lean}

Kritische Erfolgsfaktoren
- Die Akzeptanz der Mitarbeiter
- Die Qualität der verwendeten Werkzeuge und Methoden

Zusammenfassung: Benefits von DFSS^{+Lean}

Innovation erfolgreich umsetzen

Innovation ist heute einer der wichtigsten Erfolgsfaktoren jedes Unternehmens: Laut einer aktuellen Benchmarkstudie der American Productivity and Quality Control (APQC)* erzielen wachstumsstarke Unternehmen bereits 1/3 ihres Umsatzes mit Produkten, die jünger als drei Jahre sind. Außerdem haben sich die Lebenszyklen neuer Produkte in den letzten 50 Jahren durchschnittlich um 400 % verkürzt. Erfolgreiche Innovation beschränkt sich offensichtlich nicht allein auf gute Ideen, sondern setzt auch deren schnelle Umsetzung voraus.
Doch gerade diese Umsetzung bereitet vielen Unternehmen Schwierigkeiten: Es zeigt sich, dass von 100 Forschungs- und Entwicklungsprojekten nur etwa 10 einen wirtschaftlichen Erfolg generieren und selbst eine termingerechte Markteinführung nur bei jedem zweiten Produkt gelingt.

Für die Unternehmen fordert jede Innovation zudem das Abwägen zwischen Kundenansprüchen und internem Aufwand bzw. Risiko. Auf der einen Seite sollen die Kundenanforderungen passgenau erfüllt werden (Effektivität), auf der anderen Seite niedrige Kosten sowie eine schnelle Markteinführung (Effizienz) realisiert werden.

Zwei Seiten der Medaille

Effektivität:
Vollständige Erfüllung der Kundenanforderungen – strategisch die Märkte von Morgen schaffen

Effizienz:
Kosten senken – Wettbewerbsfähigkeit sichern

Es stellt sich die Frage, wie ein Gleichgewicht zwischen dem Nutzen für den Kunden und dem Aufwand für das Unternehmen sichergestellt werden kann.

Innovation erfolgreich umzusetzen bedeutet also eine gute Idee in möglichst kurzer Zeit marktfähig auszuarbeiten und gleichzeitig die Kosten und das Risiko für das Unternehmen zu minimieren. Dies lässt sich nur mit einem systematischen Management der Entwicklungsarbeit erreichen.

* *American Productivity & Quality Center (2003): Improving New Product Development Performance and Practices. Houston (TX): APQC (www.apqc.org/pubs/NPD2003)*

Ein solches Innovationsmanagement muss in der Lage sein, typische Risiken der Produktentwicklung zu vermeiden.

- Kundenbedürfnisse werden nicht oder unvollständig ermittelt, Produkte / Dienstleistungen am Kunden vorbei entwickelt.
- Ressourcen werden gemäß falscher Prioritäten eingesetzt (Ressourcenverschwendung).
- Produkten / Dienstleistungen werden Eigenschaften zugefügt, die die Kunden gar nicht wollen (Overengineering).
- Nur einige wenige Mitglieder im Entwicklungsteam determinieren den Entwicklungsprozess.
- Projektergebnisse werden unvollständig dokumentiert und sind nicht nachvollziehbar.
- Verzögerung der Markteinführung (Time to Market) durch ungeplante und aufwändige Nachbesserungen.

Es muss aber auch flexibel auf die individuellen Anforderungen unterschiedlicher Projekttypen reagieren können.

Projekttyp / Projektmerkmale	Durchbruchinnovation	Mischtypen	Inkrementelle Verbesserung
Komplexität	Hoch		Niedrig
Neuigkeitsgrad	Hoch		Niedrig
Variabilität	Hoch		Niedrig
Strukturierungsgrad	Niedrig		Hoch

DFSS kann für alle Projekttypen eingesetzt werden. Der Einsatz von bestimmten Methoden und Werkzeugen muss jeweils auf die konkrete Entwicklungsaufgabe abgestimmt werden. Die logische Struktur ist allerdings immer gleich.
Mit Design For Six Sigma (DFSS^{+Lean}) wird in den letzten Jahren weltweit und branchenübergreifend ein Ansatz praktiziert, der diese Anforderungen erfolgreich umzusetzen vermag.

Durch eine strukturierte Kombination bewährter Methoden und Werkzeuge aus dem Six Sigma-, Lean Management- und Systementwicklungsumfeld bietet DFSS[+Lean] die Möglichkeit Innovation im Unternehmen systematisch und effizient zu fördern.

Die Beschreibung des Entwicklungsprozesses als DMADV-Phasenzyklus (DMADV = Define, Measure, Analyze, Design, Verify) macht es möglich, DFSS[+Lean] bei unterschiedlichen Innovationsstufen anzuwenden und Prozess- und Produktentwicklungen gleichermaßen zu unterstützen.

DMADV bietet methodische Unterstützung bei drei von fünf Innovationsstufen.

Innovations- stufen	Anwendungsbereiche	Methoden
1	Prozessoptimierung	DMAIC: Eliminierung negativer Qualität
2	Entwicklung eines neuen Produktes basierend auf einem vorhandenen Prozess (gemäß Marktveränderungen)	DMADV: Generierung positiver Qualität
3	Entwicklung eines neuen Prozesses, um ein vorhandenes Produkt zu entwickeln (bspw. bei Produktionstransfers)	
4	Entwicklung eines neuen Produktes und eines neuen Prozesses	
5	Grundlagenforschung	

Das Risiko von Fehlentwicklungen oder "never ending stories" wird signifikant reduziert. Erfolge werden wiederholbar.

Darstellung auf der folgenden Seite.

Mit DFSS⁺ᴸᵉᵃⁿ werden Erfolge wiederholbar

- Die Interaktion der Kunden mit dem Produkt oder dem Prozess wird intensiv studiert – die wahren Bedürfnisse der Zielkunden bilden den Ausgangspunkt
- Die gesamte Wertschöpfungskette von der Idee bis zur Weiterentwicklung wird berücksichtigt
- Im Kernentwicklungsteam sind alle Funktionen enthalten
- Ressourcen werden zielgerichtet eingesetzt
- Klar definierte Phasenabschnitte und -inhalte strukturieren die Entwicklungsarbeit
- Kunden werden zu festgelegten Zeitpunkten zum Feedback animiert
- Ergebnisse werden standardisiert dokumentiert

Design For Six Sigma⁺ᴸᵉᵃⁿ ist ein wesentliches Element des Six Sigma⁺ᴸᵉᵃⁿ -Konzepts und verfolgt den selben Ansatz. Er wird im Folgenden kurz vorgestellt.

Der Six Sigma^{+Lean}-Ansatz

Six Sigma^{+Lean} ist die systematische Weiterentwicklung und Verknüpfung erprobter Werkzeuge und Methoden der Prozessverbesserung. Im Mittelpunkt stehen die konsequente Ausrichtung an den Kundenbedürfnissen und ein Qualitätsbegriff, der den "Nutzen" für die Stakeholder mit einbezieht.

Six Sigma^{+Lean} leitet die Eliminierung von Fehlern und Verschwendung von einer systematischen und faktenbasierten Analyse der Prozesse ab. Durch die Implementierung einer einheitlichen Mess- und Projektsystematik werden Kundenzufriedenheit und Unternehmenswert nachhaltig gesteigert. Das Konzept verpflichtet und mobilisiert alle Führungskräfte und bietet in seiner Konsequenz einen ganzheitlichen Ansatz zur Veränderung der Unternehmenskultur.

Six Sigma^{+Lean} ist in jedem Industrie- und Dienstleistungsbereich anwendbar und stößt auf dem Kapital-, und Arbeitsmarkt auf breite Akzeptanz.
Nicht zuletzt deshalb beeinflusst diese Methode auch das Image und den Shareholder-Value eines Unternehmens positiv.

Das Ziel von Six Sigma^{+Lean}

Six Sigma^{+Lean} zeigt, dass die Forderung nach Qualitätssteigerung bei gleichzeitiger Kostenreduzierung keinen Widerspruch darstellen muss.
Wenn Qualität über den Kunden definiert wird, stellt jede Qualitätssteigerung einen Mehrwert dar, den der Kunde auch zu zahlen bereit ist.
Das Ziel jedes Six Sigma^{+Lean} Projektes lautet daher: Wahrnehmbare Qualität durch marktfähige Produkte erreichen und gleichzeitig die Kosten durch schlanke Prozesse signifikant verringern.

Daraus leitet sich auch die besondere Qualitätsvision von Six Sigma^{+Lean} ab, die den Nutzen sowohl für den Kunden als auch für das Unternehmen zum Ziel hat:

Die Anforderungen der Kunden
**vollständig und wirtschaftlich
erfüllen.**

Die vier Dimensionen von Six Sigma+Lean

Six Sigma+Lean beinhaltet vier wesentliche Elemente bzw. Dimensionen um diese Vision realisieren zu können:

- Den Regelkreis zur Prozessoptimierung DMAIC mit den Phasen: **D**efine, **M**easure, **A**nalyze, **I**mprove, und **C**ontrol.
- Das Vorgehensmodell zur Prozess- und Produktentwicklung DMADV mit den Phasen: **D**efine, **M**easure, **A**nalyze, **D**esign und **V**erifiy – auch bekannt als DFSS (Design for Six Sigma).
- Die übergreifend angewandten Lean Werkzeuge.
- Das Prozessmanagement zur Sicherstellung der Nachhaltigkeit.

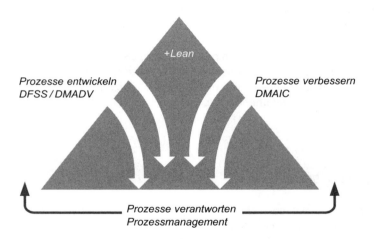

+Lean

Prozesse entwickeln DFSS / DMADV

Prozesse verbessern DMAIC

Prozesse verantworten Prozessmanagement

Six Sigma+Lean verfügt also mit DMAIC über Werkzeuge und Methoden zur Verbesserung von Produkten bzw. Prozessen, und zugleich mit dem DMADV-Zyklus, über einen Ansatz neue Produkte und Prozesse entwickeln zu können.

Der DMAIC-Regelkreis stellt mit fundierten Ergebnissen die Basis für eine systematische und faktenbasierte Projektarbeit dar. Zentrales Ziel dieser Verbesserungsmethode ist es, die Durchlaufzeiten zu senken indem Nacharbeit und Ausschuss verringert und Bestände reduziert werden. Bestehende Potentiale werden durch die systematische Beseitigung von Fehlern realisiert.

Das Vorgehensmodell DMADV bzw. DFSS+Lean zielt dagegen auf die Befriedigung der Kundenbedürfnisse. Basierend auf systematischen Erhebungen werden neue

Produkte und Prozesse entwickelt, die einen Mehrwert (Value) für den Kunden schaffen. Den Rahmen für diese Entwicklungsarbeit bieten die unten aufgeführten Kundenwerte.

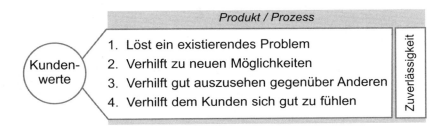

Die Kombination beider Ansätze in Six Sigma⁺ᴸᵉᵃⁿ wird der Erkenntnis gerecht,

"Nichts falsch zu machen bedeutet keinesfalls, alles richtig zu machen!"

Denn während mit DMAIC negative Qualität nachhaltig eliminiert wird, kann mit DFSS⁺ᴸᵉᵃⁿ neue positive Qualität generiert werden.

DMAIC	DMADV / DFSS
Eliminierung negativer Qualität	Generierung positiver Qualität
• Quality / Fehler reduzieren	• Problem solving / Problem beheben
• Speed / Geschwindigkeit erhöhen	• Creating opportunities / Möglichkeiten generieren
• Costs / Kosten reduzieren	• Look good / gut aussehen
	• Feel good / sich gut fühlen

Während der Six Sigma⁺ᴸᵉᵃⁿ-Projektarbeit ergänzen sich beide Ansätze, sodass ein begonnenes DMAIC-Projekt an mehreren Stellen in ein DMADV bzw. DFSS⁺ᴸᵉᵃⁿ-Projekt übergehen oder ein solches bedingen kann.

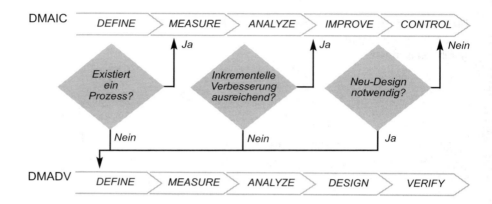

Die Entwicklung neuer Prozesse bzw. Produkte mit DFSS+Lean

DFSS-Projekte konzentrieren sich auf die Generierung von Mehrwert (Value) für die jeweiligen Zielkunden. Ein solcher wahrnehmbarer Mehrwert (Value) entsteht immer dann, wenn ein Produkt / Prozess die Bedürfnisse des Kunden zielgenau befriedigt.

Notwendige Voraussetzung für die Entwicklung von "wertvollen" Produkten und Prozessen ist deshalb die systematische Identifizierung der Kundenbedürfnisse. Gewichtet und priorisiert dienen sie – und nicht die Präferenzen der Entwickler – als Treiber des Projektes.
Zudem erleichtern sie eine Fokussierung der stets begrenzten Ressourcen.

Auf dieser Grundlage ist der unten skizzierte DMADV-Vorgehensplan sowohl für die Entwicklung von Folge-Produkten, als auch für die Erarbeitung gänzlich neuer Produkte bzw. Prozesse geeignet.

Phasen	DMADV-Vorgehensplan
DEFINE	• Business Case • Projektplanung und -abgrenzung
MEASURE	• Verstehen der Kundenbedürfnisse • Transformation in spezifische und messbare Kunden-anforderungen • Ableitung von Zielwerten und Toleranzen
ANALYZE	• Entwicklung eines optimalen High-Level-Designkonzeptes
DESIGN	• Entwicklung des Designs bis ins kleinste Detail • Produktions- und Implementierungsplanung
VERIFY	• Pilot bzw. Test • Vollständige Implementierung • Monitoring der KPI

In jeder Phase dieses DMADV-Zyklus kommen bewährte Werkzeuge und Methoden aus dem Six Sigma-, Lean Management- und Systementwicklungsumfeld
zum Einsatz:

	Tools	Ziel
Define	• Project Charter • Projektrahmen • Multigenerationsplan (MGP) • Gantt-Chart • RACI-Chart • Budgetkalkulation • Stakeholderanalyse-Tabelle • Kommunikationsplan • Risikoanalyse	• Das Projekt ist definiert. • Problem und Ziel sind definiert und durch einen Multigenerationsplan ergänzt. • Das Projekt ist klar abgegrenzt und der Einfluss auf andere Projekte überprüft. • Die Aktivitäten-, Zeit- und Ressourcenplanung ist definiert. • Mögliche Projektrisiken sind abgeschätzt.
Measure	• Portfolioanalyse • Kano-Modell • Kundeninteraktionsstudie • Befragungstechniken • Affinitätsdiagramm • Baumdiagramm • Benchmarking • House Of Quality • Design Scorecard	• Die relevanten Kunden sind identifiziert und segmentiert. • Die Kundenbedürfnisse sind gesammelt, sortiert und priorisiert. • CTQs und Messgrößen sind auf Basis der Kundenbedürfnisse abgeleitet. • Für Messgrößen sind Prioritäten vergeben, Zielwerte und Qualitätskennzahlen definiert.
Analyze	• Funktionsanalyse • Transferfunktion • QFD 2 • Kreativitätstechniken • Ishikawa-Diagramm • TRIZ • Benchmarking • Pugh-Matrix • FMEA • Antizipierte Fehlererkennung • Design Scorecards • Prozessmodellierung • Prototyping	• Aus alternativen High-Level-Konzepten ist das beste Konzept ausgewählt. • Konflikte und Widersprüche im ausgewählten Konzept sind gelöst und Anforderungen an notwendige Ressourcen abgeleitet. • Das Restrisiko ist definiert, Kundenfeedback ist eingeholt und das Konzept ist finalisiert.

Tools	Ziel
Design • QFD 3 • Statistische Verfahren (Toler-ancing, Hypothesentests, DOE) • Design Scorecards • FMEA • QFD 4 • Radar Chart • Lean Toolbox (Wertstromdesign, Pullsyteme, SMED, Lot Sizing, Complexity, Poka Yoke, Prozessaustaktung)	• Das Feindkonzept ist entwickelt, optimiert und evaluiert. • Der Produktionsprozess ist geplant und nach Lean-Vorgaben optimiert. • Die Implementierung des Prozessdesigns ist vorbereitet, involvierte Mitarbeiter sind infor-miert und Kundenfeedback wurde eingeholt.
Verify • PDCA-Zyklus • Projektmanagement • Training • SOPs	• Der Pilot ist durchgeführt, analysiert und das Roll-Out geplant. • Der Produktionsprozess ist implementiert. • Der Prozess ist vollständig an den Prozess-eigner übergeben, die Dokumentation wurde übergeben und das Projekt abgeschlossen.

Die richtige Handhabung dieser Methoden und Werkzeuge trägt einen wesent-lichen Teil zum Erfolg eines DFSS-Projektes bei.

15

Kritische Erfolgsfaktoren

Der Erfolg eines DFSS-Projektes wird neben der Qualität der eingesetzten Methoden und Werkzeuge ebenso stark von der Akzeptanz im Unternehmen determiniert.

[ERFOLG]	(=)	[AKZEPTANZ]	(x)	[QUALITÄT]
Innovative Neu- bzw. Weiterentwicklung bedarfsgerechter Produkte und Service-leistungen, die an eine ausreichende Kunden-anzahl gewinnbringend verkauft werden		• Interdisziplinäres Team mit phasenweise wechselnder Verantwortung • Diszipliniertes Projekt-management im Rahmen der Six Sigma Rollen und Verantwortlichkeiten und unter Anwendung der DFSS^{+Lean}-Werkzeuge • Spezifische und messbare Vorgaben zur Regelung der Zu- und Mitarbeit aller am Entwicklungsprozess beteiligten Abteilungen • Risikomanagement zur Bewertung des Projekt-umfeldes • Aktives Stakeholder-management während des Projektverlaufs		• Dem Kunden "wertvolle" Produkte und Leistungen anbieten, d. h. seine Kundenbedürfnisse erkennen, verstehen und umsetzen können • Stimmigkeit und Abgestimmtheit • Innovative Neu- bzw. Weiterentwicklung, um Probleme im Sinne des Kunden zu lösen und Nutzen / Wert zu generieren • "Qualität" als stringente Ausrichtung der Unter-nehmensleistung an den Kundenanforderungen

Die Akzeptanz der Mitarbeiter

Mehr als alles Andere trägt eine gelungene Umsetzung des DFFS-Projektes zur Akzeptanz im Unternehmen bei.

Durch die Aufstellung eines interdisziplinären Teams, wird deshalb eine bereichs- und funktionsübergreifende Plattform geschaffen, die es ermöglicht, auf Basis der gemeinsam angewandten Werkzeuge und Methoden den Entwicklungsauftrag effizient zu erfüllen. Fehler, Doppelarbeit und Loops werden vermieden, Projektvorgaben werden leichter eingehalten. Die gemeinsame Projektarbeit eta-bliert eine von allen verstandene Sprache und verbessert dadurch die bereichs-übergreifende Kommunikation.

Üblicherweise setzt sich ein DFSS-Kernteam aus Mitarbeitern folgender Bereiche zusammen, bzw. wird von diesen unterstützt:

Das definierte Team wird durch einen internen / externen Coach begleitet, der im Verlauf der Entwicklungsarbeit die notwendigen Methoden und Tools einbringt und gemeinsam mit dem Team anwendet. Dadurch erweitern die Mitarbeiter der verschiedenen Bereiche ihr methodisches Skillset mit bewährten Werkzeugen und Methoden. Der erlernte Erfolg wird wiederholbar.

Der DFSS^{+Lean}-Ansatz investiert also auch zielgerichtet und nachhaltig in das Humankapital. Die daraus resultierende Differenzierung anwendender Unternehmen gegenüber den Wettbewerbern lässt sich auch durch den Einkauf einzelner "wissender" Mitarbeiter nicht aufholen.

Neben einem interdisziplinären Kernteam wird die Akzeptanz des DFSS^{+Lean}-Projektes im Unternehmen durch weitere Faktoren gefördert:

- Management Commitment
- Bereitstellung geeigneter Ressourcen mit ausreichendem Know-how und zeitlicher Verfügbarkeit
- Teamfähigkeit des Kernteams
- Konsequente Anwendung der Werkzeuge und Methoden
- Kreativität
- Einbindung der DFSS Werkzeuge und Methode in bestehende Entwicklungsprozesse
- Definition und Einhaltung des Projektzuschnitts / -rahmens
- Zielorientiertes und konsequentes Projektmanagement

Die Qualität der verwendeten Werkzeuge und Methoden

Analog zur Erfolgsgeschichte von Six Sigma bei der Prozessoptimierung (DMAIC) beruht der Erfolg des DFSS[+Lean]-Konzeptes nicht auf der Erfindung neuer Werkzeuge und Methoden. Im Gegenteil: Viele der in diesem Toolset aufgeführten Methoden und Werkzeuge sind langjährig erprobte und bewährte Hilfsmittel zur Lösung von Herausforderungen im Entwicklungsumfeld. Es ist die Art und Weise wie diese Werkzeuge und Methoden miteinander verknüpft werden, die das DFSS Konzept so erfolgreich macht.

Ein weiterer Erfolgsfaktor des DFSS[+Lean]-Ansatzes ist seine ganzheitliche Betrachtungsweise des Produktlebenszyklus von der Idee bis zur Verwertung des ausgedienten Produktes unter der konsequenten Berücksichtigung von Finanzkennzahlen.

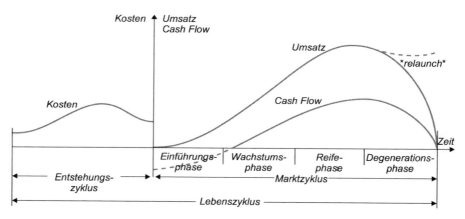

Abbildung aus: Bea / Haas (1997): 113

Eine sinnvolle Kombination der Six Sigma[+Lean] Toolsets DMAIC, DFSS und Lean Management bietet schnelle, zielgerichtete Lösungen auch für schwierige Fragestellungen und sorgt für eine flexible und kundengerechte Weiterentwicklung des jeweiligen Produktes / Prozesses. Die erfolgreiche Umsetzung der Tools wird durch eigene, methodisch qualifizierte Mitarbeiter sichergestellt.

Wer vor einer Entscheidungsfindung über die Nutzung des DFSS[+Lean]-Ansatzes in der betrieblichen Praxis steht, sollte auch den folgenden Aspekt nicht außer Acht lassen:

Die UMS hat in der praktischen Anwendung von DFSS^{+Lean} immer wieder erlebt, wie vorteilhaft es ist, das Konzept in einen bereits bestehenden Entwicklungsprozess zu integrieren. In solchen Fällen kann sich die Qualität der eingesetzten Hilfsmittel optimal entwickeln und die Akzeptanz der beteiligten Mitarbeiter ist garantiert.

Zusammenfassung: Benefits von DFSS^{+Lean}

Da der DFSS^{+Lean}-Ansatz das Ziel hat sowohl die Anforderungen des Kunden als auch die des Unternehmens zu erfüllen, bietet er allen am Entwicklungsprozess Beteiligten vielfältige Vorteile:

Inhalte	Unternehmen	Mitarbeiter / Team
• Wahrnehmbarer Nutzen (Value) • Bedürfnisgerechte Produkte / Prozesse und Systeme • Zuverlässige Produkte / Prozesse und Systeme • Gutes Preis / Leistungs-Verhältnis	• Sicherheit bzw. Risiko-minimierung • Kurze Time-to-Market • Service- und Reparatur-kostenminimierung • Margensicherheit durch USP • Imagesteigerung • Wiederholbare Erfolge	• Effektive Werkzeuge • Einheitliche Sprache • Sicherheit in jeder Phase des Projektes (Flow-up / Flow-down) • Wiederholbare Erfolge • Größere Motivation

Design For Six Sigma^{+Lean} Toolset

Toolset

DEFINE

DEFINE

MEASURE

ANALYZE

DESIGN

VERIFY

Phase 1: Define

Ziele

– Einleitung des Projektes
– Festlegung von Projektumfang und -management
– Festlegung von Projektziele

Projekt initiieren	**Projekt abgrenzen**	**Projekt managen**
• Business Case entwickeln • Probleme und Ziele definieren • Monetären Nutzen kalkulieren • Rollen definieren	• Projektrahmen festlegen • Multigenerationsplan entwickeln • Einfluss auf andere Projekte überprüfen	• Aktivitäten-, Zeit- und Ressourcen planen • Kosten planen • Change Management planen • Projektrisiken abschätzen • Kick-Off-Meeting

Vorgehen

Ein DFSS-Projekt wird in Übereinstimmung mit der Unternehmensstrategie definiert.
Roadmap Define auf der gegenüberliegenden Seite.

Wichtigste Werkzeuge

• Project Charter
• Projektrahmen, Projektabgrenzung
• Multigenerationsplan (MGP)
• Gantt-Chart
• RACI-Chart
• Budgetkalkulation, Kostenplanung
• Kommunikationsplan, Change Management
• Stakeholderanalyse-Tabelle
• Risikoanalyse

22

Roadmap Define

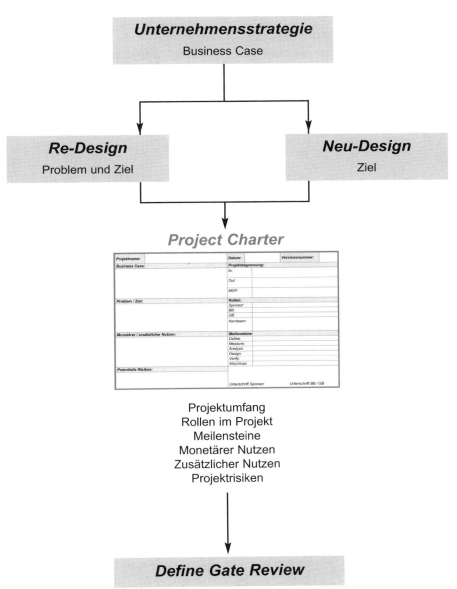

DEFINE

MEASURE

ANALYZE

DESIGN

VERIFY

Project Charter

📁 **Bezeichnung / Beschreibung**
Project Charter, Project Order, Projektauftrag, Projektsteckbrief

🕐 **Zeitpunkt**
Define, Validierung in Measure, Analyze, Design, Verify

◎ **Ziel**
Zusammenfassung aller für die Definition eines Projektes notwendigen Informationen.

▸▸ **Vorgehensweise**
Ein Project Charter stellt das zentrale Dokument der Define-Phase dar. In ihm werden alle wichtigen Informationen zum Start eines Projektes zusammengefasst.
Er besteht aus mehreren Elementen:

Darstellung Elemente des Project Charters

Projekt-initiierung	1.	**Business Case** Begründung, warum das Projekt jetzt durchgeführt werden sollte
	2.a	**Re-Design: Probleme und Ziele** Beschreibung von Problemen / Chancen sowie Zielen in klaren, prägnanten und messbaren Begriffen
	2.b	**Neu-Design: Ziel** Benennung des neuen Produktes / Prozesses und der dazugehörigen Vorgaben und Ziele
	3.	**Projektnutzen** Finanzieller Nutzen des Projektes und ggf. nicht quantifizierbare Soft Savings
	4.	**Rollen** Sponsor, Black Belt, Green Belt, Teammitglieder, Master Black Belt
Projekt-umfang	5.	**Projektabgrenzung** Projektrahmen "In" und "Out", Multigenerationsplan (MGP)
Projekt-management	6.	**Projektmanagement** Hauptschritte und Meilensteine zur Zielerreichung, Projektrisiken

Für die Erstellung eines vorläufigen Project Charters ist der Projektsponsor verantwortlich. Die Inhalte werden mit Management, Deployment Champion, Marketing, Vertrieb und Black Belt / Green Belt abgestimmt.

Darstellung eines Project Charters
Beispiel Passagiersitz

Projektname:	Entwicklung eines Passagiersitzes für Russland	Datum: 17.08.2004		Versionsnummer: D1
Business Case:		**Projektabgrenzung:**		
Marktstudien haben ergeben, dass die Transportunternehmen in Russland ihre Busflotten in den nächsten zehn Jahren zu 80% modernisieren werden. Um dieser Nachfrage zu begegnen, soll ein neuer Passagiersitz basierend auf den Kundenanforderungen entwickelt werden.		*In:*	Passagiersitz, Ein- und Ausbau, Variabilität des Innenraums, Gesetze, Normen	
		Out:	Elektronik am Sitz, Massageeinrichtungen	
		MGP:	Generation I: Marktanteil 30% in Russland bis 2007, modulare Std.-Ausführung	
Problem / Ziel:		**Rollen:**		
Entwicklung und Produktionsstart eines neuen, robusten Passagiersitzes für russische Transportunternehmen bis spätestens 23.12.2004. Die Bushersteller bzw. Lieferanten in Westeuropa sollen aktiv in den Entwicklungsprozess involviert werden.		*Sponsor:*	Dr. Jacomo Franco	
		BB:	Bernhard Fuchsberger	
		GB:		
		Kernteam:	Frau M. (Marketing), Dr. Q. (Q.-Management), Dr. F. (F&E), Herr E. (Einkauf), Frau P. (Produktion), Dr. V. (Vertrieb)	
Monetärer / zusätzlicher Nutzen:		**Meilensteine:**		
Menge 2005: 20.000, Menge 2006: 30.000, Menge 2007: 50.000, Gewinn pro Sitz = 10% vom Netto-Verkaufspreis, Netto-Verkaufspreis = € 100, Steuersatz = 25%, Kapitalkostensatz = 10% => EVA® 2005 = € 150.000, EVA® 2006 = € 225.000, EVA® 2007 = € 375.000, diskontierter EVA® auf 2005 = € 664.500.		*Define:*	17.08.2004	
		Measure:	10.09.2004	
		Analyze:	08.10.2004	
		Design:	05.11.2004	
		Verify:	03.12.2004	
		Abschluss:	23.12.2004	
Potentielle Risiken:				
Verstärkte politische Eingriffe in die russische Binnenwirtschaft, eventuelle Liquiditätsprobleme der Handelspartner, Logistik und Transport der Ware in Russland.		*Unterschrift Sponsor*	*Unterschrift BB / GB*	

DEFINE

MEASURE

ANALYZE

DESIGN

VERIFY

Business Case

🗀 **Bezeichnung / Beschreibung**
Business Case, Darstellung der Ausgangssituation

🕑 **Zeitpunkt**
Define, Define, Validierung in Measure, Analyze, Design, Verify

◎ **Ziele**
– Beschreibung des Geschäftsumfeldes und der Ausgangssituation
– Beschreibung der Bedeutung und Auswirkung des Projektes für Kunden und Unternehmen

▶▶ **Vorgehensweise**
Die Entwicklung des Business Case erfordert die Beantwortung folgender Fragen:
– Vorläufige Markt- und Wettbewerbsanalyse:
  - Zielmarkt- und Zielkundenbeschreibung
  - Vorläufige Kundenanforderungen bzw. - bedürfnisse
  - Nutzen für die Kunden / Marktpotential
  - Wettbewerbsanalyse / Benchmarking
  - Nutzen für das Unternehmen / Umsatzpotential
– Warum soll es jetzt durchgeführt werden?
– Gibt es im Unternehmen andere Projekte, die sich mit diesem Thema befassen?
– Welche anderen Projekte werden mit der gleichen Priorität behandelt?
– Ist das Ziel dieses Projektes mit den Unternehmensstrategien und mittelfristigen Zielen konform?
– Welchen Nutzen hat das Unternehmen vom Projekt?

Die Klärung dieser Fragen erfolgt unter Mitwirkung
– des *Deployment Champion* (unternehmensstrategische Aspekte),
– von *Marketing und Vertrieb* (zielmarkt-, kunden- und wettbewerbsstrategische Voraussagen),
– von *Geschäftsführung und Führungsmitarbeitern,*
– sowie der *Black Belts / Green Belts und potenzieller Teammitglieder,* die ihr Fachwissen einbringen.

⇨ **Tipp**

- Im Business Case werden dem Management und den Stakeholdern auf faktenbasierter und nachvollziehbarer Weise Hintergrund und Kontext des Projektes aufgezeigt.
- Deshalb an dieser Stelle den notwendigen Handlungsdruck vermitteln!
- Für vertiefende Informationen zur Erstellung eines Business Case oder Businessplans sei auf die wirtschaftswissenschaftliche Literatur verwiesen.

DEFINE

MEASURE

ANALYZE

DESIGN

VERIFY

DEFINE

MEASURE

ANALYZE

DESIGN

VERIFY

Re-Design

📁 **Bezeichnung / Beschreibung**
Re-Design Auftrag, Problem- und Zieldarstellung

🕐 **Zeitpunkt**
Define, Projektinitiierung

◎ **Ziel**
Beschreibung des Problems und der angestrebten Verbesserung

▸▸ **Vorgehensweise**
Bei einem Re-Design muss zunächst das Problem klar dargestellt werden.
Die Problembeschreibung kann durch die Beantwortung folgender Fragen
unterstützt werden:
- Was läuft falsch oder entspricht nicht den Anforderungen der Kunden?
- Wann und wo treten die Probleme auf?
- Wie groß sind die Probleme?
- Was sind die Auswirkungen der Probleme?
- Können vom Team Daten erhoben werden, um die Probleme zu quanti-
  fizieren und zu analysieren?
- Warum kann die Verbesserung nicht ohne ein Re-Design erreicht
  werden?

Erst nach einer eindeutigen Darstellung des Problems kann ein klares Ziel
formuliert werden. Dieses Ziel muss messbar sein und ein Abschlussdatum
beinhalten. Sollten durch das Projekt mehrere Probleme angesprochen
werden, müssen dementsprechend auch mehrere Ziele formuliert werden.

⇢ **Tipp**
Die SMART-Regel beachten:
- spezifisch / specific
- messbar / measureable
- abgestimmt / agreed to
- realistisch / realistic
- terminiert / time bound

Viele Projektstarts scheitern an unkonkreten Beschreibungen von Problem- und Zielformulierungen. Benötigt wird eine objektive Beschreibung von Ist- und Soll-Zustand.
Deshalb:
Keine Ursachenbeschreibung, keine Formulierung von Lösungen und keine Schuldzuweisungen!

DEFINE

MEASURE

ANALYZE

DESIGN

VERIFY

DEFINE

MEASURE

ANALYZE

DESIGN

VERIFY

Neu-Design

🗀 **Bezeichnung / Beschreibung**
New-Design, Neu-Design, Entwicklung eines neuen Produktes / einer neuen Dienstleistung / eines neuen Prozesses

🕐 **Zeitpunkt**
Define, Projektinitiierung

◎ **Ziel**
Beschreibung der neuen Produkt- oder Dienstleistungsidee und der damit verbundenen Chancen (wenn kein Re-Design vorliegt)

▶▶ **Vorgehensweise**
Das Entwicklungsziel muss messbar sein und ein Abschlussdatum beinhalten.

⇨ **Tipp**
Die SMART-Regel beachten:
• spezifisch / specific
• messbar / measureable
• abgestimmt / agreed to
• realistisch / realistic
• terminiert / time bound

Viele Projektstarts scheitern an unkonkreten Beschreibungen von Problem- und Zielformulierungen. Benötigt wird eine objektive Beschreibung von Ist- und Soll-Zustand.
Deshalb:
Keine Ursachenbeschreibung, keine Formulierung von Lösungen und keine Schuldzuweisungen!

Projektnutzen

📁 **Bezeichnung / Beschreibung**
Project Benefit, Hard and Soft Savings, Projektnutzen

🕐 **Zeitpunkt**
Define, Validierung in Measure, Analyze. Design, Verify

◎ **Ziel**
Abschätzung des quantitativen und qualitativen Projektnutzens für das Unternehmen

▶▶ **Vorgehensweise**
Entwicklungsprojekte haben das Ziel, die Strategie des Unternehmens zu unterstützen und dementsprechend die wichtigsten Kennzahlen, nach denen ein Unternehmen gesteuert wird, positiv zu beeinflussen.

Der Nutzen des Entwicklungsprojektes wird vom Projektsponsor mit Hilfe des Business Case abgeschätzt und mit einem Mitarbeiter aus dem Controlling verifiziert. Der Projektnutzen wird aus der Differenz zwischen Ist-Zustand (Problem / Chance / Idee) und Soll-Zustand (Ziel) abgeleitet und als Rentabilitätsgröße ausgedrückt.

Der EVA® (Economic Value Added) ist eine Finanzkennzahl, die den Gewinn beschreibt, der über die Kapitalkosten hinaus erwirtschaftet wird. Er wird in der folgenden Betrachtung herangezogen, um exemplarisch die monetären Auswirkungen von DFSS-Projekten darzustellen.
(Darstellung EVA® auf der folgenden Seite.)

Die dargestellten Werttreiber beeinflussen auch andere Finanzkennzahlen, wie z. B. ROI, Cash Flow, EBIDTA, die unternehmensspezifisch zur Steuerung und Kontrolle eingesetzt werden.

Neben dem monetären Nutzen, beinhaltet das Projekt häufig auch nicht quantifizierbare Erfolge, so genannte Soft Savings. Diese sollten ebenfalls berücksichtigt und beschrieben werden.

DEFINE

Klassische Soft Savings sind z. B.:
- Prestigesteigerung über sehr gute Qualität,
- Bekanntheitsgrad der Marke bzw. des Unternehmens,
- gesteigerte Mitarbeitermotivation und Bindung von High Potentials an das Unternehmen,
- erhöhte Sicherheit am Arbeitsplatz (Safety First).

MEASURE

Darstellung EVA® – Werttreiberbaum

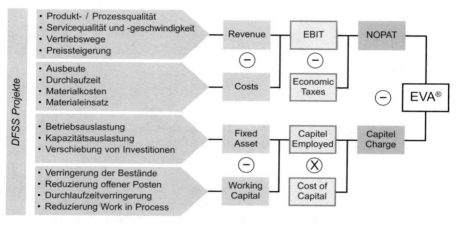

EVA® ist ein eingetragenes Warenzeichen der Unternehmensberatung Stern Stewart & Co.

ANALYZE

DESIGN

VERIFY

Projektteam

📁 **Bezeichnung / Beschreibung**
Project Team, Core Team, Task Force, Projektteam

🕐 **Zeitpunkt**
Define, Projektinitiierung

◎ **Ziel**
Definition eines handlungsfähigen Kernteams

▶▶ **Vorgehensweise**
Ein wesentlicher Erfolgsfaktor von DFSS-Projekten ist ein interdisziplinäres Kernteam, das aus möglichst allen Bereichen der involvierten Wertschöpfungskette zusammengesetzt wird:
- Marketing,
- Vertrieb,
- Entwicklung,
- Produktion,
- Qualitätsmanagement,
- Kundendienst / Service.

Bereits im Vorfeld sollte sich der Projektleiter gemeinsam mit dem Team überlegen, wer mit welcher Kapazität wann benötigt wird.
Dabei ist es ratsam, dem Sponsor gegenüber mit mit konkreten Vorschlägen in die Offensive zu gehen.
Der Sponsor ist dann dafür verantwortlich, dass die vereinbarten Kapazitäten dem Kernteam zur Verfügung gestellt werden.
Es ist wichtig, den Teammitgliedern schon im Kick-Off-Meeting bewusst zu machen, dass sich der Verantwortungsschwerpunkt im Laufe des Projektes von Marketing / Vertrieb über F&E zu Produktion und Qualitätsmanagement verschiebt (*siehe RACI-Chart*).

DEFINE

MEASURE

ANALYZE

DESIGN

VERIFY

Projektabgrenzung

🗀 **Bezeichnung / Beschreibung**
In-Out-Frame, Project Scope, Projektrahmen, definierter Projektumfang

🕑 **Zeitpunkt**
Define, Validierung in Measure, Analyze, Design, Verify

◎ **Ziele**
- Fokussierung des Projekts auf abgestimmte Inhalte
- Eindeutige Ausgrenzung projektfremder Themen
- Visuelle Zuordnung der Aspekte
- Gewährleistung eines einheitlichen Verständnisses über das zu entwickelnde Produkt bzw. den zu entwickelnden Prozess

▶▶ **Vorgehensweise**
Folgende Fragestellung kann dabei helfen, ein Projekt sinnvoll abzugrenzen:
- Auf welches Produkt / welchen Prozess soll sich das Team konzentrieren?
- Auf welche Sachverhalte soll innerhalb dieses Projektes verzichtet werden?
- Wie ist dieses Produkt gegenüber anderen Produkten / Produktfamilien abgegrenzt?
- Gibt es Überschneidungen mit anderen Projekten und wie sind die Prioritäten zu setzen?
- Wie soll die Zukunft des Produktes / Prozesses aussehen?

Der Projektrahmen wird in Form eines Bilderrahmens visualisiert. Alle Aspekte die das Projekt betreffen werden in Bezug auf diesen Rahmen positioniert.
Sachverhalte, die vom Team betrachtet werden sollen, liegen innerhalb des Rahmens.
Sachverhalte, die bei diesem Projekt nicht betrachtet werden sollen, liegen außerhalb.
Sachverhalte die nicht eindeutig zugeordnet werden können, werden zunächst auf den Rahmen gelegt. Ihre Positionierung wird anschließend im Team diskutiert. Wird keine Klärung erzielt, so ist der Sponsor hinzuzuziehen.

Darstellung Projektrahmen
Beispiel Passagiersitz

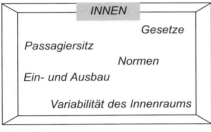

INNEN

Gesetze

Passagiersitz

Normen

Ein- und Ausbau

Variabilität des Innenraums

AUSSEN

Elektronik am Sitz

Massagevorrichtungen

Änderungen des Buslayouts

Projektrahmen

Multigenerationsplan

📋 **Bezeichnung / Beschreibung**
Multi Generational Plan, MGP, Multigenerationsplan

🕑 **Zeitpunkt**
Define, Einhaltung in den Phasen Measure, Analyze, Design, Verify

◎ **Ziele**
- Fokussierung auf bestimmte Inhalte in einem Entwicklungsprojekt
- Unterstützung einer langfristigen Planung
- Ausblick auf die zukünftige Entwicklung des Systems (Produktes / Prozesses)

▶▶ **Vorgehensweise**
Der Multigenerationsplan beschreibt die Systementwicklung an Hand von drei aufeinander aufbauenden Generationen.

Darstellung Multigenerationsplan

Generation I	Generation II	Generation III
Vollziehe den ersten Schritt! Generation I zieht darauf ab, dringliche Probleme abzustellen und Lücken zu füllen.	Verbessere die erreichte Position! Generation II weitet eine abgesicherte Produktbasis aus und beschäftigt sich offensiv mit der Erschließung neuer Zielmärkte.	Generation III strebt einen Quantensprung mit durchschlagendem Erfolg an, z. B. "Technologischer Marktführer".
Stop the bleeding!	Take the offensive!	Attain leadership!

Zeitverlauf

Jede Generation wird beschrieben durch
- ihre Vision / ihr Ziel,
- ihre Merkmale,
- die benötigten Technologien und Plattformen.

Die zeitliche Terminierung des Systems basiert dabei auf der Entwicklung des Marktes und des Wettbewerbs.

⇨ **Tipp**

Weitere Orientierungspunkte sind:

- Prozesse und Systeme, die für eine effizientere und schnellere Entwicklung und Markteinführung von Bedeutung sind.
- Vertriebskanäle und -strukturen, die das Produkt entsprechend im Zielmarkt platzieren können.

Darstellung Multigenerationsplan

Beispiel Passagiersitz

	Generation I	Generation II	Generation III
Vision / Ziel	Passagiersitz für den "Rural Market" in Russland, Marktanteil 30%	Passagiersitz für den "Rural Market" in Osteuropa, Marktanteil 40%	Passagiersitz für den "Rural Market" weltweit, Marktanteil 50%
System- generation	Basierend auf Kundenanforderungen Russlands, modulare Standardausführung	Erweiterung der Standardausführung basierend auf ggf. neuen Kundenanforderungen	Komplexitätserhöhung gemäß lokaler Gegebenheiten
Plattformen und Technologien	Bestehende Prozesse und Technologien, geringe Investitionen, ein weiteres Angebot auf der Website, Katalog ...	Ausbau der Vertriebs- und Serviceprozesse, Unterstützung durch B2B-E-Business Applikationen	Ausweitung der Produktion in andere Länder

DEFINE

MEASURE

ANALYZE

DESIGN

VERIFY

37

Einfluss auf andere Projekte überprüfen

📁 **Bezeichnung / Beschreibung**
Project mapping, Projektlandkarte, Projektübersicht

🕒 **Zeitpunkt**
Define, Validierung in Measure, Analyze, Design, Verify

◎ **Ziele**
- Überprüfung der gegenseitigen Beeinflussung zwischen dem DFSS-Projekt und anderen Projekten im Unternehmen
- Sicherstellung eines effektiven und effizienten Informationsaustauschs

▶▶ **Vorgehensweise**

Die Überprüfung des Einflusses anderer Projekte wird durch die Beantwortung folgender Fragen unterstützt:

Interne Projekte
- Werden im Unternehmen zeitgleich andere Projekte durchgeführt, deren Informationszuwachs im DFSS-Projekt genutzt werden kann?
- Können andere Projekte die Informationen und Zwischenergebnisse des DFSS-Projektes verwenden?
- Beeinflussen andere Projekte das DFSS-Projekt hinsichtlich zu erwartender Engpässe in Testumgebung, Produktion, Marketing, Einkauf, Vertrieb?
- Wie sollen die Informationen dokumentiert und kommuniziert werden, um einen effektiven und effizienten Informationsaustausch zwischen den Mitarbeitern verschiedener Projekte zu gewährleisten?

Externe Projekte
- Welche Projekte werden von den Wettbewerbern bearbeitet?
- Welche Initiativen oder Projekte werden von den Kunden durchgeführt?
- Sind im Projektverlauf regulatorische Änderungen während des Projektverlaufs zu erwarten?

Darstellung Projektlandkarte
Beispiel Passagiersitz

Zu berücksichtigende Projekte	
Extern	*Intern*
Neuentwicklungen der Wettbewerber	Projekt Single Sourcing (Procurement)
Optimierungsinitiativen der Kunden	Projekt Optimierung Lackierprozess
EU-Initiative Brandschutz in Passagierbussen	Projekt Restrukturierung

DEFINE

MEASURE

ANALYZE

DESIGN

VERIFY

DEFINE

MEASURE

ANALYZE

DESIGN

VERIFY

Projektmanagement

📁 **Bezeichnung / Beschreibung**
Project Management, Projektmanagement, Projektplanung, Projektüberwachung und -steuerung

🕐 **Zeitpunkt**
Define, Measure, Analyze, Design, Verify

◎ **Ziele**
– Erreichen des Projektziels mit den vorhandenen Ressourcen
– Einhaltung von Zeit- und Budgetvorgaben
– Etablierung geeigneter Planungs- und Steuerungselemente

▶▶ **Vorgehensweise**
Das Projektmanagement kann wie im Folgenden dargestellt strukturiert werden.

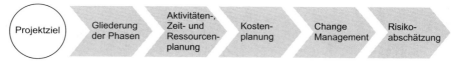

Ein erfolgreiches Projektmanagement ist von einigen wesentlichen Merk-
malen geprägt:
– ein interdisziplinäres Team,
– die detaillierte Projektplanung,
– die eindeutige Festlegung von Kompetenzen für Projekt- und Linien-
  funktionen,
– frühe Integration aller involvierten Bereiche sowie der externen Partner
  (Kunden, Zulieferer, Testinstitute, Hochschulen, etc.),
– dem Einsatz von effektiven und effizienten Planungs- und Steuerungs-
  elementen,
– die kontinuierliche Projektüberwachung und -steuerung,
– die strukturierte Dokumentation von Informationen,
– die zielgerichtete und strukturierte Kommunikation im Team und außerhalb des Unternehmens.

Aktivitäten-, Zeit- und Ressourcen-planung

🗀 **Bezeichnung / Beschreibung**
Projektplan, Project Schedule

🕑 **Zeitpunkt**
Define, Measure, Analyze, Design, Verify

◎ **Ziele**
– Festlegung der Meilensteine des Projektes
– Identifizierung der Aktivitäten
– Zuordnung der Ressourcen
– Visualisierung zeitlicher und inhaltlicher Abhängigkeiten

▶▶ **Vorgehensweise**
Die Gliederung in Projektphasen ist durch die DMADV-Vorgehensweise festgelegt. Die Gate-Reviews zu den DMADV-Phasenabschlüssen sind dabei die Hauptmeilensteine des Projektes (siehe Gate Reviews).
Die Aktivitäten in jeder Phase werden detailliert geplant.

Darstellung Aktivitätenplanung gemäß DMADV (exemplarisch)

	Aktivität	
	Projekt initiieren	Business Plan erstellen
		Probleme und Ziele definieren
		Monetären Nutzen abschätzen
		Rollen definieren
DEFINE	Projekt abgrenzen	Projektumfang festlegen (In / Out)
		Multigenerationsplan entwickeln
		Einfluss anderer Projekte untersuchen
	Projekt managen	Project Charter vervollständigen
		Aktivitäten- und Zeitplan erstellen
		Budget festlegen
		Ressourcen planen
		Change Management
		Risiko Management

DEFINE

MEASURE

ANALYZE

DESIGN

VERIFY

	Aktivität	
MEASURE	Kunden auswählen	Kunden identifizieren
		Hypothesen über Kundenbedürfnissse aufstellen
		Hypothesen über Kundenverhalten im Prozess aufstellen
		Kundenbeobachtung und -befragung planen
	Kundenstimmen sammeln	Kunden im Prozess beobachten
		Kunden interviewen
		Zielkosten ermitteln
	Kunden- bedürfnisse spezifizieren	Kundenbedürfnisse ableiten und bewerten
		CTQs und Outputmessgrößen ableiten
		Zielwerte und Outputmessgrößen definieren
		Risiken abschätzen
		Relevanz der CTQs mit dem Kunden überprüfen

	Aktivität	
ANALYZE	Designkonzept identifizieren	Funktionen analysieren
		Abhängigkeiten zwischen Systemfunktionen und Output- messgrößen ableiten
		Verschiedene High-Level-Konzepte entwickeln
	Designkonzept optimieren	Konflikte im gewählten High-Level-Konzept auflösen
		Zur Realisierung erforderliche Ressourcen identifizieren
	Fähigkeiten des Konzeptes überprüfen	Feedback von Kunden und Stakeholdern einholen
		High-Level-Konzept finalisieren
		Entwicklungsrisiken abschätzen

	Aktivität	
DESIGN	Feinkonzept ent- wickeln, testen und optimieren	Konzept im Detail ausarbeiten
	Leistungs- fähigkeit für Soll-Produktion überprüfen	Systemfähigkeit untersuchen
		System (Produkt / Prozess) optimieren
		Feedback von Kunden und Stakeholdern einholen
		Systemdesign einfrieren
	Lean-Prozess entwickeln und optimieren	Prozessmanagement vorbereiten
		Pilot-Plan erstellen
		Control- und Reaktionsplan erstellen
		Beteiligte Mitarbeiter informieren

DEFINE

Aktivität		
Implementierung vorbereiten	KPI-System aufbauen	
	Prozessmonitoring aufbauen	
	Prozessmanagement-Diagramm erstellen	
	Prozess pilotieren	
Prozess implementieren	Finale SOPs und Prozessdokumentation erstellen	
	Implementierung durchführen	
Prozess übergeben	Prozessdokumentation übergeben	
	Projektabschluss durchführen	
	Verify Gate Review	

(VERIFY)

Die Aktivitäten werden durch die Bestimmung von Anfangs- und End-
terminen zeitlich begrenzt

Darstellung Zeitplanung
Beispiel Measure

Aktivität		Dauer [Tage]	Start	Ende
Kunden auswählen	Kunden identifizieren	1	6.7	7.7
	Hypothesen über Kundenbedürfnissse aufstellen	1	7.7	8.7
	Hypothesen über Kundenverhalten im Prozess aufstellen	1	8.7	9.7
	Kundenbeobachtung und -befragung planen	3	9.7	12.7
Kunden-stimmen sammeln	Kunden im Prozess beobachten	3	12.7	15.7
	Kunden interviewen	5	15.7	20.7
	Zielkosten ermitten	3	20.7	23.7
Kunden-bedürfnisse spezifizieren	Kundenbedürfnisse ableiten und bewerten	1	23.7	24.7
	CTQs und Outputmessgrößen ableiten	1	24.7	25.7
	Zielwerte und Outputmessgrößen definieren	1	25.7	26.7
	Risiken abschätzen	1	26.7	27.7
	Relevanz der CTQs mit dem Kunden überprüfen	1	27.7	28.7

(MEASURE)

Der Zeitbedarf für jede Aktivität wird in einem Gantt-Chart in Form eines
Balkens grafisch dargestellt.
Zeitliche Parallelitäten werden dabei visualisiert.

MEASURE

ANALYZE

DESIGN

VERIFY

Darstellung Gantt-Chart
Ausschnitt Measure

Aktivität		September				Oktober				November			
		1	2	3	4	1	2	3	4	1	2	3	4
Kunden auswählen	Kunden identifizieren												
	Hypothesen über Kundenbedürfnissse aufstellen												
	Hypothesen über Kundenverhalten im Prozess aufstellen												
	Kundenbeobachtung und -befragung planen												
Kunden-stimmen sammeln	Kunden im Prozess beobachten												
	Kunden interviewen												
	Zielkosten ermitteln												
Kunden-bedürfnisse spezifizieren	Kundenbedürfnisse ableiten und bewerten												
	CTQs und Outputmessgrößen ableiten												
	Zielwerte und Outputmessgrößen definieren												
	Risiken abschätzen												
	Relevanz der CTQs mit dem Kunden überprüfen												

⇨ **Tipp**

- Bei komplexeren Entwicklungsprojekten sollte auf Grundlage eines Gantt-Charts ein Netzplan erstellt werden. Der Netzplan visualisiert die Struktur der Abhängigkeiten zwischen Aktivitäten, die durch die Planung der sequentiellen und parallelen Durchführung in einem komplexen Zusammenhang stehen. Mit Hilfe eines Netzplans kann der kritische Pfad des Projektes identifiziert werden. Der kritische Pfad beschreibt die längste Reihe zeitlich voneinander abhängiger Aktivitäten und legt dadurch den Termin des Projektabschlusses fest. Für weiterführende Informationen sei auf die einschlägige Projektmanagementliteratur verwiesen.
- Um einen erfolgreichen Abschluss zu garantieren, werden Einzelaktivitäten bei der Planung oft mit zu großzügigen Zeitreserven versehen (in der Regel 50-200%).
- Diese Zeitreserven sollten in Abstimmung mit den Verantwortlichen gekürzt und stattdessen als Gesamtpuffer an das Ende des kritischen Pfades gelegt werden. So werden die einzelnen Aktivitäten zügiger durchgeführt. Der Gesamtpuffer dient allen Beteiligten zur Erreichung des geplanten Endtermins und wird nicht einfach "vertrödelt".
- Abweichungen vom Zeitplan sollten immer als Soll-Ist-Verläufe in den Diagrammen sichtbar gemacht werden.

DEFINE

- Inhalt und Zweck der einzelnen Aktivitäten müssen während der Projekt-arbeit eindeutig definiert werden. Es besteht sonst das Risiko, dass diese nicht im Sinne des Projektteams umgesetzt werden!

Den geplanten Aktivitäten werden Ressourcen zugeordnet. Dabei sollten folgende Fragen berücksichtigen werden:
- Inwieweit sind die Teammitglieder vom Tagesgeschäft frei gestellt, bzw. mit anderen Aufgaben beschäftigt?
- Wer ist der Ansprechpartner bei Konflikten zwischen Projekt- und Linienorganisation?
- Wann stehen Teammitglieder wegen Urlaub, Fortbildung etc. nicht zur Verfügung?
- Ist externe Unterstützung erforderlich?

Die Verantwortlichkeiten der Teammitglieder in Bezug auf einzelne Aktivi-täten können mit Hilfe eines RACI-Chart festgelegt und visualisiert werden.

MEASURE

ANALYZE

DESIGN

VERIFY

RACI-Chart

📁 **Bezeichnung / Beschreibung**
RACI-Chart, Definition der Zuständigkeiten

🕓 **Zeitpunkt**
Define, Projektmanagement

◎ **Ziele**
– Klare Definition von Zuständigkeiten für Hauptaufgaben
– Vermeidung von Ineffizienzen in der Kommunikation untereinander

▶▶ **Vorgehensweise**
– Projektbeteiligte auflisten
– Hauptaufgaben im Projekt auflisten
– Rolle der Projektbeteiligten den Hautaufgaben zuordnen:
  • **Responsible (R)**; für die Durchführung / Einführung einer Maß-
    nahme verantwortlich
  • **Accountable (A)**: rechenschaftspflichtig. Ein "A" kann nur einmal
    für eine Hauptaufgabe vergeben werden
  • **Consulted (C)**: bei der Durchführung einer Hauptaufgabe zu Rate
    zu ziehen
  • **Informed (I)**: von Entscheidungen und Zwischenergebnissen in
    Kenntnis zu setzten

⇒ **Tipp**
  • Eine eindeutige Definierung der Rollen verringert Kommunikations-
    probleme.
    Das RACI-Chart sollte daher so früh wie möglich erstellt werden.
  • Um Ressourcen-Engpässe zu vermeiden, sollte dasselbe Teammitglied
    nach Möglichkeit nicht zeitgleich für verschiedene Hauptaufgaben
    verantwortlich sein.

DEFINE MEASURE ANALYZE DESIGN VERIFY

Darstellung RACI-Chart
Beispiel DMADV-Projekt

R = Responsible
A = Accountable
C = Consulted
I = Informed

		Geschäftsführung (Frau G.)	Marketing (Frau M.)	F+E (Dr. F.)	Qualitätsmanagement (Dr. Q.)	Einkauf (Herr E.)	Produktion (Frau P.)	Vertrieb (Prof. Dr. V.)	Kundendienst (Frau K.)
MEASURE	Identifizierung des Zielmarktes	A	R					C	
	Erhebung der Kundenanforderungen	I	R		I				I
	Ableitung der CTQs	I	R					R	C
	Benchmarking	I	R					R	C
	Ermittlung von Verbesserungspotentialen	I							
	Technisches Benchmarking		I	A	R		C	I	
	Ableitung von Zielwerten			A	R				
ANALYZE	Entwicklung Designkonzepte	I	C				R		I
	Konzeptauswahl	I	C						
	Entwicklung von Zielkriterien			A	R		R		
	Ableitung von Zielwerten			A	R	C	R		
DESIGN	Entwicklung Feinkonzept		I	A	R	C	R		
	Ableitung der CTPs			A	R	C	R		
	Auswahl der anwendbaren Herstellungsprozesse			C					
	Planung neuer Herstellungsprozesse			C	A	C	R		
	Ableitung von SOPs			C	A		R		
	Auswahl von SOPs			C	A		R		
VERIFY	Planung des Pilots	C	I	R	R	C	A		
	Pilotdurchführung	C	I	R	R	C	A		
	Anpassung des Gesamtprozesses	C	I	R	R	C	A		
	Planung des Roll-Out	C		R	R	C	A		
	Übergabe an den Prozesseigner	C		R	R				

DEFINE

MEASURE

ANALYZE

DESIGN

VERIFY

Kostenplanung

📁 **Bezeichnung / Beschreibung**
Project Budgeting, Kostenplanung, Projektbudgetplanung

🕐 **Zeitpunkt**
Define, Projektmanagement, nach Aktivitäten-, Zeit- und Ressourcenplanung

◎ **Ziele**
– Ermittlung des Budgetbedarfs für das Projekt
– Sicherstellung einer verlässlichen Planung und einer effizienten Budget-
  überwachung

▶▶ **Vorgehensweise**
An Hand einer Kostenaufstellung wird das benötigte Projektbudget ermittelt.

Darstellung Kostenplanung und -überwachung
Aufstellung der Positionen

	Kategorie	Detaillierung Was? Wofür? Wer?	DFSS Phase (DMADV)	Projekt-aktivität	Geplant (Soll)				Aktuell (Ist)				Abweichung	
					Kosten-periode	Netto-Betrag €	Vor-steuer €	Gesamt-Steuer €	Kosten-periode	Netto-Betrag €	Vor-steuer €	Gesamt-Steuer €	Ist-Soll	Begründung
Budgetwirksam (BW)	1. Externe Dienstleistungen													
	2. Materialien und Hilfsmittel													
	3. Reisekosten													
	4. Investitionen													
	5. (z. B. Miete, SW-Lizenzen)													
Nicht-BW	6. Interne Kosten (gemäß IVS*)													

* IVS = Interner Verrechnungssatz der in Anspruch genommenen Mitarbeiter au einer Abteilung [€/h]   Summe:

Die Einhaltung des Projektbudgets wird während des Projektverlaufs vom
Projektleiter überwacht. Hierfür werden die tatsächlichen Kosten den ur-
sprünglich veranschlagten gegenübergestellt.
Eventuelle Differenzen müssen begründet werden.

⇨ **Tipp**

- Bei der Budgetplanung eng mit dem Sponsor zusammenarbeiten! Er sichert in der Regel die Verfügbarkeit des Projektbudgets.
- Bei der Ermittlung interner Verrechnungssätze einen Controller hinzuziehen.
- Bei der Ermittlung des Projektnutzens muss das Projektbudget berücksichtigt werden!

DEFINE

MEASURE

ANALYZE

DESIGN

VERIFY

DEFINE

MEASURE

ANALYZE

DESIGN

VERIFY

Stakeholderanalyse

🗀 **Bezeichnung / Beschreibung**
Stakeholder Analysis, Stakeholderanalyse

🕓 **Zeitpunkt**
Define, Measure, Analyze, Design, Verify

◎ **Ziele**
– Unterstützung für das Projekt gewährleisten
– Ermittlung und Abbau von Widerständen

▶▶ **Vorgehensweise**
Alle wichtigen Personen im Projektumfeld werden identifiziert.
Verhalten und Einstellungen dem Projekt gegenüber werden beurteilt.

Darstellung Stakeholderanalyse

Stakeholder	Einstellung zum Projekt					Maßnahme
	--	-	O	+	++	
Herr A			O	+		
Herr B	O	+				
Herr C			O	+		

-- stark dagegen, - mäßig dagegen, O neutral, + mäßig dafür, ++ stark dafür

Es werden Maßnahmen abgeleitet, die die Akzeptanz einzelner Personen / Personengruppen dem Projekt gegenüber erhöhen.

⇨ **Tipp**
• Stakeholderanalyse gemeinsam mit dem Sponsor erstellen.
• Bei der Vertraulichkeit der Analyse sollte auf den unternehmensspezifischen Umgang mit internen Konflikten und Widerständen Rücksicht genommen werden.

Der Kommunikationsprozess wird in einem Kommunikationsplan beschrieben.

Darstellung Kommunikationsplan

Inhalt	Nachricht
Zweck	Warum soll diese Nachricht an den Empfänger gesendet werden?
Empfänger	Wer soll die Nachricht empfangen?
Verantwortlicher	Wer ist für die Kommunikation verantwortlich?
Medien	Welche Medien sollen eingesetzt werden?
Zeiten	Wann soll kommuniziert werden?
Status	Läuft die Realisierung im Zeitplan?

Durch die Formulierung einer "Elevator Speech" wird bei der Kommunikation nach außen ein einheitliches Erscheinungsbild von Team und Projekt
garantiert. Eine solche "Elevator Speech" soll
- kurz und prägnant sein,
- keine negativen Erfahrungen enthalten,
- die Akzeptanz des Projektes erhöhen.

⇒ **Tipp**
- Zu den Ansprechpartnern sollte ein Vertrauensverhältnis aufgebaut und gepflegt werden.
- Feedback-Schleifen kurz halten ("Stille Post-Effekt" vermeiden) und keine Gerüchte aufkommen lassen!
- Formal einheitliche und einfache Kommunikationsmethoden wählen. Das erhöht das Verständnis und damit die Projektakzeptanz.
- Deshalb auch für aktuelle und regelmäßige Veröffentlichungen sorgen!

DEFINE

MEASURE

ANALYZE

DESIGN

VERIFY

DEFINE

MEASURE

ANALYZE

DESIGN

VERIFY

Change Management

🗁 **Bezeichnung / Beschreibung**
Change Management, Kommunikationsplan, Kommunikationsprozess

🕐 **Zeitpunkt**
Define, Measure, Analyze, Design, Verify

◎ **Ziele**
- Formulierung eines stringenten und effektiven Kommunikations-
prozesses
- Erstellung eines Kommunikationsplans

▸▸ **Vorgehensweise**
Für die involvierten Bereiche werden Ansprechpartner identifiziert.

Darstellung Kommunikationspartner

Thema	Abteilung	Ansprechpartner
Zielmarktdefinition	Geschäftsführung / Marketing	Hr. G.
Marktpreis / Deckungsbetrag	Marketing / Finanzen	Dr. F.
Kundenwünsche evaluieren	Marketing / Fertigung / Kundendienst	Fr. A.
Wettbewerbsanalyse	Marketing / Entwicklung	Fr. B.
Designkonzepte	Entwicklung / Fertigung	Dr. C.
Produktion	Fertigung / Qualtätsmanagement / Zulieferer	Dr. Z.
Organisation	Fertigung / HR	Hr. H.
Vertrieb	Vertrieb	Fr. D.
After-Sales-Service	Kundendienst	Fr. M.

Die ausgewählten Ansprechpartner werden informiert und motiviert.

DEFINE

Um für jeden Ansprechpartner die geeignete Kommunikationsform zu finden, sind folgende Fragen hilfreich:

– Welche Instrumente oder Medien sollen zur Kommunikation genutzt werden?
– Was ist der Zweck der Kommunikation?
– Wer trägt die Verantwortung für welche Kommunikationsaufgaben?
– Wann, wie oft und wie lange soll die Kommunikation stattfinden?

MEASURE

ANALYZE

DESIGN

VERIFY

DEFINE

MEASURE

ANALYZE

DESIGN

VERIFY

Risikoabschätzung

📁 **Bezeichnung / Beschreibung**
Risk Assessment, Risk Analysis, Risikoanalyse, Projektrisikoabschätzung

🕐 **Zeitpunkt**
Define, Measure, Analyze, Design, Verify

◎ **Ziel**
Beurteilung von Risiken hinsichtlich ihrer Eintrittswahrscheinlichkeit und
ihres Einflusses auf den Projekterfolg

▶▶ **Vorgehensweise**
Risiken werden identifiziert und ihre mögliche Auswirkung auf den Projekt-
erfolg analysiert.
Die Eintrittswahrscheinlichkeit dieser Risiken muss abgeschätzt werden.
Mit Hilfe einer Risiko-Management-Matrix können diese Informationen
charakterisiert werden.

Darstellung Risiko-Management-Matrix

		Niedrig	Mittel	Hoch
Eintrittswahrscheinlichkeit	Hoch	Mittleres Risiko	Großes Risiko	Show Stopper
	Mittel	Geringes Risiko	Mittleres Risiko	Großes Risiko
	Niedrig	Geringes Risiko	Geringes Risiko	Mittleres Risiko
		Niedrig	Mittel	Hoch

Einfluss auf Projekterfolg

☐ *Vor Projektfortführung reduzieren oder Projekt stoppen*

▨ *Risiken minimieren bzw. kontrollieren*

☐ *Mit Vorsicht fortfahren*

54

Projektspezifische Risiken werden entsprechend ihrer Einflussnahme klassifiziert. Man unterscheidet:
- Kommerzielle Risiken, z. B. Kapitalinvestitionen, die benötigt werden, um das Projekt erfolgreich abzuschließen
- Wirtschaftliche Risiken, die Einfluss auf das Projekt haben könnten
- Politische Risiken
- Technische Risiken, die die Praxis der Projektdurchführung betreffen
- Change Management-Risiken, die auf Grund der Unternehmenskultur und -struktur auftreten

Darstellung Risiko-Klassifizierung
Beispiel

Risikoart	Häufig beobachtetes Projektrisiko
Kommerziell	Zulieferungen (Abteilungen, Subunternehmer, Kunden, o. Ä.) verzögern sich
Technisch	Die Machbarkeit der technischen Umsetzung steht in Frage
Change Management	Ressourcen stehen nicht zur Verfügung (Personal, Rechner, Testmöglichkeiten, etc.)
	Das Projekt wird von den Mitarbeitern im Unternehmen nicht akzeptiert
	Unternehmensinterne Kompetenz- und Führungsrangeleien

Auf Basis der evaluierten Risiken können bereits vor dem Start des Projektes risikominimierenden Maßnahmen eingeleitet werden.

$\Rightarrow$ **Tipp**
Um rechtzeitiges Handeln zu ermöglichen, sollte der Sponsor frühzeitig über hohe Risiken informiert werden. Sonst macht ggf. der Projektfortschritt ein entsprechendes Handeln unmöglich!

DEFINE

MEASURE

ANALYZE

DESIGN

VERIFY

Kick-Off-Meeting

🗀 **Bezeichnung / Beschreibung**
Kick-Off-Meeting

🕑 **Zeitpunkt**
Start von Define, erste Projektsitzung des gesamten Teams

◎ **Ziele**
- Einbindung der Projektmitglieder in das Projekt
- Darstellung der Bedeutung des Projektes für das Unternehmen
- Information der Teammitglieder zu ihren Rollen, um diese entsprechend auszufüllen
- Einverständnis des Sponsors zum Projekt

▶▶ **Vorgehensweise**
- Termin mit dem Sponsor vereinbaren und dessen Teilnahme sicherstellen.
- Bei einem persönlichen Gespräch mit den potentiellen Teammitgliedern die wesentlichen Züge des Projekt Charters diskutieren. Die Einbeziehung des Sponsors kann dabei hilfreich sein.
- Agenda in Abstimmung mit dem Sponsor und Master Black Belt entwickeln. Meeting nach Maßgabe der Agenda durchführen.
- Teammitglieder, auch des erweiterten Kreises, einladen. Die offizielle Einladung zur Kick-Off Veranstaltung sollte Folgendes beinhalten:
  - Titel der Veranstaltung,
  - Agenda (mit Zeitangaben),
  - Ziele des Tages und
  - Teilnehmer.
- Ansprechende Räumlichkeiten bereitstellen. Diese in ausreichender Menge mit Moderationsmaterial (z. B. Marker, Metaplanwände, Flip Charts mit Papier) ausstatten.
- Die Funktion und Eignung der technischen Hilfsmittel sollte vor Verwendung überprüft werden.
- Protokoll / Dokumentation erstellen.

Gate Review

📁 **Bezeichnung / Beschreibung**
Gate Review, Phasencheck, Phasenabnahme

🕑 **Zeitpunkt**
Zum Abschluss jeder Phase: Define, Measure, Analyze, Design, Verify

◎ **Ziele**
– Den Sponsor von Ergebnissen und Maßnahmen der jeweiligen Phase
  in Kenntnis setzen
– Die Ergebnisse beurteilen
– Über den weiteren Verlauf des Projektes entscheiden

▶▶ **Vorgehensweise**
Die Ergebnisse werden vollständig und nachvollziehbar präsentiert.

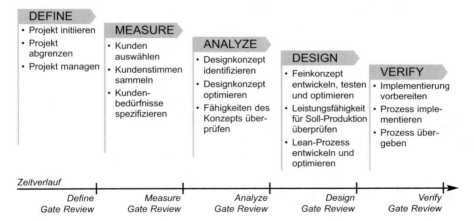

Der Sponsor prüft den aktuellen Stand des Projektes nach folgenden
Kriterien:
– Vollständigkeit der Ergebnisse,
– Wahrscheinlichkeit des Projekterfolges,
– die optimale Allokation der Ressourcen im Projekt.

Der Sponsor entscheidet, ob das Projekt in die nächste Phase eintreten kann.

Sämtliche Ergebnisse der Define Phase werden im abschließenden Define Gate Review dem Sponsor und den Stakeholdern vorgestellt. In einer vollständigen und nachvollziehbaren Präsentation müssen folgende Fragen beantwortet werden:

Zur Projektinitiierung:
- Welches Problem ist Anlass für das Projekt?
- Was ist das Ziel des Projektes?
- Wer sind die Zielkunden?
- Was ist der voraussichtliche Nutzen des Projekts und wie wurde dieser ermittelt?
- Wie sieht die Markt- und Wettbewerbssituation aus?

Zur Projektabgrenzung:
- Welche Aspekte sind Inhalt des Projektes?
- Welche nicht?
- Welcher Einfluss besteht auf andere Projekte?
- Welche Entwicklung wird langfristig angestrebt? Was ist die Vision?

Zum Projektmanagement:
- Wer sind die Teammitglieder und warum wurden diese ausgewählt?
- Wie wurden Rollen und Verantwortlichkeiten im Kernteam definiert?
- Welche Aktivitäten und Ressourcen werden benötigt?
- Wie hoch sind Zeit- und Budgetbedarf?
- Auf welchen Grundlagen wurden diese Daten ermittelt?
- Welche Akzeptanz hat das Projekt?
- Welche Risiken bestehen?
- Welche Maßnahmen wurden / werden dementsprechend eingeleitet?

Design For Six Sigma^{+Lean} Toolset

MEASURE

DEFINE

MEASURE

ANALYZE

DESIGN

VERIFY

Phase 2: Measure

Ziele

- Identifizierung der Kunden und ihrer Bedürfnisse
- Ableitung spezifischer Anforderungen an das System (Produkt / Prozess)
- Festlegung entsprechender Output-Messgrößen und deren Zielwerte und Toleranzen

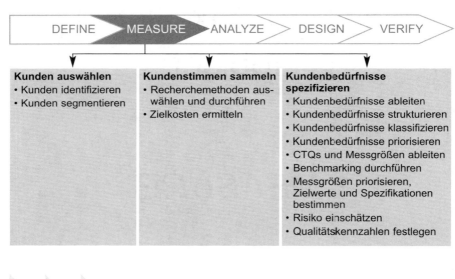

DEFINE	MEASURE	ANALYZE	DESIGN	VERIFY

Kunden auswählen
- Kunden identifizieren
- Kunden segmentieren

Kundenstimmen sammeln
- Recherchemethoden auswählen und durchführen
- Zielkosten ermitteln

Kundenbedürfnisse spezifizieren
- Kundenbedürfnisse ableiten
- Kundenbedürfnisse strukturieren
- Kundenbedürfnisse klassifizieren
- Kundenbedürfnisse priorisieren
- CTQs und Messgrößen ableiten
- Benchmarking durchführen
- Messgrößen priorisieren, Zielwerte und Spezifikationen bestimmen
- Risiko einschätzen
- Qualitätskennzahlen festlegen

Vorgehen

Roadmap Measure auf der gegenüberliegenden Seite.

Wichtigste Werkzeuge

- ABC-Klassifizierung
- Portfolioanalyse
- 6-W-Tabelle
- Befragungstechniken
- Kundeninteraktionsstudie
- Affinitätsdiagramm
- Baumdiagramm
- Kano-Modell
- Analytisch-Hierarchischer-Prozess
- House of Quality

- Benchmarking
- Design Scorecard

DEFINE

MEASURE

ANALYZE

DESIGN

VERIFY

Roadmap Measure

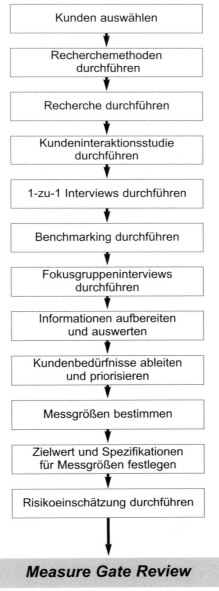

Kunden auswählen

↓

Recherchemethoden durchführen

↓

Recherche durchführen

↓

Kundeninteraktionsstudie durchführen

↓

1-zu-1 Interviews durchführen

↓

Benchmarking durchführen

↓

Fokusgruppeninterviews durchführen

↓

Informationen aufbereiten und auswerten

↓

Kundenbedürfnisse ableiten und priorisieren

↓

Messgrößen bestimmen

↓

Zielwert und Spezifikationen für Messgrößen festlegen

↓

Risikoeinschätzung durchführen

↓

Measure Gate Review

Sponsor: Go / No Go Entscheidung

DEFINE

MEASURE

ANALYZE

DESIGN

VERIFY

Kunden auswählen

🗁 **Bezeichnung / Beschreibung**
Customer selection, Kundenauswahl

🕓 **Zeitpunkt**
Vor Projektstart, Define, Measure

◎ **Ziel**
Fokussierung auf die für den Projekterfolg wichtigsten Kunden

▸▸ **Vorgehensweise**

Darstellung Kundeninteraktion mit Systemen

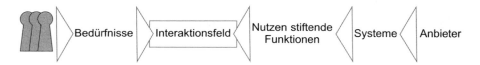

Kunden identifizieren

📂 **Bezeichnung / Beschreibung**
Customer selection, Kundenauswahl

🕒 **Zeitpunkt**
Vor Projektstart, Define, Measure

◎ **Ziel**
Identifizierung des Zielmarktes und der Zielkunden

▸▸ **Vorgehensweise**
Der Gesamtmarkt wird segmentiert und ein Zielmarktsegment bestimmt.
Relevante Zielkunden in diesem Zielmarktsegment werden mittels ge-
eigneter Methoden identifiziert.

Darstellung Marktsegmentierung

Zielkunden des zu entwickelnden Systems sind beispielsweise:
- Endverbraucher / Nutzer
- Kaufentscheider
- Kaufbeeinflusser

Die Zielkunden werden mit Hilfe festgelegter Kriterien charakterisiert bzw.
segmentiert.

DEFINE

MEASURE

ANALYZE

DESIGN

VERIFY

Darstellung Segmentierungskriterien von Kunden

Kunden in Konsumenten-Märkten	*Kunden in Märkten von gewerblichen Abnehmern und Organisationen*
• Demographisch: Alter, Geschlecht, Größe des Wohn- orts, Stadt/Land, Region • Soziographisch: Beruf, Einkommen, Schulbildung, Haushaltsgröße, Familienstand, Konfession • Psychographisch: Persönlichkeitstypen, Lebensstile, Lebensabschnittsphasen, Lebens- ziel	• Art des Unternehmens, der Be- hörde, der Organisation • Branchen, Wirtschaftszweig, Betriebsform • Betriebsgröße • Nicht-Kunde, Interessent, Kunde • Region, Standort, Lage • Stellung innerhalb der Wert- schöpfungskette • Eigentum, Anwendung • Einkaufsverhalten

⇒ Tipp

- Es sollten bereits vor Beginn des DFSS-Projektes Vorstellungen über die Zielkunden/den Zielmarkt bestehen. Dazu gehört auch, ob und in welchem Verhältnis es sich um Neukunden und bestehende Kunden handelt. Dieses sollte in einem vorläufigen Business Case dokumentiert sein, der in dieser Phase validiert wird.
- Alle notwendigen Informationen können Mitarbeiter der Marketing- abteilung oder Vertriebsmitarbeiter liefern.
- Eine entsprechende Markt- und Wettbewerbsanalyse wird nicht vom DFSS-Team durchgeführt!
- Die ermittelten Zielkunden müssen ggf. priorisiert werden. Diejenigen, die das Geld in die Wertschöpfungskette bringen, haben zusammen mit den Endverbrauchern/Nutzern des zu entwickelnden Systems die höchste Priorität.

ABC-Klassifizierung

📋 **Bezeichnung / Beschreibung**
ABC-Klassifizierung

🕐 **Zeitpunkt**
Vor Projektstart, Define, Measure

◎ **Ziel**
Fokussierung auf die Zielkunden, die den größten Umsatzanteil generieren

▶▶ **Vorgehensweise**
Bestehende Kunden werden an Hand ihres jeweiligen Anteils am Unter-
nehmensumsatz bewertet. Als Grundlage dient der Umsatz des vorangegangenen Jahres oder die Umsatzprognose.
Bei stark schwankenden Umsätzen wird üblicherweise der Durchschnitt der
vergangenen drei Jahre als Basis herangezogen. Auch Deckungsbeiträge
können als Vergleichsbasis verwendet werden.

Darstellung ABC-Klassifizierung

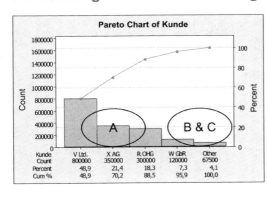

Die Bestandskunden werden in
A-Kunden mit 80%-Umsatzanteil,
B-Kunden mit bis zu 15%-Umsatz-
anteil und
C-Kunden mit lediglich 5%-Umsatz-
anteil eingeteilt.

DEFINE

MEASURE

ANALYZE

DESIGN

VERIFY

Portfolioanalyse

🗀 **Bezeichnung / Beschreibung**
Portfolioanalyse

🕐 **Zeitpunkt**
Vor Projektstart, Define, Measure

◎ **Ziel**
Ergänzung der ABC-Klassifizierung um relevante Informationen zum Marktwachstumspotential

▸▸ **Vorgehensweise**
Der zweidimensionalen Darstellung der ABC-Klassifizierung wird eine dritte Größe hinzugefügt, z. B. das Marktwachstum des Absatzkanals.

Darstellung Portfolioanalyse

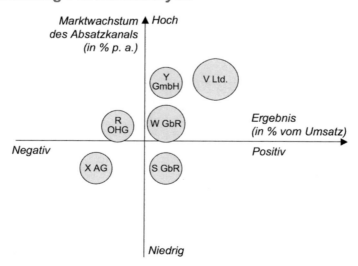

Die Kreisgröße stellt den Umsatz als dritte Dimension dar.

DEFINE

MEASURE

ANALYZE

DESIGN

VERIFY

6-W-Tabelle

📁 **Bezeichnung / Beschreibung**
5W1H-table, 6-W-Tabelle

🕑 **Zeitpunkt**
Measure, Kunden auswählen

◎ **Ziel**
Ableitung und Strukturierung vorhandener Informationen und Aufstellung von Hypothesen über die Interaktion der ausgewählten Zielkunden mit dem System (Produkt / Prozess)

▸▸ **Vorgehensweise**
Strukturieren der vorhandenen Informationen und Hypothesen gemäß der sechs Ws: Wer? Was? Wann? Wo? Warum? Wie?

Darstellung Zielkundentabelle
Beispiel Passagiersitz

Wer	Was	Wann	Wo	Warum	Wie
Berufspendler – Anteil 80%	Busnutzung für den Weg zur Arbeit. Sitzplatznutzung zu 50%	Zwischen 6-10 Uhr und 15-19 Uhr	Sitzplatznutzung primär im Bereich der Ein- und Ausgangstüren	Schneller Ein- und Ausstieg. Sitze meist nicht allzu verschmutzt	Saubere und bequeme Sitze mit ausreichend Beinfreiheit
Schüler – Anteil 15%	Busnutzung für den Weg zur Schule. Sitzplatznutzung zu 60%	Zwischen 8-10 Uhr und 12-14 Uhr	Sitzplatznutzung primär im hinteren Busbereich	Durchgehende Sitzbänke, um in Gruppen sitzen zu können	Ausreichender Platz auf den Sitzgruppen
Studenten – Anteil 5%	Busnutzung für den Weg zur Universität. Sitzplatznutzung zu 20%	Zwischen 8-10 Uhr und 14-18 Uhr	Sitzplatznutzung primär im vorderen Busbereich hinter der Fahrerkabine	Schneller Ein- und Ausstieg, ohne durch den Bus wandern zu müssen	Saubere und bequeme Sitze mit ausreichend Beinfreiheit
Busbetreiber	Betrieb eines Liniendienstes	Montag bis Sonntag 6-22 Uhr	Moskau + 50 km Umkreis		

Kundenstimmen sammeln

🗀 **Bezeichnung / Beschreibung**
Voice of the customer

🕑 **Zeitpunkt**
Measure, Kundenstimmen sammeln

◎ **Ziel**
Ermittlung relevanter Informationen über die Zielkunden und deren Bedürfnisse

▸▸ **Vorgehensweise**
Interne und externe Recherche von Informationen zu den Zielkunden

Recherchemethoden auswählen und durchführen

📁 **Bezeichnung / Beschreibung**
Research, Recherche

🕐 **Zeitpunkt**
Measure, Kundenstimmen sammeln

◎ **Ziele**
- Auswahl geeigneter Methoden, um alle relevanten Informationen zu ermitteln, aus denen die Zielkundenbedürfnisse abgeleitet werden können
- Vermeidung von Ungenauigkeiten in der Bedürfnisermittlung und somit Reduzierung von Fehlentwicklungsrisiken
- Signifikante Verkürzung der Durchlaufzeit eines Entwicklungsprojektes durch systematische Vorbereitung der Datensammlung

▶▶ **Vorgehensweise**
Auswahl und Anwendung geeigneter Methoden, um alle relevanten Informationen zu ermitteln.

Darstellung Recherchemethoden auf der folgenden Seite.

DEFINE

MEASURE

ANALYZE

DESIGN

VERIFY

DEFINE
MEASURE
ANALYZE
DESIGN
VERIFY

Darstellung Recherchemethoden

INTERN	*Passiv*	*Interne Recherche*	Recherche in Sekundärquellen über Kundenbedürfnisse und -anforderungen, Kundenwerte, mögliche Produkt- und Service-eigenschaften, Indikatoren für die Erfolgsmessung.
EXTERN	*Aktiv*	*Kunden-interaktions-studie*	Beobachten des Kunden "bei der Arbeit", um dessen Umgebung und Aktivitäten besser zu verstehen. Ableitung von Bedürfnissen. Liefert insbesondere Informationen über unausgesprochene Bedürfnisse.
		1-zu-1 Interview	Liefert Ergebnisse über die Bedürfnisse und Erwartungen spezifischer Kunden, die Werte des Kunden, die Ansicht des Kunden über Serviceaspekte, gewünschte Produkt- / Dienstleistungs-attribute und Daten zur Erfolgsmessung.
		Fokus-gruppen-Interview	Die Fokusgruppe ist geeignet, die Ansicht einer Gruppe von Kunden zu ermitteln. Die Gruppe sollte ein bestimmtes Kunden-segment repräsentieren und unterstützt auf diese Weise die genauere Definition des Segmentes sowie die Priorisierung der Kundenwerte.
		Befragung	Dient der Messung von Kundenbedürfnissen und -werten sowie der Bewertung von Produkten und Dienstleistungen durch eine große Anzahl von Kunden eines oder mehrerer Segmente. Liefert aufgrund der großen Stichprobe "harte" Fakten für die Entscheidungsfindung.

⇨ **Tipp**

Interne und externe Methoden zur Kundenbeobachtung und -befragung sinnvoll miteinander kombinieren, damit sich Vor- und Nachteile der einzelnen Methoden zu einer umfassenden Recherche ergänzen.

Interne Recherche

📁 **Bezeichnung / Beschreibung**
Internal Research, interne Recherche, passive Recherche

🕐 **Zeitpunkt**
Measure, Kundenstimmen sammeln

◎ **Ziele**
- Sammlung und sinnvolle Strukturierung aller vorhandenen Informationen zu den Zielkunden
- Generierung erster Hypothesen über mögliche Kundenbedürfnisse
- Identifizierung von Informationslücken
- Vorbereitung der externen Kundenbefragung

▶▶ **Vorgehensweise**
Folgende Sekundärquellen beinhalten relevante Informationen und können Indikatoren für mögliche Kundenbedürfnisse liefern:
- Informationen aus dem Service oder Vertrieb,
- Kundenbeschwerden,
- Fachzeitschriften,
- Internet,
- Patente etc.

⇒ **Tipp**
Die interne Recherche, als kostengünstigste Kundenrecherchemethode, sollte unbedingt nur als Vorbereitung für die externe Recherche betrachtet werden.
Mit ihrer Hilfe werden niemals alle relevanten Informationen ermittelt, die zur vollständigen Ableitung der Kundenbedürfnisse nötig sind. Sie dient vor allem zur Aufstellung von Hypothesen über das Kundenverhalten und der Kundenbedürfnisse, die dann nach der externen Recherche angenommen oder verworfen werden.

DEFINE

MEASURE

ANALYZE

DESIGN

VERIFY

Externe Recherche

📁 **Bezeichnung / Beschreibung**
External Research, externe Recherche, aktive Recherche

🕐 **Zeitpunkt**
Measure, Kundenstimmen sammeln

◎ **Ziele**
– Aktive Sammlung von relevanten Informationen zu den Zielkunden
– Verifizierung der nach der internen Recherche aufgestellten Hypo-
thesen möglicher Kundenbedürfnisse

▶▶ **Vorgehensweise**
Direkte Informationserhebung mit dem Kunden.
Beobachtung des / der Kunden am Ort des Geschehens in Interaktion mit
dem System.

Kundeninteraktionsstudie

📁 **Bezeichnung / Beschreibung**
Customer Relationship Modelling, Customer Interaction Study, Going to the Gemba, Gemba Study, Gemba Studie, Kundenbeobachtung

🕐 **Zeitpunkt**
Measure, Kundenstimmen sammeln

◎ **Ziele**
- Ermittlung unverfälschter und vollständiger Informationen über den / die Kunden
- Ermittlung der tatsächlichen, lösungsfreien Kundenbedürfnisse

▶▶ **Vorgehensweise**
Die Kundeninteraktionsstudie erfolgt in den drei Schritten:
1. Planung,
2. Durchführung,
3. Analyse.

1. Planung
Bestimmen des Wer, Was, Wann, Wo und Wie der Kundeninteraktionsstudie. Das Team stellt Hypothesen über die Interaktion des Kunden mit
dem System (Produkt / Prozess) auf. Die Visualisierung des Interaktions-
prozesses ist für die Hypothesenbildung sehr hilfreich.
Eine Kundeninteraktionsstudie ist nicht durch gestellte Fragen limitiert,
vielmehr werden das Umfeld der Kunden und die Kunden selbst mit
allen Sinnen beobachtet. Eine Kundeninteraktionsstudie wird dort durchgeführt, wo Wert für den / die Kunden entsteht.

Darstellung Kundenwerte auf der folgenden Seite.

DEFINE

MEASURE

ANALYZE

DESIGN

VERIFY

DEFINE

MEASURE

ANALYZE

DESIGN

VERIFY

Darstellung Kundenwerte

Kunden-werte

1. Löst ein existierendes Problem
2. Verhilft zu neuen Möglichkeiten
3. Verhilft gut auszusehen gegenüber Anderen
4. Verhilft dem Kunden sich gut zu fühlen

Zuverlässigkeit

2. Durchführung

Umfeld, Situation und Verhalten der Kunden werden dokumentiert.
Kundenstimmen (Voice of the Customer) werden vermerkt.
Bedürfnisse, die während der Interaktionsstudie abgeleitet werden, soll-
ten nach Möglichkeit durch den beobachteten Kunden bestätigt werden.

Für die Dokumentierung der ermittelten Informationen sollte von allen
"Beobachtern" ein einheitliches Formular verwendet werden.

Darstellung Formular zur Durchführung einer Kunden-interaktionsstudie

Beispiel Passagiersitz

Name des Beobachters:	Peter Finger
Datum und Zeit:	23.10.2005 - 12.30 Uhr
Ort:	Moskau - Busparkplatz von AutoMoskov
Name der beobachteten Person:	Sergej Abramovic
Kontaktdaten:	Sergej.abramovic@hotmail.com
Details zur beobachteten Person:	Sergej Abramovic arbeitet bei AutoMoskov als Monteur und ist primär verantwortlich für den Businnenraum.
Gegenwärtiges Umfeld / Situation der Person:	Sergej Abramovic ist gestresst, da am Morgen in der Mosskauer Innenstadt ein Unfall passierte. Er muss nochmals zu den örtlichen Behörden, um eine Aussage zu machen.

(1 Planung)

Prozess-schritt	Beobachtung	O-Ton	Aufzeichnungs-medium	Notizen	Erkanntes Bedürfnis	Bestätigung durch beob-achtete Person? (Ja / Nein)
# 4: Alten Sitz deinstallieren.	Er muss 8 Schrauben mit einem 6-er Innensechskant-schlüssel lösen.	"Mist, das dauert zu lange."	Notizblock	Er möchte die Sitzmontage noch abschließen, bevor er in die Stadt fährt.	Schnelle Sitzmontage	Ja
		"Sie Schrauben sind schon wieder angerostet."			Einfache Sitzmontage	Ja
		Die Schrauben sind stark verschmutzt und ich kann sie mit dem Schlüssel nicht gut greifen.				

(2 Durchführung) *(3 Analyse)*

DEFINE

MEASURE

ANALYZE

DESIGN

VERIFY

3. Analyse

Die in der Planung aufgestellten Hypothesen werden nun verworfen, angepasst oder verifiziert.

Bei der Analyse der Kundeninteraktionsstudie stehen folgende Fragen im Mittelpunkt:

– Was wollen die Kunden wirklich?
– Was sind ihre "tatsächlichen" Bedürfnisse?
– Was ist für den / die Kunden von Wert (Nutzen)?

⇨ **Tipp**

- Das Beobachter-Team sollte interdisziplinär zusammengesetzt sein, um Beobachtungen aus möglichst vielen verschiedenen Blickwinkeln zu erhalten.
- Der Einsatz von parallel operierenden Teams ist sinnvoll.
- Die Beobachtungen sollten möglichst mittels Video, Audio, Foto, Zeichnungen und Notizen dokumentiert werden; an dieser Stelle heißt es: Je mehr Informationen desto besser!
- Die typische Zeitdauer einer Kundeninteraktionsstudie beträgt ca. zwei Stunden.
- Kunden äußern oft Lösungen. Ziel ist es jedoch, die tatsächlichen Bedürfnisse, die diesen Lösungsvorschlägen zu Grunde liegen, zu identifizieren! Die Kundenbedürfnistabelle unterstützt bei der Differenzierung zwischen Lösungen, Spezifikationen, Beschwerden, etc und tatsächlichen Bedürfnissen.

DEFINE

MEASURE

ANALYZE

DESIGN

VERIFY

1-zu-1 Interview

☐ Bezeichnung / Beschreibung
One-to-One Interview, Interview, Gespräch

⊙ Zeitpunkt
Measure, Kundenstimmen sammeln

◎ Ziel
Individuelle Befragung der Kunden, um Informationen und Bedürfnisse und Wünsche in Erfahrung zu bringen

▶▶ Vorgehensweise
Vor dem Gespräch mit dem Kunden wird ein Interview-Leitfaden erstellt. Darin werden offene Fragen formuliert, die vom Befragten eine ausführlichere und informativere Antwort verlangen als "Ja" oder "Nein".

Ein Interview sollte nach einem festgelegten Ablauf erfolgen:
- Aufklärung über den Grund des Interviews
- Erklärung des Interviewstils
- Erlaubnis das Gespräch mitzuschneiden (Audio)
- Stellen von offenen Fragen gemäß dem vorbereiteten Interview-Leitfaden
- In Fragen und Kommentaren die gewonnenen Erkenntnisse und gegebenenfalls die aus ihnen entwickelten Ideen gemeinsam mit dem Kunden überprüfen

Darstellung Vor- und Nachteile eines 1-zu-1 Interviews

Vorteile des Interviews	Nachteile des Interviews
• Flexibilität bzgl. der Möglichkeit des individuellen Eingehens auf den Interviewpartner • Abdeckung komplexer Fragestellungen • Hohe Rücklaufquote	• Kostenintensiv • Zeitintensiv • Erfordern vom Interviewer eine gute Fähigkeit zuzuhören • Gefahr, dass Interviewer und Interviewpartner sich nicht verstehen • Unterschiedliche Ergebnisse durch unterschiedliche Interviewer

Fokusgruppeninterview

📁 **Bezeichnung / Beschreibung**
Focus Group Interview, Gruppeninterview

🕐 **Zeitpunkt**
Measure, Kundenstimmen sammeln

◎ **Ziel**
Ermittlung der Bedürfnisse einer klar definierten Kundengruppe

▶▶ **Vorgehensweise**
Ein Fokusgruppeninterview wird im Rahmen einer Diskussionsveranstaltung geführt, deren Ziele, Agenda und Zeitplan vorher festgelegt werden. Zu diesem Zweck wird aus dem relevanten Kundensegment eine Fokusgruppe aus ca. 7 bis 13 Teilnehmern gebildet. Es wird ein Moderator zur Führung der Diskussion bestimmt, dessen Aufgabe es ist, dass der Gesprächsfokus im Laufe der Diskussion in der Gruppe nicht verloren geht. Der Zeitrahmen des Fokusgruppeninterviews sollte auf 2-4 Stunden begrenzt sein.

Darstellung Vor- und Nachteile eines Fokusgruppeninterviews

Vorteile des Fokusgruppeninterviews	Nachteile des Fokusgruppeninterviews
• Die Teilnehmer regen sich gegenseitig an: Ein Teilnehmer artikuliert vielleicht etwas, an das ein anderer noch nicht gedacht hat. • Kostengünstiger als viele 1-zu-1 Interviews	• Schwierig, wenn die Personen der Gruppe im Konflikt zueinander stehen. • Menschen tendieren dazu anderen zu folgen bzw. sich leiten zu lassen. Das kann dazu führen, dass nur die Bedürfnisse der "Leithammel" aufgenommen werden. • Die zur Verfügung stehende Zeit muss von allen geteilt werden, nicht jeder bekommt die gleiche "Airtime".

DEFINE

MEASURE

ANALYZE

DESIGN

VERIFY

Umfrage

🗁 **Bezeichnung / Beschreibung**
Survey, Umfrage

🕐 **Zeitpunkt**
Measure, Kundenstimmen sammeln

◎ **Ziel**
Ermittlung repräsentativer Informationen zu den Zielkunden vor allem in
Konsumgütermärkten

▸▸ **Vorgehensweise**
Erhebungsstrategie bestimmen, vorbereiten, durchführen und analysieren.
Es wird ein strukturierter Fragebogen für die Durchführung entwickelt, mit
dessen Hilfe die Kunden befragt werden. Es wird eine statistisch repräsentative Art und Anzahl von Kunden befragt. Hierfür muss vor der Durchführung die erforderliche Stichprobengröße ermittelt werden.
Je nach Kundensegment und Projektumfang können verschiedene Arten
von Umfragen auch in Kombination miteinander angewandt werden.

Darstellung Umfragearten

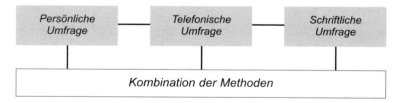

Persönliche Umfragen
sind sinnvoll, wenn es gilt komplexe Sachverhalte zu klären: Die benötigten
Informationen können vollständig erhoben werden.
–   Persönliche Umfragen sind im Allgemeinen teurer als telefonische oder
    schriftliche Umfragen.

DEFINE

MEASURE

ANALYZE

DESIGN

VERIFY

– Der Trainingsaufwand für Interviewer ist hoch, da von ihnen ein hohes Maß an Erfahrung, sozialer und häufig auch technischer Kompetenz gefordert wird.

Telefonische Umfragen
sind sinnvoll, wenn viele Zielkunden in einem kurzen Zeitraum befragt werden sollen.
– Sie führen schnell zu einem Ergebnis.
– Der Einfluss des Interviewers auf die Ergebnisse ist gering.
– Die Begrenzung auf telefonisch erreichbare Kunden verzerrt die Umfrageergebnisse.
– Komplexere Fragestellungen können nur unzureichend beantwortet werden.

Schriftliche Umfragen
sind sinnvoll, um das Budget und die Ressourcen zu entlasten:
– Es sind nur wenige Personen notwendig, um einen Fragebogen per E-Mail oder per Brief zu versenden.
– Die Kosten des Versendens von E-Mails oder Brief sind unabhängig vom Umfang des versendeten Fragebogens.
– Haushalte mit Internetanschluss sind u. U. nicht repräsentativ für das ausgewählte Kundensegment.
– Die Rücklaufquote und auch der Informationsgewinn sind im Allgemeinen geringer als bei den anderen dargestellten Methoden.

Fragebogen für Umfragen
Besondere Sorgfalt ist bei der Erstellung des Fragebogens geboten:
– Inhaltlich sollten alle Hypothesen, die während der internen Recherche oder der Kundeninteraktionsstudie aufgestellt worden sind, behandelt werden.
– Der Aufbau sollte logisch und strukturiert sein.
– Komplexe Sachverhalte müssen verständlich formuliert werden; u. U. sagt ein Bild mehr als tausend Worte!
– Es sollte auf ein professionelles Erscheinungsbild geachtet werden.
– Ein persönliches Anschreiben sollte über den Grund der Umfrage, die vertrauliche Behandlung aller Informationen und über den Ansprechpartner bei möglichen Fragen informieren.
– Das Ausfüllen des Fragebogens darf nicht länger als 30 Minuten dauern.

Darstellung Vor- und Nachteile der Umfrage auf der folgenden Seite.

DEFINE

MEASURE

ANALYZE

DESIGN

VERIFY

Darstellung Vor- und Nachteile der Umfrage

Vorteile der Umfrage	Nachteile der Umfrage
• Eine signifikante Anzahl an Markt-teilnehmern kann befragt werden • Statistisch valide Aussagen sind so möglich • Bewertungen bzw. Ergebnisse zu aktuellen Umfragen spiegeln sich oft in starkem Interesse der Befragten wider	• Nur die gestellten Fragen werden beantwortet – deswegen sollten vor her die Themen mit anderen Befra gungs- und Beobachtungsmethoden auf jeden Fall herausgearbeitet werden • Hoher Aufwand mit oft geringem Rücklauf bzw. hoher Verweigerungs-quote • Negative Grundhaltung der Befrag-ten zu Umfragen

Auswahl der zu Befragenden

Für die repräsentative Auswahl von zu befragenden Personen sind drei Methoden gebräuchlich.

Darstellung Methoden zur Auswahl der Befragten

Zufallsauswahl	Quotenauswahl	Auswahl aufs Geratewohl
Bei einer uneingeschränk-ten Zufallsauswahl muss jede Einheit die gleiche berechenbare Chance haben. Diese Methode wird z. B. beim so genannten "Random Digit Dialing" für Telefoninterviews verwendet, bei dem per Zufall Nummern gebildet und automatisch gewählt werden.	Hier werden Vorgaben hinsichtlich der Auswahl der Befragten gemacht. Diese Vorgaben sollen die Repräsentativität der Auswahl näherungsweise herbeiführen. Die Repräsentativität ist jedoch nur für die Quotenmerkmale gesichert.	Bei der Auswahl aufs Geratewohl werden die Probanden ohne erkenn-bare Strategie ausge-wählt. Dieses kann zu einer systematischen Verzerrung führen. Diese Praxis kann in Sondierungsstudien an-gewendet werden oder wenn Budgetgrenzen keine andere Vorgehens-weise zulassen, ist aber zu vermeiden.

Anzahl der zu Befragenden
Idealerweise wird bei einer Kundenbefragung eine Vollerhebung durchgeführt. Eine Vollerhebung ist in der Realität jedoch aus zeitlichen und finanziellen Gründen meistens nicht möglich. In solchen Fällen sollte eine Umfrage mit einer repräsentativen Stichprobengröße durchgeführt werden.

⇥ **Tipp**
- Eine Kundeninteraktionsstudie sollte unbedingt in jedem Entwicklungsprojekt durchgeführt werden.
  Hier wird das Potential für wirkliche Durchbruchinnovationen sichtbar!
- Es sollte daher, entgegen aller Widrigkeiten, immer ein Weg gefunden werden eine solche Studie vor Ort durchzuführen.
- 1-zu-1 Interviews und Fokusgruppeninterviews sind sehr geeignet für die Zielkundenbefragung in Industriegütermärkten.
- Umfragen sind vor allem für die Zielkundenbefragung in Konsumgütermärkten geeignet.
- Eine Umfrage sollte unbedingt zusammen mit Experten aus der Marktforschung geplant, durchgeführt und analysiert werden.
- Nichts ersetzt die direkte Auseinandersetzung und Interaktion mit den Zielkunden. Der größte Fehler, der gemacht werden kann, ist anzunehmen alles über den / die Kunden zu wissen und deren Bedürfnisse ausschließlich in einem Meetingraum abzuleiten.
- Systeme (Produkte / Prozesse) die basierend auf unvollständigen und nicht verifizierten Hypothesen entwickelt werden, werden mit hoher Wahrscheinlichkeit einen hohen Nacharbeitsaufwand erfordern und keine durchgreifende Innovation sein.

DEFINE

MEASURE

ANALYZE

DESIGN

VERIFY

DEFINE

MEASURE

ANALYZE

DESIGN

VERIFY

Zielkosten ermitteln

📁 **Bezeichnung / Beschreibung**
Target Costing, Zielkostenermittlung

🕐 **Zeitpunkt**
Measure, Kundenstimmen sammeln

◎ **Ziele**
– Ermittlung eines für den / die Kunden akzeptablen Marktpreises
– Festlegung des finanziellen Rahmens für Margen, Kundenbedürfnisse und Kosten

▶▶ **Vorgehensweise**
Die Zielkosten repräsentieren die "erlaubten" Kosten des Systems (Produkt / Prozess) über seinen gesamten Lebenszyklus hinweg – von der Idee bis zur Verwertung. Die Zielkosten werden aus dem von dem / den Kunden akzeptierten Preis und der avisierten Marge determiniert.

Zielkosten = Zielpreis – Zielmarge

Der Zielpreis ist im Wesentlichen von drei Faktoren abhängig:
– Kunden,
– Konkurrenzangeboten und
– strategischen Zielen.

Darstellung Zielpreisermittlung

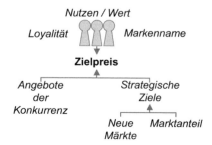

82

DEFINE

MEASURE

ANALYZE

DESIGN

VERIFY

Aus der Differenz zwischen Zielpreis und Zielmarge werden die Zielkosten ermittelt. Diese können im weiteren Projektverlauf auf alle Kostentreiber des Systems verteilt gebrochen werden.

Darstellung Zielkostenermittlung

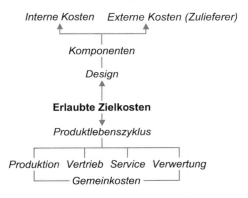

⇢ Tipp

- Kann dem Kunden mit dem Design des Systems (Produkt / Prozess) ein signifikanter Mehrwert gegenüber Konkurrenzsystemen angeboten werden, ist er u. U. auch bereit, einen höheren Preis zu akzeptieren (Value Based Pricing).
- Ein solcher Mehrwert wird z. B. generiert durch:
    - Kosten- und Zeiteinsparung (z. B. durch Wegfall von Wartungs-aufwand)
    - Innovation (z. B. neue, von Konkurrenzsysteme nicht oder unzurei-chend abgedeckten Funktionen)
- Die Zielkosten sollten vom Entwicklungsteam als Grenzwert angesehen werden, der nur dann überschritten werden darf, wenn durch einen Mehrwert auch ein höherer Preis erzielt werden kann.
- Im weiteren Projektverlauf erfolgt die Aufteilung der Zielkosten auf die Kostentreiber immer detaillierter.

Kundenbedürfnisse spezifizieren

🗀 **Bezeichnung / Beschreibung**
Customer Need Specification

🕐 **Zeitpunkt**
Measure

◎ **Ziele**
– Strukturierung und Priorisierung der tatsächlichen Kundenbedürfnisse
– Festlegung von korrespondierenden Messgrößen mit Zielwerten und Toleranzen

▶▶ **Vorgehensweise**
– Ableitung, Strukturierung, Klassifizierung und Priorisierung von Kundenbedürfnissen
– Überführung in korrespondierende Messgrößen mit Zielwerten und Toleranzen

Kundenbedürfnisse ableiten

📁 **Bezeichnung / Beschreibung**
Customer Need Identification

🕐 **Zeitpunkt**
Measure, Kundenbedürfnisse spezifizieren

◎ **Ziele**
Identifizierung der tatsächlichen Kundenbedürfnisse

▶▶ **Vorgehensweise**
Ableitung der tatsächlichen Kundenbedürfnisse aus den ermittelten
Kundeninformationen

Darstellung Die "tatsächlichen" Bedürfnisse des Kunden

DEFINE

MEASURE

ANALYZE

DESIGN

VERIFY

DEFINE

MEASURE

ANALYZE

DESIGN

VERIFY

Kundenbedürfnistabelle

📁 **Bezeichnung / Beschreibung**
Customer Need Table, Kundenbedürfnistabelle

🕓 **Zeitpunkt**
Measure, Kundenbedürfnisse spezifizieren

◎ **Ziele**
Identifizierung der tatsächlichen Kundenbedürfnisse

▶▶ **Vorgehensweise**
– Die ermittelten Informationen im Rahmen der Sammlung von Kunden-
  stimmen in der Kundenbedürfnistabelle zu Bedürfnissen, Lösungen,
  Beschwerden oder anderen Arten von Beobachtungen zuordnen.
– Die tatsächlichen Bedürfnisse aus der jeweiligen Information ableiten.
– Die Kundenbedürfnisse positiv formulieren:
  "Ich möchte …" statt "Ich will …" oder "Es muss …".

⇨ **Tipp**
Die Abstraktion der Informationen in lösungsneutrale Bedürfnisformulierun-
gen ist erfolgskritisch!
Dieser Schritt unterstützt das Team dabei, sich von psychologischen
Grenzen zu befreien, um wirkliche Durchbruchinnovationen zu gestalten.

Darstellung Kundenbedürfnistabelle
Beispiel Passagiersitz

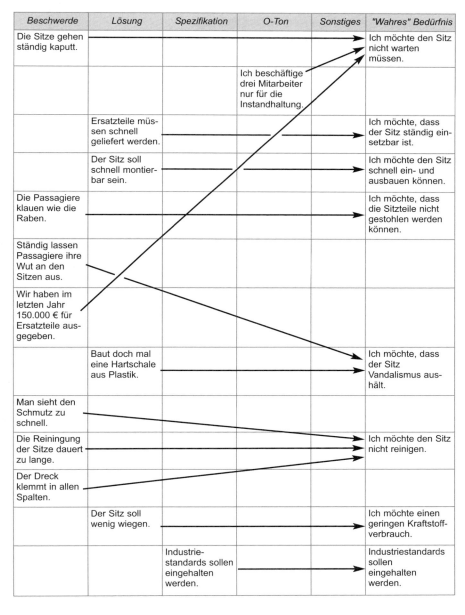

Beschwerde	Lösung	Spezifikation	O-Ton	Sonstiges	"Wahres" Bedürfnis
Die Sitze gehen ständig kaputt.					Ich möchte den Sitz nicht warten müssen.
			Ich beschäftige drei Mitarbeiter nur für die Instandhaltung.		
	Ersatzteile müssen schnell geliefert werden.				Ich möchte, dass der Sitz ständig einsetzbar ist.
	Der Sitz soll schnell montierbar sein.				Ich möchte den Sitz schnell ein- und ausbauen können.
Die Passagiere klauen wie die Raben.					Ich möchte, dass die Sitzteile nicht gestohlen werden können.
Ständig lassen Passagiere ihre Wut an den Sitzen aus.					
Wir haben im letzten Jahr 150.000 € für Ersatzteile ausgegeben.					
	Baut doch mal eine Hartschale aus Plastik.				Ich möchte, dass der Sitz Vandalismus aushält.
Man sieht den Schmutz zu schnell.					
Die Reiningung der Sitze dauert zu lange.					Ich möchte den Sitz nicht reinigen.
Der Dreck klemmt in allen Spalten.					
	Der Sitz soll wenig wiegen.				Ich möchte einen geringen Kraftstoffverbrauch.
		Industriestandards sollen eingehalten werden.			Industriestandards sollen eingehalten werden.

DEFINE

MEASURE

ANALYZE

DESIGN

VERIFY

Kundenbedürfnisse strukturieren

☐ **Bezeichnung / Beschreibung**
Customer Need Structure

🕐 **Zeitpunkt**
Measure, Kundenbedürfnisse spezifizieren

◎ **Ziele**
Sortierung der Kundenbedürfnisse

▶▶ **Vorgehensweise**
  – Vorsortierung (Clusterung) der identifizierten Kundenbedürfnisse gemäß ihrer Inhalte.
  – Abbildung der Bedürfnishierarchie.

Affinitätsdiagramm

DEFINE

📁 **Bezeichnung / Beschreibung**
Affinity Diagram, Affinitätsdiagramm

🕒 **Zeitpunkt**
Measure, Kundenbedürfnisse spezifizieren

MEASURE

◎ **Ziele**
– Sortierung (Clusterung) der identifizierten Kundenbedürfnisse gemäß
  verwandter Inhalte
– Verständnis kundenseitiger Denkstrukturen

▶▶ **Vorgehensweise**
Die Kundenbedürfnisse werden auf Karten oder Post-Its® notiert und entsprechend den "Hauptbedürfnissen" in Gruppen zusammengefasst.

ANALYZE

Darstellung Affinitätsdiagramm
Beispiel Passagiersitz

Wartung	Reinigung
Ich möchte den Sitz nicht warten müssen	Ich möchte den Sitz nicht reinigen
Ich möchte, dass der Sitz ständig einsetzbar ist	
Ich möchte den Sitz schnell ein- und ausbauen können	
Ich möchte, dass die Sitzteile nicht gestohlen werden können	
Ich möchte, dass der Sitz Vandalismus aushält	

DESIGN

Kraftstoffverbrauch	Einhaltung der Gesetze und Standards
Ich möchte einen geringen Kraftstoffverbrauch	Ich möchte, dass Industriestandards eingehalten werden
	Ich möchte, dass geltende Gesetze und Verordnungen eingehalten werden

VERIFY

DEFINE

MEASURE

ANALYZE

DESIGN

VERIFY

Baumdiagramm

📁 **Bezeichnung / Beschreibung**
Tree Diagram, Baumdiagramm

🕒 **Zeitpunkt**
Measure, Kundenbedürfnisse spezifizieren

◎ **Ziele**
- Sortierung (Clusterung) der identifizierten Kundenbedürfnisse gemäß ihrer Inhalte
- Identifizierung vorhandener Bedürfnislücken
- Schaffung eines einheitlichen Detaillierungsgrades
- Verständnis kundenseitiger Denkstrukturen

▶▶ **Vorgehensweise**
Die Bedürfnisse werden basierend auf der Struktur des Affinitätsdiagramms in ein Baumdiagramm übertragen.
Das Baumdiagramm auf verschiedene Unterebenen aufgliedern, um noch vorhandene Lücken bzw. nicht erkannte Bedürfnisse zu identifizieren.

Darstellung Überführung des Affinitätsdiagramms in ein Baumdiagramm

Affinitätsdiagramm ➡ *Baumdiagramm*

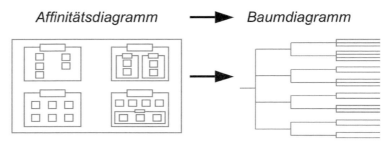

Darstellung Baumdiagramm
Beispiel Passagiersitz

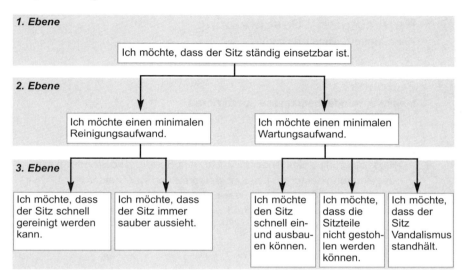

1. Ebene

Ich möchte, dass der Sitz ständig einsetzbar ist.

2. Ebene

Ich möchte einen minimalen Reinigungsaufwand.

Ich möchte einen minimalen Wartungsaufwand.

3. Ebene

Ich möchte, dass der Sitz schnell gereinigt werden kann.

Ich möchte, dass der Sitz immer sauber aussieht.

Ich möchte den Sitz schnell ein- und ausbauen können.

Ich möchte, dass die Sitzteile nicht gestohlen werden können.

Ich möchte, dass der Sitz Vandalismus standhält.

⇨ **Tipp**
- Es gibt kein Richtig oder Falsch bei der Erstellung eines Affinitätsdiagramms. Jeder Mensch denkt in unterschiedlichen Strukturen. Ist
  die direkte Einbindung des Kunden nicht möglich, sollte das Team die
  Vorarbeit leisten, d. h. das Affinitäts- und Baumdiagramm entwickeln
  und eine abschließende finale Gegenprüfung durch den Kunden vornehmen lassen.
- Zeigen sich bei der Ansprache mehrerer Kunden verschiedene Bedürfnisse mit verschiedenen Sortierungen und Denkstrukturen im
  Rahmen von Affinitätsdiagrammen, so sollte das Team eine logisch
  nachvollziehbare Struktur vorziehen.
- Baumdiagramme erzeugen einen gemeinsamen Detaillierungsgrad
  und unterstützen bei der Identifizierung und Schließung thematischer
  Lücken. Dies führt im weiteren Vorgehen zu einer signifikanten Reduzierung des Fehlbewertungsrisikos im Rahmen von QFD1 (House of
  Quality).

DEFINE

MEASURE

ANALYZE

DESIGN

VERIFY

DEFINE

MEASURE

ANALYZE

DESIGN

VERIFY

Kano-Modell

☐ **Bezeichnung / Beschreibung**
Kano Model*, Kano Analyse

🕐 **Zeitpunkt**
Measure, Kundenbedürfnisse spezifizieren

◎ **Ziele**
- Klassifizierung geäußerter und nicht geäußerter Kundenbedürfnisse in Begeisterungsfaktoren, Leistungsfaktoren und Basisfaktoren
- Erkennen von Bedürfnissen, deren Erfüllung auf jeden Fall vom System gewährleistet werden muss und welche gewährleistet werden können

▶▶ **Vorgehensweise**
- Jedes potentielle Bedürfnis wird mit einer negativ und einer positiv formulierten Frage dem Kunden gegenüber überprüft:
    - Wie fühlen Sie sich, wenn das Bedürfnis x nicht erfüllt wird?
    - Wie fühlen Sie sich, wenn das Bedürfnis x erfüllt wird?
- Dem Kunden werden folgende Antwortmöglichkeiten vorgegeben:
    - Ich mag das
    - Normal
    - Ist mir egal
    - Ich mag das nicht
- Entsprechend dieser Kundenbeurteilung können die Bedürfnisse klassifiziert werden in:
    - Basisfaktoren (Dissatisfier), d. h. Systemeigenschaften, die vom Kunden selbstverständlich erwartet werden
    - Leistungsfaktoren (Satisfier), d. h. Systemeigenschaften an denen der Kunde die Qualität des Systems misst
    - Begeisterungsfaktoren (Delighter), d. h. Systemeigenschaften, die über die Erwartung des Kunden hinaus gehen

Folgende Matrix hilft bei der Zuordnung der Bedürfnisse.

---

* *Diese Klassifizierung beruht auf einem von Professor Dr. Noriaki Kano (Rika Universität, Tokio) 1978 entwickelten Modell.*

DEFINE

MEASURE

ANALYZE

DESIGN

VERIFY

Darstellung Kano-Tabelle

		Antwort auf negativ formulierte Frage			
		Ich mag das	Normal	Ist mir egal	Ich mag das nicht
Antwort auf positiv formulierte Frage	Ich mag das		Delighter	Delighter	Satisfier
	Normal				Dissatisfier
	Ist mir egal				Dissatisfier
	Ich mag das nicht				

Darstellung Kano-Modell

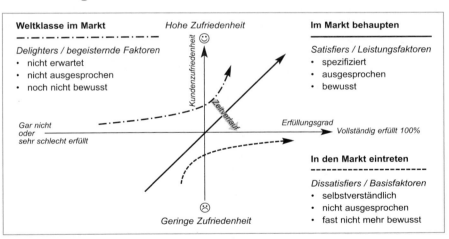

Weltklasse im Markt

Delighters / begeisternde Faktoren
- nicht erwartet
- nicht ausgesprochen
- noch nicht bewusst

Hohe Zufriedenheit

Kundenzufriedenheit

Zeitverlauf

Gar nicht
oder
sehr schlecht erfüllt

Erfüllungsgrad
Vollständig erfüllt 100%

Geringe Zufriedenheit

Im Markt behaupten

Satisfiers / Leistungsfaktoren
- spezifiziert
- ausgesprochen
- bewusst

In den Markt eintreten

Dissatisfiers / Basisfaktoren
- selbstverständlich
- nicht ausgesprochen
- fast nicht mehr bewusst

⇒ Tipp

- Die Kategorisierung nach Kano ist essentiell, um das System nicht:
  - mit überflüssigen Eigenschaften zu versehen, für die Kunden nicht bereit sind zu zahlen,
  - mit unvollständigen Eigenschaften zu entwickeln,
  - basierend auf falschen Schwerpunkten zu entwickeln.
- Eine Zuordnung in die nicht bezeichneten Zellen der Kano-Tabelle weist auf eine widersprüchliche Antwortenkombination hin.

DEFINE

MEASURE

ANALYZE

DESIGN

VERIFY

Kundenbedürfnisse priorisieren

📁 **Bezeichnung / Beschreibung**
Customer Need Prioritization, Kundenbedürfnisse priorisieren

🕐 **Zeitpunkt**
Measure, Kundenbedürfnisse spezifizieren, Kundenbedürfnisse priorisieren

◎ **Ziel**
Priorisierung der nach Kano identifizierten Delighter und Satisfier durch die Kunden

▶▶ **Vorgehensweise**
Den Kunden werden die mit Hilfe des Kano-Modells identifizierten Delighter und Satisfier zur Gewichtung vorgelegt.
Dissatisfier werden nicht bewertet, da sie als Basisfaktoren bzw. Grundanforderungen immer die höchste Priorität erhalten. Das zu entwickelnde System muss in der Lage sein, diese stets zu 100% zu erfüllen.

Analytisch-Hierarchischer-Prozess

📁 **Bezeichnung / Beschreibung**
Analytic Hierachy Process*, AHP, Analytisch-Hierarchischer-Prozess, paarweiser Vergleich

🕑 **Zeitpunkt**
Measure, Kundenbedürfnisse spezifizieren

◎ **Ziel**
Relative Gewichtung der Delighter und Satisfier zueinander

▶▶ **Vorgehensweise**
Die als Delighter und Satisfier identifizierten Bedürfnisse werden paarweise gegenübergestellt, sodass eine vergleichende Bewertung stattfinden kann. Aus der Gewichtung aller Paarungskombinationen wird die relative Gewichtung jedes Bedürfnisses berechnet.

Zur Bewertung wird eine Skala von 1 bis 9 wie folgt verwendet:
1 = gleich wichtig
3 = etwas wichtiger
5 = wichtiger
7 = viel wichtiger
9 = extrem viel wichtiger

Eine "weniger" bis "extrem weniger" Gewichtung wird mit dem entsprechenden Kehrbruch bewertet, z. B.:
1/7 = viel weniger Gewichtung
1/9 = extrem weniger Gewichtung

Darstellung *AHP-Kontingenztabelle auf der nächsten Seite.*

* *Thomas L. Saaty (2000): Fundamentals of decision making and priority theory with the Analytic Hierarchy Process, Vol. VI of the AHP series, RWS Publications, Pittsburg/USA*

DEFINE

MEASURE

ANALYZE

DESIGN

VERIFY

DEFINE

MEASURE

ANALYZE

DESIGN

VERIFY

Darstellung AHP-Kontingenztabelle
Beispiel Passagiersitz

Bedürfnisse	Ich möchte, dass der Sitz Vandalismus standhält.	Ich möchte, dass die Sitzteile nicht gestohlen werden können.	Ich möchte, den Sitz schnell ein- und ausbauen können.	Ich möchte, dass der Sitz immer sauber aussieht.	Ich möchte, dass der Sitz schnell gereinigt werden kann.	Summe relativ	Relative Gewichtung [%]
Ich möchte, dass der Sitz Vandalismus standhält.	1,00 0,38	1,00 0,41	5,00 0,35	5,00 0,31	0,20 0,01	1,46	**29,2**
Ich möchte, dass die Sitzteile nicht gestohlen werden können.	1,00 0,38	1,00 0,41	6,00 0,42	7,00 0,43	7,00 0,43	2,07	**41,3**
Ich möchte, den Sitz schnell ein- und ausbauen können.	0,20 0,08	0,17 0,07	1,00 0,07	3,00 0,18	8,00 0,49	0,89	**17,7**
Ich möchte, dass der Sitz immer sauber aussieht.	0,20 0,08	0,14 0,06	0,33 0,02	1,00 0,06	0,20 0,01	0,23	**4,6**
Ich möchte, dass der Sitz schnell gereinigt werden kann.	0,20 0,08	0,14 0,06	2,00 0,14	0,33 0,02	1,00 0,06	0,36	**7,1**
Summe	2,60	2,45	14,33	16,33	16,33		
Summe relativ	1,00	1,00	1,00	1,00	1,00	5,00	100,00

Der paarweise Vergleich erfolgt von Zeile zu Spalte, z. B.:
- "Ich möchte, dass der Sitz Vandalismus standhält" ist wichtiger (5) als "Ich möchte, den Sitz schnell ein- und ausbauen können" oder
- "Ich möchte, dass der Sitz immer sauber aussieht" ist etwas weniger wichtig (1/3) als "Ich möchte den Sitz schnell ein- und ausbauen können".

Dann werden die Summen der Spalten gebildet, z. B.:
- Spalte "Ich möchte, dass der Sitz Vandalismus standhält":
1+1+1/5+1/5+1/5 = 2,60,
- Spalte "Ich möchte, dass der Sitz immer sauber aussieht":
5+7+3+1+1/3 = 16,33.

Die Gewichtung jeder Zelle wird nun im Verhältnis zur jeweiligen Spaltensumme betrachtet, bzw. normiert, z. B. Zeile
"Ich möchte, dass der Sitz Vandalismus standhält" / "Ich möchte, dass der Sitz immer sauber aussieht" im Verhältnis zur Spaltensumme "Ich möchte, dass der Sitz Vandalismus standhält":
0,2/2,6 = 0,08.

Die Gesamtgewichtung der einzelnen Zeilen erfolgt nun, indem deren normierte Zellenwerte addiert werden, z. B. Zeile "Ich möchte, dass der Sitz
Vandalismus standhält":
0,38+0,41+0,35+0,31+0,01 = 1,46.

Die Spaltensumme dieser Werte entspricht der Gesamtgewichtung aller
Zeilen:
1,46+2,07+0,89+0,23+0,36 = 5,00.

Durch Normierung der Zeilensummen mit dieser Gesamtsumme ergibt sich
die Gewichtung der einzelnen Bedürfnisse in Relation zu den anderen
Bedürfnissen.

⇨ **Tipp**
- Der paarweise Vergleich mittels AHP wird im Idealfall von den Kunden
  bzw. gemeinsam mit den Kunden durchgeführt.
- Die Moderation wird von einem Mitglied des Projektteams übernommen.
- Sind die Bewertungen der verschiedenen Kunden nicht einheitlich, wird
  der Mittelwert aus den unterschiedlichen Vergleichen berechnet und in
  die entsprechende Zelle der Kontingenztabelle eingetragen.
- Von einer absoluten Gewichtung der Bedürfnisse mittels einer Ordinal-
  skala (z. B. 1 = unwichtig bis 5 = sehr wichtig) ist abzuraten, da sie in
  den wenigsten Fällen zu einer aussagekräftigen Priorisierung führt!
  Die Erfahrung hat gezeigt, dass die Bedürfnisse dann alle als wichtig
  bzw. sehr wichtig bewerten. Dann kann weder die relative Gewichtung
  untereinander ermittelt werden, noch kann daraus ein zielgerichteter
  Einsatz der zur Verfügung stehenden Ressourcen abgeleitet werden.

DEFINE

MEASURE

ANALYZE

DESIGN

VERIFY

DEFINE

MEASURE

ANALYZE

DESIGN

VERIFY

CTQs und Messgrößen ableiten

📁 **Bezeichnung / Beschreibung**
Derive CTQs and Key-Output-Metrics, CTQs und Messgrößen ableiten

🕐 **Zeitpunkt**
Measure, Kundenbedürfnisse spezifizieren

◎ **Ziel**
Transformation der Kundenbedürfnisse in spezifische und messbare
Kundenanforderungen (Critical to Quality = CTQ) mit dazugehörenden
Messgrößen

▸▸ **Vorgehensweise**
Bei der Ableitung der CTQs aus den ermittelten Kundenbedürfnissen soll-
ten folgende Regeln beachtet werden:
– Kundenanforderungen und keine Lösungen beschreiben
– Anforderung in vollständigen Sätzen beschreiben
– Anforderungen an das einzelne Objekt formulieren
– So spezifisch wie möglich formulieren
– Prägnante Formulierungen verwenden
– Positiv formulieren
– Messbare Begriffe verwenden
  (Test: Anforderung kann gemessen werden).
Im nächsten Schritt werden den CTQs korrespondierende Messgrößen
zugeordnet. Entscheidend dabei ist, ob die jeweilige Messgröße auch
einen eindeutigen Hinweis auf die Erfüllung der spezifischen Anforderung
geben kann.

Darstellung Transformationstabelle
Beispiel Passagiersitz

Bedürfnis	*CTQ*	*Messgröße*
Ich möchte, dass der Sitz Vandalismus standhält.	Jeder Sitz und seine Einzelteile widerstehen unsachgemäßer Behandlung.	Anzahl ausgetauschter Elemente im Betrieb
		Anzahl Brandlöcher / Flecken pro Sitz
		Anzahl Schnitte pro Sitz
		Anzahl Schriftzüge nach Reinigung pro Sitz
Ich möchte, dass die Sitzteile nicht gestohlen werden können.	Jeder Sitz und seine Einzelteile sind diebstahlsicher.	Anzahl fehlender Teile im Betrieb
Ich möchte den Sitz schnell ein- und ausbauen können.	Jeder Sitz und seine Einzelteile können schnell montiert und demontiert werden.	Montagezeit der Einzelteile
		Montagezeit ganzer Sitz
Ich möchte, dass der Sitz immer sauber aussieht.	Jeder Sitz und seine Einzelteile sollen zu jedem Zeitpunkt sauber erscheinen.	Anzahl Beanstandung wg. Verschmutzungen
Ich möchte, dass der Sitz schnell gereinigt werden kann.	Jeder Sitz und seine Einzelteile können schnell gereinigt werden.	Reinigungszeit

spezifisch   +   messbar

⇒ **Tipp**
- Es wird empfohlen drei Transformationstabellen zu erarbeiten:
  - Eine Tabelle für Delighter und Satisfier
  - Eine Tabelle für Dissatisfier (100% Zielerfüllung)
  - Eine Tabelle für die Konformität mit Gesetzen, Verordnungen o. ä. (Basisbedürfnis: "Ich möchte, dass das System international gesetzeskonform ist")
- Die Eignung der zugeordneten Messgrößen wird im weiteren Verlauf der Measure Phase überprüft und ausgearbeitet.

99

DEFINE

MEASURE

ANALYZE

DESIGN

VERIFY

Benchmarking durchführen

📁 **Bezeichnung / Beschreibung**
Benchmarking, Systemvergleich, Produktvergleich, Prozessvergleich

🕐 **Zeitpunkt**
Measure, Kundenbedürfnisse spezifizieren

◎ **Ziel**
Bewertung der Wettbewerbssysteme in Hinblick auf die Erfüllung der
ermittelten Kundenbedürfnisse

▸▸ **Vorgehensweise**
Die Kunden werden zur Erfüllung der Bedürfnisse durch Wettbewerbssysteme befragt. Dazu ordnen sie die einzelnen Bedürfnisse einer vorge-
gebenen Ordinalskala zu, z. B.:

1 = keine Erfüllung des Bedürfnisses durch eigenes System / Wettbewerbs-
bewerbssystem

2 = schwache Erfüllung des Bedürfnisses durch eigenes System / Wett-
bewerbssystem

3 = mittlere Erfüllung des Bedürfnisses durch eigenes System / Wett-
bewerbssystem

4 = gute Erfüllung des Bedürfnisses durch eigenes System / Wettbewerbs-
system

5 = sehr gute Erfüllung des Bedürfnisses durch eigenes System / Wett-
bewerbssystem

Die Ergebnisse werden in einer entsprechenden Matrix zur Darstellung des
Wettbewerbsvergleiches aufbereitet.

Darstellung Wettbewerbsvergleich

	Wettbewerbsvergleich				
	1	2	3	4	5
Bedürfnis 1		○ ■ ▲			
Bedürfnis 2		■	▲	○	
Bedürfnis 3		○	■		▲
Bedürfnis 4	○		▲	■	

Exemplarische symbolische Darstellung:
Produkt Wettbewerber A = □
Produkt Wettbewerber B = O
Produkt Wettbewerber C = Δ

Aus der Beurteilung des jeweils besten Wettbewerbsystems lassen sich
Ziele für das zu entwickelnde System ableiten.

DEFINE

MEASURE

ANALYZE

DESIGN

VERIFY

DEFINE

MEASURE

ANALYZE

DESIGN

VERIFY

Quality Function Deployment

📁 **Bezeichnung / Beschreibung**
Quality Function Deployment, QFD*, House of Quality, Qualitätshaus

🕐 **Zeitpunkt**
Measure, Kundenbedürfnisse spezifizieren

◎ **Ziele**
– Ganzheitliche Umsetzung der Kundenbedürfnisse
– Durchgängige Ableitung von Zielwerten
– Stringente Strukturierung des Entwicklungs- und Produktionsprozesses

Darstellung Zielsystem von QFD

Quality	Instrument zur Planung und Entwicklung von Qualitäts-funktionen gemäß der Kundenanforderung
Function	Qualitätsentwicklung und Qulitätsverbesserung durch systematische und stimmige Zusammenarbeit aller Funktionsbereiche
Deployment	Aufgliederung der geforderten Qualität in spezifische Zielvorgaben für einzelne Unternehmensbereiche zur Umsetzung

---

* *QFD wurde zwischen 1967 und 1969 von Yoji Akao und Katsuyo Ishihara entwickelt, um Produktkonzepte besser mit den Kundenwünschen in Einklang zu bringen. Im Jahre 1974 begann Toyota-Automobile mit der gezielten Anwendung bei der Einfünrung neuer Fahr-zeugmodelle. Ab 1981 folgten Unternehmen wie Ford, Kodak, Hewlett Packard, Xerox, Rockwell, Omark-Industries und andere. Seit ca. 1990 beschäftigt sich die deutsche Industrie mit QFD und erkennt zunehmend dessen Erfolgspotential.*

▶▶ **Vorgehensweise**

Zunächst wird die Sprache der Kunden in die Sprache des Unternehmens übersetzt.

Es folgt eine stufenweise Zielableitung in klar definierten Einzelschritten. Auf jeder Stufe sorgt ein interdisziplinäres Team für eine ganzheitliche Betrachtung bei Planung und Entscheidung.

Ein stringentes und strukturiertes Vorgehen wird durch die Verwendung einer zentralen QFD-Matrix unterstützt.

Darstellung Vorgehensmodell von QFD in DMADV

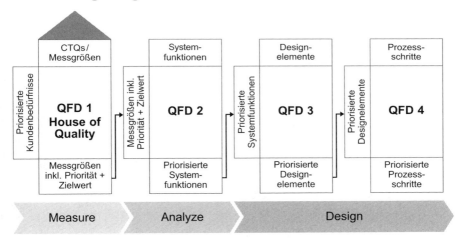

⇨ **Tipp**

- Der "klassische" QFD-Ansatz mit der Erarbeitung von vier Qualitätshäusern ist nur selten anwendbar bzw. zielführend.
- Es ist wichtig rechtzeitig zu entscheiden, ob die Erarbeitung eines Qualitätshauses in der jeweiligen Projektphase sinnvoll ist.
- Grundsätzlich ist darauf zu achten, dass die Relationsmatrizen (Beziehungsmatrizen) maximal 100 Zellen enthalten sollten.
- Die Erarbeitung eines QFD 1 und eines QFD 2 wird empfohlen *(siehe Folgeseiten).*

DEFINE

MEASURE

ANALYZE

DESIGN

VERIFY

Quality Function Deployment 1

🗀 **Bezeichnung / Beschreibung**

Quality Function Deployment 1, QFD 1, House of Quality 1, Qualitätshaus 1

🕑 **Zeitpunkt**

Measure, Kundenbedürfnisse spezifizieren, Messgrößen priorisieren, Zielwerte und Spezifikationen bestimmen

◎ **Ziele**

– Strukturierte Darstellung der Relation zwischen Kundenbedürfnissen und CTQs mit Messgrößen
– Priorisierung der Messgrößen als Basis für die weitere Entwicklung
– Zusammenfassende Darstellung aller bis hierhin erarbeiteten Informationen

▶▶ **Vorgehensweise**

Das "House of Quality" setzt sich aus verschiedenen Matrizen zusammen, die auch einzeln erarbeitet werden können. Die Erarbeitung des House of Quality wird im Folgenden schrittweise dargestellt.

Darstellung Schritte im QFD 1

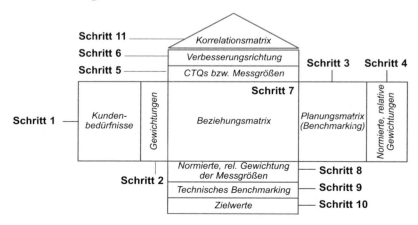

Schritt 1 (Kundenbedürfnisse)
Hier werden die Kundenbedürfnisse, welche mit Hilfe des Baumdiagramms und des Kano-Modells strukturiert und klassifiziert wurden, eingefügt. Es ist wichtig, das alle Kundenbedürfnisse auf einer Detaillierungsebene sind. Es wird empfohlen zwei Houses of Quality zu erarbeiten:
1. QFD 1a: Dissatisfier,
2. QFD 1b: Delighter und Satisfier.

Schritt 2 (Gewichtungen)
Die Erfüllung der Dissatisfier hat eine höhere Priorität als die der Delighter und Satisfier. Alle Dissatisfier sind zu 100% zu erfüllen. Die im Rahmen des AHP erarbeitete Priorisierung für Delighter und Satisfier werden in das House of Quality übernommen. Für das House of Quality, das die Dissatisfier enthält, werden keine Gewichtungen eingefügt.

Schritte 3 und 4 (Planungsmatrix und normierte, relative Gewichtung)
In der Planungsmatrix werden die Ergebnisse aus einem "Kundenzufriedenheits-Benchmarking" zusammengefasst. In diesem Benchmarking werden die Kunden befragt, inwieweit sie die Performance bestehender Systeme bezüglich der Erfüllung ihrer Bedürfnisse auf einer Skala von 1 (keine Erfüllung) bis 5 (sehr gute Erfüllung) bewerten.

Hieraus leitet sich der "Verbesserungsfaktor" ab, der durch die "Bedürfnispriorität" des AHP und einem "USP-Faktor" ergänzt wird. Als Ergebnis der Planungsmatrix werden diese drei Faktoren um eine Planungspriorität bereinigt, um eine angepasste normierte Gewichtung der Kundenbedürfnisse als Grundlage zur Beziehungsmatrix zu erhalten.

Darstellung Planungspriorität

	Planungspriorität	
AHP-Priorität	*Verbesserungsfaktor*	*USP-Faktor*
• Im AHP ermittelte Bedürfnisprioritäten für Leistungs- und begeisternde Faktoren	• Berücksichtigt den Grad an Verbesserungen, den wir mit dem zu entwickelnden Produkt / Prozess hinsichtlich Erfüllung der Kundenbedürfnisse erreichen möchten (VOC-Benchmark).	• Berücksichtigt eine mögliche Differenzierungsstrategie über Alleinstellungsmerkmale (USP).
• Basisfaktoren werden stets mit einer hohen Priorität (100%) berücksichtigt.		• Sollten einzelne Kundenbedürfnisse als USP verstärkt berücksichtigt werden?
Abgleich **+**	*Abgleich* **+**	*Abgleich*

= angepasste normierte, relative Gewichtung (Bewertungsgrundlage Beziehungsmatrix)

DEFINE

MEASURE

ANALYZE

DESIGN

VERIFY

Die Planungspriorität definiert eine Rangfolge zwischen den einzelnen Faktoren innerhalb der Planungsmatrix:
- Bedürfnis-Priorität (abgeleitet aus AHP)
- Verbesserungsfaktor (VOC-Benchmark)
- USP-Faktor (Differenzierung über Alleinstellungsmerkmale).

Diese Unterscheidung muss zwangsläufig vorgenommen werden, da es immer eine unternehmensindividuelle Entscheidung sein wird, welchem Faktor in der Entwicklung von Systemen die größere Bedeutung zugewiesen werden soll. Grundlage zur Bestimmung der Planungspriorität ist ein AHP, bestehend aus den drei definierten Faktoren.

Darstellung AHP-Matrix zur Gewichtung der Faktoren der Planungspriorität

Planungspriorität	Bedürfnisspriorität	Verbesserungsfaktor	USP-Faktor	Summe Zeilen	Summe normalisiert
Bedürfnispriorität	1,00	3,00	5,00	1,90	**63,33%**
Verbesserungsfaktor	0,33	1,00	3,00	0,78	**26,00%**
USP-Faktor	0,20	0,33	1,00	0,32	**10,60%**
Summe Spalten	1,53	4,33	9,00	3,00	100,00%

Zur Bewertung wird folgende Skalierung verwendet:
1 = gleich wichtig
3 = etwas wichtiger
5 = wichtiger
7 = viel wichtiger
9 = extrem viel wichtiger

Planungspriorität		
Bedürfnispriorität [63,33%]	*Verbesserungsfaktor* [26%]	*USP-Faktor* [10.6%]

⇨ **Tipp**

Die Bewertung innerhalb der AHP-Matrix zur Ermittlung der Planungspriorität sollte gemäß der strategischen Ausrichtung des Unternehmens
vom DFSS-Team vorgenommen werden.

Der "Verbesserungsfaktor" ergibt sich aus der Kundenbewertung bezüglich
der Zufriedenheit der Erfüllung einzelner Bedürfnisse. Basierend hierauf
wird ein Verbesserungsziel definiert, dem ein entsprechender Verbesserungsfaktor (siehe Darstellung AHP-Matrix) zugeordnet ist. Abschließend
muss der Verbesserungsfaktor um die Planungspriorität bereinigt werden.

Darstellung AHP-Matrix zur Normierung des Verbesserungs-ziels

Verbesserungsziel	5	4	3	2	1	Summe Zeilen	Summe normalisiert
5	1,00	2,00	3,00	4,00	5,00	1,9471	**38,94%**
4	0,50	1,00	3,00	5,00	5,00	1,5352	**30,70%**
3	0,33	0,33	1,00	3,00	4,00	0,8144	**16,29%**
2	0,25	0,20	0,33	1,00	3,00	0,4487	**8,97%**
1	0,20	0,20	0,25	0,33	1,00	0,2547	**5,09%**
Summe Spalten	2,28	3,73	7,58	13,33	18,00	5	100,00%

Skalierung zur Definition des Verbesserungsziels:

1 = keine Erfüllung des Bedürfnisses durch eigenes System / Wettbewerbs-
   bewerbssystem
2 = schwache Erfüllung des Bedürfnisses durch eigenes System / Wett-
   bewerbssystem
3 = mittlere Erfüllung des Bedürfnisses durch eigenes System / Wett-
   bewerbssystem
4 = gute Erfüllung des Bedürfnisses durch eigenes System / Wettbewerbs-
   system
5 = sehr gute Erfüllung des Bedürfnisses durch eigenes System / Wett-
   bewerbssystem

Die dem Verbesserungsziel entsprechende Gewichtung wird in die
Planungsmatrix übertragen.

DEFINE

MEASURE

ANALYZE

DESIGN

VERIFY

Darstellung Ermittlung des Verbesserungsfaktors

	Benchmark				Verbesserungsziel	Verbesserungsziel normiert	Verbesserungsfaktor gesamt
1 (keine Erfüllung)	2	3 (mittlere Erfüllung)	4	5 (sehr gute Erfüllung)			
				26,0%			
A		B		C	0,389	35,0%	9,1%
A	B	C			0,163	14,6%	3,8%
A	B	C			0,163	14,6%	3,8%
A	C				0,090	8,1%	2,1%
	A	B	C		0,307	27,6%	7,2%
					0	0,0%	0,0%
					0	0,0%	0,0%
					0	0,0%	0,0%
					0	0,0%	0,0%
					0	0,0%	0,0%
					1,112	100,0%	26,0%

A = Kundensicht - aktuelles Produkt
B = Kundensicht - Wettbewerb
C = Verbesserungsziel

Der "USP-Faktor" (Unique Selling Proposition) beurteilt zusätzlich zur Bedürfnispriorität und dem Verbesserungsfaktor eines Bedürfnisses auch dessen Potential als Alleinstellungsmerkmal gegenüber Wettbewerbssystemen. Auch die USP Bewertungen können mit Hilfe eines AHP normiert werden.

Darstellung Ermittlung des USP-Faktors

USP	Stark	Mittel	Kein	Summe Zeilen	Summe normalisiert
Stark	1,00	2,00	3,00	1,57	52,47%
Mittel	0,50	1,00	3,00	1,00	33,40%
Klein	0,33	0,33	1,00	0,42	14,20%
Summe Spalten	1,83	3,33	7,00	3,00	100,00%

DEFINE

Für jedes Kundenbedürfnis ergibt sich nun als Ergebnis der Planungsmatrix eine angepasste normierte Priorität, die die bereinigten Faktoren
Bedürfnispriorität, Verbesserungsfaktor und USP-Faktor enthält.
Diese bildet wiederum die Bewertungsgrundlage für das weitere Vorgehen
in der Beziehungsmatrix.

Darstellung Planungsmatrix
Beispiel Passagiersitz

Gesamtpriorität	Gewichtung (AHP)	Bedürfnisprioritäten gesamt	1 (keine Erfüllung)	2	3 (mittlere Erfüllung)	4	5 (sehr gute Erfüllung)	Verbesserungsziel	Verbesserungsziel normiert	Verbesserungsfaktor gesamt	USP	Verbesserungsziel	Verbesserungsziel normiert	USP-Faktor gesamt	Angepasste normierte Priorität	Ranking
	63,33%				26,0%								10,6%			
Ich möchte, dass der Sitz Vandalismus aushält.	29,19%	18,5%	A		B		C	0,307	23,1%	6,0%	Mittel	0,334	18,0%	1,9%	26,41%	2
Ich möchte, dass die Sitzteile nicht gestohlen werden können.	41,33%	26,2%	A		B		C	0,389	29,3%	7,6%	Hoch	0,525	28,2%	3,0%	36,80%	1
Ich möchte den Sitz schnell ein- und ausbauen können.	17,72%	11,2%	A		B		C	0,307	23,1%	6,0%	Hoch	0,525	28,2%	3,0%	20,24%	3
Ich möchte, dass der Sitz immer sauber aussieht.	4,64%	2,9%	A	B	C			0,163	12,3%	3,2%	Mittel	0,334	18,0%	1,9%	8,04%	5
Ich möchte, dass der Sitz schnell gereinigt werden kann.	7,12%	4,5%	A	B	C			0,163	12,3%	3,2%	Kein	0,142	7,6%	0,8%	8,51%	4
		0,0%						0	0,0%	0,0%		0	0,0%	0,0%	0,0%	6
		0,0%						0	0,0%	0,0%		0	0,0%	0,0%	0,0%	6
		0,0%						0	0,0%	0,0%		0	0,0%	0,0%	0,0%	6
		0,0%						0	0,0%	0,0%		0	0,0%	0,0%	0,0%	6
		0,0%						0	0,0%	0,0%		0	0,0%	0,0%	0,0%	6
	63,3%							1,329	100,0%	26,0%		1,858	100,0%	10,6%	100,0%	

Kundenbedürfnisse mit AHP-Gewichtung

Mit Gesamtpriorität abgeglichene, normierte Prioritäten

Angepasste, normierte Priorität mit entsprechendem Ranking

MEASURE

ANALYZE

Das Kundenbedürfnis "Ich möchte den Sitz schnell ein- und ausbauen können" wurde im Rahmen der AHP-Matrix mit 17,72 % bewertet. Sowohl das
angestrebte Verbesserungsziel als auch die Ausrichtung, die Erfüllung des
Bedürfnisses als Alleinstellungsmerkmal gegenüber Wettbewerbssystemen
hervorzuheben, führen zu einer angepassten normierten Priorität von 20,24%.
Diese Priorität stellt nun die Grundlage zur Bewertung relevanter Messgrößen in der Beziehungsmatrix dar.

Schritt 5 (CTQs und Messgrößen)
Hier werden die mit Hilfe der Transformationstabelle ermittelten CTQs und
Messgrößen aufgelistet.

DESIGN

VERIFY

DEFINE

MEASURE

ANALYZE

DESIGN

VERIFY

Schritt 6 (Verbesserungsrichtung)
Die Verbesserungsrichtung wird für jede gelistete Messgröße festgelegt und symbolisiert.

Darstellung Verbesserungsrichtung

↑	1	maximieren
O	0	exakt so erfüllen
↓	-1	minimieren

Schritt 7 (Beziehungsmatrix)
In der Beziehungsmatrix werden die Relationen zwischen den priorisierten Kundenbedürfnissen und den Messgrößen gebildet. Da die Messgrößen direkt aus den Kundenbedürfnissen abgeleitet wurden, korreliert jede einzelne zumindest mit einem Bedürfnis sehr stark. Ziel ist es für jedes Bedürfnis mindestens eine starke Relation mit einer Messgröße zu identifizieren.
Das marktspezifische und technische Wissen der Teammitglieder ist entscheidend für die Beantwortung der folgenden Fragen:
- Inwieweit gibt die Messgröße einen Hinweis auf den Erfüllungsgrad des jeweiligen Bedürfnisses?
- Inwieweit führt eine positive Veränderung der Messgröße (gemäß der avisierten Verbesserungsrichtung) zu einer besseren Erfüllung des jeweiligen Bedürfnisses?

Für den Grad der Korrelation wird eine Skalierung verwendet.

Darstellung Skalierung der Korrelationen zwischen Messgröße und Kundenbedürfnis

Symbol	Bedeutung	Zahl
/	Keine Korrelation	0
△	Mögliche Korrelation	1
O	Mittlere Korrelation	3
◉	Starke Korrelation	9

Fehlerhafte Bewertungen in der Beziehungsmatrix haben weitreichende Auswirkungen auf die Projektergebnisse. Eventuelle Bewertungsunsicherheiten sind ernst zu nehmen! Es ist sehr hilfreich, die Messgrößen operational zu definieren (Was soll mit welcher Methode gemessen werden?). Nicht Objektivität sondern Konsens bei den Bewertungen anstreben! Von Kompromissen zur Abkürzung des Verfahrens ist abzuraten.

Schritt 8 (Normierte, relative Gewichtung der Messgrößen)
Die normierte, relative Gewichtung der Messgrößen ermöglicht es, Schwerpunkte für die nachfolgende Systementwicklung zu erkennen. Die Gewichtung einer Messgröße wird aus der Summe der Produkte Korrelationszahl und Gesamtpriorität berechnet.

Darstellung Beziehungsmatrix mit normierter, relativer Gewichtung der Messgrößen
Beispiel Passagiersitz

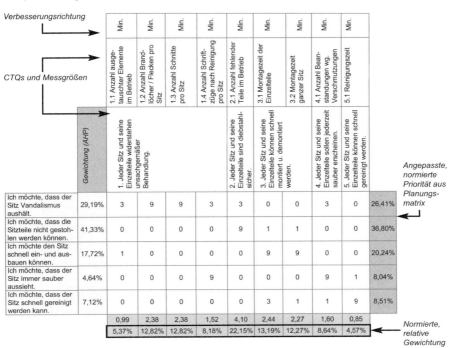

Verbesserungsrichtung → (Min. für alle Messgrößen)

CTQs und Messgrößen

Kundenbedürfnis	Gewichtung (AHP)	1.1 Anzahl ausgetauschter Elemente im Betrieb	1.2 Anzahl Brandlöcher / Flecken pro Sitz	1.3 Anzahl Schnitte pro Sitz	1.4 Anzahl Schriftzüge nach Reinigung pro Sitz	2.1 Anzahl fehlender Teile im Betrieb	3.1 Montagezeit der Einzelteile	3.2 Montagezeit ganzer Sitz	4.1 Anzahl Beanstandungen wg. Verschmutzungen	5.1 Reinigungszeit	Angepasste, normierte Priorität aus Planungsmatrix
		1. Jeder Sitz und seine Einzelteile widerstehen unsachgemäßer Behandlung.				2. Jeder Sitz und seine Einzelteile sind diebstahlsicher.	3. Jeder Sitz und seine Einzelteile können schnell montiert u. demontiert werden.		4. Jeder Sitz und seine Einzelteile sollen jederzeit sauber erscheinen.	5. Jeder Sitz und seine Einzelteile können schnell gereinigt werden.	
Ich möchte, dass der Sitz Vandalismus aushält.	29,19%	3	9	9	3	3	0	0	3	0	26,41%
Ich möchte, dass die Sitzteile nicht gestohlen werden können.	41,33%	0	0	0	0	9	1	1	0	0	36,80%
Ich möchte den Sitz schnell ein- und ausbauen können.	17,72%	1	0	0	0	0	9	9	0	0	20,24%
Ich möchte, dass der Sitz immer sauber aussieht.	4,64%	0	0	0	9	0	0	0	9	1	8,04%
Ich möchte, dass der Sitz schnell gereinigt werden kann.	7,12%	0	0	0	0	0	3	1	1	9	8,51%
		0,99	2,38	2,38	1,52	4,10	2,44	2,27	1,60	0,85	
		5,37%	12,82%	12,82%	8,18%	22,15%	13,19%	12,27%	8,64%	4,57%	Normierte, relative Gewichtung

DEFINE

MEASURE

ANALYZE

DESIGN

VERIFY

Schritt 9 und 10 (Technisches Benchmarking und Zielwerte)
Im technischen Benchmarking wird die aktuelle Leistungsfähigkeit des
eigenen Systems und der Wettbewerbssysteme hinsichtlich der priorisier-
ten Messgrößen ermittelt.
Dazu wird für jede Messgröße das eigene System (A) mit dem besten
Konkurrenzsystem (B) verglichen und bewertet. Je nach angestrebtem
Zielniveau (C) der CTQs lassen sich nun konkrete Zielwerte und Toleranzen
(USL/LSL) zu den einzelnen Messgrößen ableiten.
Es besteht außerdem die Möglichkeit den technischen Benchmark um den
Schwierigkeitsgrad der Zielerreichung zu ergänzen. Die relevante Frage ist:
Wie hoch ist der Aufwand, um das gesetzte Ziel zu erreichen bzw. wie
schwierig ist die Zielerreichung?
Der Schwierigkeitsgrad wird auf einer Skala von 1 (sehr einfache Ziel-
erreichung) bis 5 (sehr schwierige Zielerreichung) bewertet. Durch Multi-
plikation mit der Gewichtung der jeweiligen Messgröße wird ein Maß für
deren Realisierungsrisiko ermittelt. Es zeigt sich, welche Messgrößen für
die Realisierung des Projektes am kritischsten sind.

Darstellung Technisches Benchmarking und Zielwerte mit Toleranzen
Beispiel Passagiersitz

	1.1 Anzahl ausgetauschter Elemente im Betrieb	1.2 Anzahl Brandlöcher / Flecken pro Sitz	1.3 Anzahl Schnitte pro Sitz	1.4 Anzahl Schriftzüge nach Reinigung proSitz	2.1 Anzahl fehlender Teile im Betrieb	3.1 Montagezeit der Einzelteile	3.2 Montagezeit ganzer Sitz	4.1 Anzahl Beanstandungen wg. Verschmutzungen	5.1 Reinigungszeit		
Messgrößen	Min.	Min.	Min.	Min.	Min.	Min.	Min.	Min.	Min.		
	5,37%	12,82%	12,82%	8,18%	22,15%	13,19%	12,27%	8,64%	4,57%	0%	Normierte Gewichtung
	Anzahl / Monat und Sitz	Anzahl neuer Einheiten / Monat	Anzahl neuer Einheiten / Monat	Anzahl neuer Einheiten / Monat	Anzahl neuer Einheiten / Monat	Minuten / Teil	Minuten / Sitz	Anzahl / Monat	Minuten / Sitz		Maßeinheit
	Diskret	Diskret	Diskret	Diskret	Diskret	Stetig	Stetig	Diskret	Stetig		Datenart
	0	0	0	0	0	5	10	1	2		Zielwert
	0	0	0	0	0	0	0	0	0		LSL
	0	0	0	0	0	8	12	0	4		USL
											Qualitätskennzahl
5		C	C		C	C		C			
4	C	B		C			C		C		Technischer Benchmark
3	B		B	B	B	B		B			
2	A	A		A		A	B		B		
1			A		A		A	A	A		
2	4	5	3	5	5	4	1	4			Schwierigkeitsgrad
10,73%	51,30%	64,12%	24,53%	110,73%	65,95%	49,08	8,64%	18,26%	0,0%		Kritische Merkmale zur Zielerreichung
8	4	3	6	1	2	5	9	7	10		Ranking

(Linke Beschriftung der unteren drei Zeilen: *Optional*)

DEFINE · MEASURE · ANALYZE · DESIGN · VERIFY

Schritt 11 (Korrelationsmatrix)
Mit Hilfe der Korrelationsmatrix sollen Abhängigkeiten zwischen Messgrößen identifiziert werden. Insbesondere sollen Konflikte erkannt werden, die in der nachfolgenden Systementwicklung innovativ gelöst werden müssen. Ein einfaches Beispiel ist die Erhöhung der Stabilität eines Objektes, die im Konflikt zur Verringerung des Gewichts dieses Objektes steht. Die Messgrößen mit ihrer jeweiligen Verbesserungsrichtung werden gegenübergestellt.

Darstellung Korrelationsmatrix

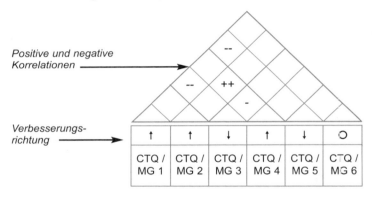

Korrelationssymbolik:
++   stark positiver Effekt
+   leicht positiver Effekt
O   kein Effekt
-    leicht negativer Effekt
--   stark negativer Effekt
MG   Messgröße

Verbesserungsrichtung:
↑   soll gesteigert werden
O   soll konstant bleiben
↓   soll reduziert werden

Das Korrelationsdach stellt positive und negative Wechselwirkungen zwischen den Messgrößen lediglich dar. Eine Berücksichtigung der entsprechenden Wechselwirkung kann jedoch über den Schwierigkeitsgrad (Schritt 9 "Technisches Benchmarking") vorgenommen werden. Die im Korrelationsdach aufgezeigten negativen Wechselwirkungen lassen sich als technische Konflikte / Widersprüche formulieren. In der Analyze Phase werden Methoden vorgestellt, solche Konflikte zu lösen.

Darstellung Korrelationsmatrix
Beispiel Passagiersitz

Korrelationsmatrix	Verbesserungsrichtung	1.1 Anzahl ausgetauschter Elemente im Betrieb	1.2 Anzahl Brandlöcher/-flecken pro Sitz	1.3 Anzahl Schnitte pro Sitz	1.4 Anzahl Schriftzüge nach Reinigung pro Sitz	2.1 Anzahl fehlender Teile im Betrieb	3.1 Montagezeit der Einzelteile	3.2 Montagezeit ganzer Sitz	4.1 Anzahl Beanstandungen wg. Verschmutzungen	5.1 Reinigungszeit
Verbesserungsrichtung		Min.	Min.	Min.	Min.	Min.	Min.	Min.	Min.	Min.
1.1 Anzahl ausgetauschter Elemente im Betrieb	Min.		++	++	+	++				
1.2 Anzahl Brandlöcher/-flecken pro Sitz	Min.	++							+	
1.3 Anzahl Schnitte pro Sitz	Min.	++								
1.4 Anzahl Schriftzüge nach Reinigung pro Sitz	Min.	+								
2.1 Anzahl fehlender Teile im Betrieb	Min.						-			
3.1 Montagezeit der Einzelteile	Min.					-				
3.2 Montagezeit ganzer Sitz	Min.									
4.1 Anzahl Beanstandungen wg. Verschmutzungen	Min.	+								
5.1 Reinigungszeit	Min.									

Messgrößen   Verbesserungsrichtung

- Das Team identifiziert eine negative Wechselwirkung zwischen den Messgrößen:
  - Montagezeit der Einzelteile und
  - Anzahl fehlender Teile im Betrieb.
- Wenn also einerseits die Montagezeit im Sinne der Verbesserungsrichtung reduziert werden soll, so lässt sich die Diebstahlsicherheit andererseits nicht mehr gewährleisten.
- Diese negative Korrelation muss im weiteren Vorgehen berücksichtigt werden und das Team beschließt eine weitere Betrachtung des technischen Konfliktes mit TRIZ.

DEFINE

MEASURE

ANALYZE

DESIGN

VERIFY

Design Scorecard

📁 **Bezeichnung / Beschreibung**
Design Scorecard

🕐 **Zeitpunkt**
Measure, Kundenbedürfnisse spezifizieren, Analyze, Design, Verify

◎ **Ziel**
Zusammenfassung der Messgrößen und deren Spezifikationen

▸▸ **Vorgehensweise**
Die Zielwerte und Toleranzen der Messgrößen werden in einer Tabelle beschrieben. Diese Angaben werden mit weiteren Informationen, wie der Operationalen Definition und Qualitätskennzahlen ergänzt.

Darstellung Design Scorecard
Beispiel Passagiersitz

Design Scorecard											
Nr.	Metric	Unit	Operational Definition	LSL	USL	Mean	StDev	D	U	O	DPMO
1.1	Anzahl ausgetausch-ter Einzelteile im Betrieb	Anzahl / Monat und Sitz									
1.2	Anzahl Brandlöcher und Flecken	Anzahl ausgetausch-ter Sitze / Monat									
1.3	Anzahl Schnitte	Anzahl ausgetausch-ter Sitze / Monat									
1.4	Anzahl fehlender Einzelteile im Betrieb	Anzahl / Monat									
1.5	Anzahl fehlender Einzelteile im Betrieb	(Qualitativ)									
1.6	Montagezeit der Einzelteile	Min.									
1.7	Montagezeit Sitz	Min.									
1.8	Anzahl Beanstandungen	Beanstandungen / Monat									
1.9	Reinigungszeit Sitz	Min. / Sitz									
1.10											

Risiko einschätzen

📁 **Bezeichnung / Beschreibung**
Risk evaluation, Risiko einschätzen

🕐 **Zeitpunkt**
Measure, Kundenbedürfnisse spezifizieren, Risiko einschätzen

◎ **Ziele**
Abschätzung der Risiken, die mit einer Nichterfüllung wichtiger CTQs einhergehen können

▸▸ **Vorgehensweise**
Das Team schätzt ab, wie komplex die technische Realisierung der Zielwerte der Messgrößen ist, und mit welchen Auswirkungen bei deren Nichterfüllung zu rechnen ist:

Darstellung Mögliche Effekte bei Nichterfüllung von Zielwerten

Möglicher Effekt für den Kunden	Möglicher interner Effekt
• Erhöhung der Variation von Produkteigenschaften • Erhöhung der Wahrscheinlichkeit, dass das Produkt nicht funktioniert • Verzögerung der Lieferzeit • Erhöhung des Produktpreises • Abschwächung des Nutzens / Wertes • Erhöhter Nacharbeitsaufwand	• Erhöhte Nacharbeit, Herstellungskosten • Verminderung des Gewinns • Schlechte Kundenbeziehung • Kundenverlust • Verlust an Wachstumsmöglichkeiten • Schlechte Reputation am Markt • Erhöhung der Barrieren in andere Märkte einzutreten

Die Risiken werden in einer Risikoeinschätzungs-Matrix dokumentiert.

Darstellung Risikoeinschätzungs-Matrix auf der nächsten Seite.

DEFINE

MEASURE

ANALYZE

DESIGN

VERIFY

Darstellung Risikoeinschätzungs-Matrix

						Design Scorecard									
Nr.	Metric	Unit	Operational Definition	LSL	USL	Mean	StDev	D	U	O	DPMO	Effekt bei Nicht-Erfüllung	Erwartete Schwierigkeiten bei der Realisierung	Bemerkung
1.1	Anzahl ausgetauschter Einzelteile im Betrieb	Anzahl / Monat und Sitz												
1.2	Anzahl Brandlöcher und Flecken	Anzahl ausgetauschter Sitze / Monat												
1.3	Anzahl Schnitte	Anzahl ausgetauschter Sitze / Monat												
1.4	Anzahl fehlender Einzelteile im Betrieb	Anzahl / Monat												
1.5	Anzahl fehlender Einzelteile im Betrieb	(Qualitativ)												
1.6	Montagezeit der Einzelteile	Min.												
1.7	Montagezeit Sitz	Min.												
1.8	Anzahl Beanstandungen	Beanstandungen / Monat												
1.9	Reinigungszeit Sitz	Min. / Sitz												
1.10														

Qualitätskennzahlen

📁 **Bezeichnung / Beschreibung**
Quality Key Figures, Process Performance, Prozessfähigkeitskennzahlen, Qualitätskennzahlen

🕑 **Zeitpunkt**
Abschluss Measure, kontinuierlich während Analyze und Design, insbesondere in Verify

◎ **Ziele**
– Die Leistungsfähigkeit eines Prozesses in Bezug auf die Kundenanforderungen feststellen
– Den Status quo und die Verbesserungen nach Implementierung der Lösungen beschreiben

▶▶ **Vorgehensweise**
Die in Six Sigma[+Lean] gebräuchlichsten Qualitätskennzahlen zur Ermittlung der Leistungsfähigkeit sind:

DPMO	Defects Per Million Opportunities
ppm	parts per million
DPU	Defects Per Unit
Yield	Ertrag / Ausbeute
C_p und C_{pk}	Prozessfähigkeitindizes
Prozess Sigma	Sigmawert

119

DEFINE

MEASURE

ANALYZE

DESIGN

VERIFY

Parts per Million (ppm)

▢ Bezeichnung
Parts per Million (ppm), Fehler pro Million

🕑 Zeitpunkt
Measure, Kundenbedürfnisse spezifizieren, Analyze, Design, Verify

◎ Ziel
Fokussierung auf die Kundensicht: Eine Einheit mit einem Fehler und ein
Teil mit mehreren Fehlern sind gleichermaßen fehlerhaft und werden als
Defekt gezählt, da die Einheit insgesamt für den Kunden unbrauchbar ist.

▶▶ Vorgehensweise
– Fehlermöglichkeiten, bei deren Eintreten eine Einheit insgesamt als
  defekt bezeichnet wird, festlegen.
– Anzahl der untersuchten Einheiten bestimmen und defekte bzw. fehlerhafte Einheiten zählen.
– ppm-Wert berechnen:

$$ppm = \frac{\text{Anzahl fehlerhafter Einheiten}}{\text{Anzahl Einheiten gesamt}} \cdot 1.000.000$$

⇨ Tipp
Bei nur einer Fehlermöglichkeit entspricht der DPMO-Wert dem ppm-Wert.

Darstellung ppm
Beispiel Lackierprozess: Parts per Million

• Bei 63 von 80 Aufträgen gab es Nacharbeiten wegen Lackierfehlern und / oder die Auf
  träge waren nicht rechtzeitig fertig gestellt worden:

$$ppm = \frac{63}{80} \cdot 1.000.000 = 787.500$$

• Die ppm-Rate beträgt 787.500.

Defects per Unit (DPU)

🗀 **Bezeichnung**
Defects per Unit (DPU), Defekte pro Einheit

🕑 **Zeitpunkt**
Measure, Kundenbedürfnisse spezifizieren, Analyze, Design, Verify

◎ **Ziel**
Die durchschnittliche Anzahl von Fehlern pro Einheit feststellen

▶▶ **Vorgehensweise**
– Defekte definieren (jede eintretende Fehlermöglichkeit an einer Einheit entspricht einem Fehler)
– Anzahl der untersuchten Einheiten (Units) bestimmen und Fehler (Defects) zählen
– DPU-Wert berechnen:

$$DPU = \frac{\text{Anzahl Fehler gesamt}}{\text{Anzahl Einheiten gesamt}}$$

⇨ **Tipp**
Die drei Qualitätskennzahlen DPMO, ppm und DPU ergeben zusammen ein umfassendes Bild der Prozessleistung – es ist durchaus zu empfehlen, alle drei Kennzahlen zu nutzen.

Darstellung DPU
Beispiel Lackierprozess: Defects per Unit

- Bei insgesamt 80 Aufträgen wurden 108 Fehler festgestellt:

$$DPU = \frac{108}{80} = 1,35$$

- Die DPU-Rate beträgt 1,35. Das bedeutet, dass ein hergestelltes Teil im Durchschnitt 1,35 Fehler hat.

DEFINE

MEASURE

ANALYZE

DESIGN

VERIFY

DEFINE

MEASURE

ANALYZE

DESIGN

VERIFY

Yield

📂 **Bezeichnung**
Yield, Ertrag, Ausbeute, Gutanteil

🕐 **Zeitpunkt**
Measure, Kundenbedürfnisse spezifizieren, Analyze, Design, Verify

◎ **Ziel**
Den Anteil fehlerfrei erzeugter Einheiten bzw. die Gutmenge eines Prozesses feststellen

▶▶ **Vorgehensweise**
- **Yield:** Gibt den Anteil guter, fehlerfreier Einheiten wieder.

$$Y = \frac{\text{Anzahl fehlerfreier Einheiten}}{\text{Anzahl Einheiten gesamt}}$$

  – Zusammenhang zwischen DPU und Yield (bei angenommener Poisson-Verteilung):
$$Y = e^{-DPU}$$

  – Zusammenhang zwischen DPO und Yield:
$$Y = 1 - DPO \text{ wobei } DPO = \frac{D}{N \cdot O}$$

- **Rolled Throughput Yield:** Ermittelt die Wahrscheinlichkeit, dass eine Einheit den gesamten Prozess fehlerfrei durchläuft. Dieser Gesamtertrag wird aus dem Produkt der einzelnen Subprozess-Yields berechnet.
$$Y_{RTP} = Y_{Sub1} \cdot Y_{Sub2} \cdot \ldots \cdot Y_{Subn}$$

- **Normalized Yield:** Bestimmt den durchschnittlichen Ertrag pro Prozessschritt. *Achtung:* Bei sehr unterschiedlichen Yields in den einzelnen Prozessschritten kann dieses Maß irreführend sein.
$$Y_{Norm} = \sqrt[n]{Y_{RTP}}$$

⇒ **Tipp**

- Beim Yield können zwei Ausprägungen unterschieden werden:
    1. Verhältnis von fehlerfrei erzeugten Einheiten zu Einheiten gesamt (Ertrag in der klassischen Produktion),
    2. Verhältnis von erzeugter Gutmenge zu eingesetzter Menge (Ausbeute im Chemie- / Pharmabereich).
- Im Regelfall wird der Yield ermittelt, bevor etwaige Nachbesserung bzw. Nachbearbeitung erfolgt (First Pass Yield).

Darstellung Yield

Beispiel 1: Lackierprozess Yield

- Von 80 Lackierungen waren lediglich 21 in Ordnung.
- Wir haben also eine Yield-Rate von 26,25%.

$$\text{Yield} = \frac{21}{80} = 0,2625 = 26,25\%$$

Beispiel 2: Lackierprozess Throughput Yield

- Insgesamt gab es in dem Prozess 108 Defekte bei 80 Lackierungen. Die DPU ergab 1,35. Wie hoch ist der Ertrag, wenn die Defekte nicht gleich verteilt sind?

$$Y_{TP} = e^{-1,35} = 0,2592 = 25,92\%$$

- Der Anteil der fehlerfreien Teile beträgt 25,92%.

Beispiel 3: Lackierprozess Rolled Throughput Yield

- Für die einzelnen Prozessschritte wurden folgende Erträge berechnet:

$$Y_1 = 92\% \longrightarrow Y_2 = 82\% \longrightarrow Y_3 = 84\% \longrightarrow Y_4 = 82\% \longrightarrow Y_5 = 95\%$$

- Die Wahrscheinlichkeit, dass eine Einheit den gesamten Prozess fehlerfrei durchläuft ist:

$$Y_{RTP} = 0,92 \cdot 0,82 \cdot 0,84 \cdot 0,82 \cdot 0,95 \cong 0,494$$

DEFINE

MEASURE

ANALYZE

DESIGN

VERIFY

DEFINE

MEASURE

ANALYZE

DESIGN

VERIFY

C_p- und C_{pk}-Werte

📁 **Bezeichnung**

C_p und C_{pk}

🕐 **Zeitpunkt**

Measure, Kundenbedürfnisse spezifizieren, Analyze, Design, Verify

◎ **Ziele**

– Das Verhältnis zwischen den Kundenspezifikationsgrenzen (Toleranz-grenzen) und der natürlichen Streubreite des Prozesses (C_p-Wert) er-mitteln.
– Die Zentrierung des Prozesses (C_{pk}-Wert) feststellen.

▶▶ **Vorgehensweise**

C_p-Wert:

– Obere und untere Spezifikationsgrenze bestimmen.
– Abstand zwischen oberer und unterer Spezifikationsgrenze (Toleranz) durch die 6-fache Standardabweichung des Prozesses dividieren.
– Bei nicht-normalverteilten Daten: Toleranz durch den Perzentilabstand von +/- 3 Standardabweichungen (entspricht 99,73 %) dividieren.

Bei Normalverteilung	Bei Nicht-Normalverteilung
$C_p = \dfrac{USL - LSL}{6s}$	$C_p = \dfrac{USL - LSL}{x_{0,99865} - x_{0,00135}}$

C_{pk}-Wert:

– Abstand zwischen der nächstliegenden Spezifikationsgrenze und dem Mittelwert durch die 3-fache Standardabweichung des Prozesses divi-dieren. Damit wird zusätzlich die Lage des Prozesses berücksichtigt.
– Bei nicht-normalverteilten Daten: Den Abstand zwischen der nächstliegen-den Spezifikationsgrenze und dem Median durch den halben Perzentil-abstand dividieren.

Bei Normalverteilung	Bei Nicht-Normalverteilung
$C_{pk} = \min\left[\dfrac{USL - \bar{x}}{3s}; \dfrac{\bar{x} - LSL}{3s}\right]$	$C_{pk} = \min\left[\dfrac{USL - x_{0,5}}{x_{0,99865} - x_{0,5}}; \dfrac{x_{0,5} - LSL}{x_{0,5} - x_{0,00135}}\right]$

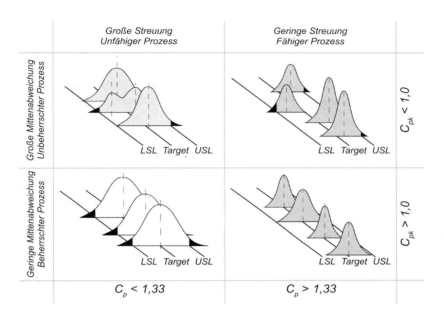

$\Rightarrow$ **Tipp**

- Ein hoher C_p-Wert ist eine notwendige, aber nicht hinreichende Bedingung für einen guten Prozess Sigmawert. Erst durch Berücksichtigung der Prozesszentrierung, also durch einen guten C_{pk}-Wert, kann ein hohes Prozess Sigma erreicht werden.

- Um einen Sigmawert von 6 (Sechs Sigma Prozess) zu erreichen, müssen der C_p und C_{pk} den Wert 2 annehmen (zwischen Mittelwert und Kundenspezifikazionsgrenzen passen mindestens 6 Standardabweichungen). Aufgrund des angenommenen Prozess-Shifts von 1,5 Standardabweichungen haben sich Six Sigma[+Lean] Unternehmen wie Motorola C_p-Werte von 2 und C_{pk}-Werte von 1,5 als Ziel gesetzt.

- Bei einer langfristigen Betrachtung werden die C_p- und C_{pk}-Werte als P_p und P_{pk} bezeichnet.

DEFINE

Darstellung C_p- und C_{pk}-Werte

Die Spezifikationsgrenzen bei den Lackierungen liegen bei LSL = 100 und USL = 180. Bei den erhobenen Daten wurde der Mittelwert mit 154,54 und die Standardabweichung mit 22,86 errechnet. Normalverteilung ist gegeben.

$$C_p = \frac{USL - LSL}{6s} = \frac{180 - 100}{6 \cdot 22,86} = 0,58$$

$$C_{pk} = \min\left[\frac{USL - \bar{x}}{3s}; \frac{\bar{x} - LSL}{3s}\right] = \min\left[\frac{180 - 154,54}{68,58}; \frac{154,54 - 100}{68,58}\right] = \min\left[0,37; 0,79\right] = 0,37$$

MEASURE

Beispiel: C_p und C_{pk} in MINITAB®

ANALYZE

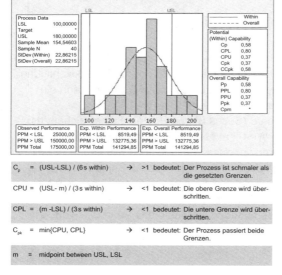

Grafisches Ergebnis:
Die Ober- und Unterspezifikations-grenzen und einige statistische Kenn-zahlen der Stichprobe:
Ein Histogramm zeigt, wie die Daten im Verhältnis zu den Spezifikations-grenzen liegen. Die Kurve bildet die Normalverteilung unter Berück-sichtigung der kurz- und langfristigen Betrachtung ab. In diesem Beispiel wird nicht danach unterschieden.

Die C_p- und C_{pk}-Werte: Je größer, desto besser ist der Prozess. $C_p = 2$ bzw. $C_{pk} = 1,5$ entspricht einem Sechs-Sigma-Niveau.

Da keine Untergruppen angegeben worden sind, sind die kurz- und lang-fristige Prozessfähigkeit identisch.

DESIGN

VERIFY

DEFINE

Prozess Sigma

⬚ **Bezeichnung**
Sigma Value, Prozess Sigma, Sigmawert

🕐 **Zeitpunkt**
Measure, Kundenbedürfnisse spezifizieren, Analyze, Design, Verify

◎ **Ziele**
– Die Leistungsfähigkeit eines Prozesses speziell in Bezug auf die Spezifikationsgrenzen darstellen.
– Als Benchmark bzw. Best Practice verwenden.

MEASURE

▶▶ **Vorgehensweise**
– Über **DPMO:**
Aus der Sigma Umrechnungstabelle *(s. Anhang)* ermitteln.

– Über **Yield:**
Aus der Sigma-Umrechnungstabelle ermitteln unter Verwendung des First Pass Yield.

– Über **Z-Transformation:**
Lediglich bei normalverteilten, stetigen Daten anwenden.

ANALYZE

DESIGN

VERIFY

DEFINE

MEASURE

ANALYZE

DESIGN

VERIFY

Z-Methode zur Sigma Berechnung
Voraussetzung: Stetige, normalverteilte Daten

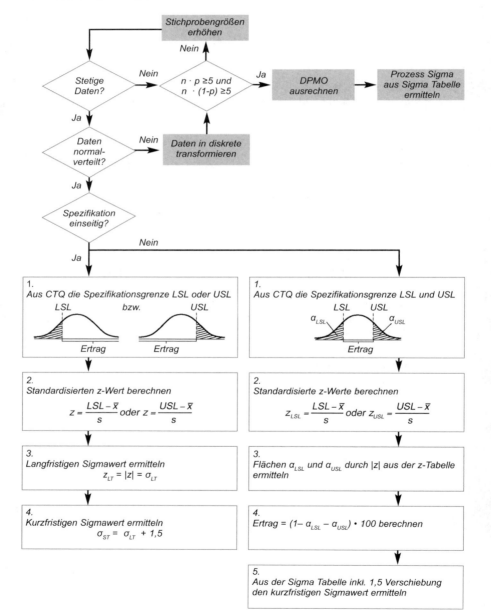

⇨ **Tipp**

Nicht mit aller Macht den Sigmawert als einzigen Performance-Wert im Unternehmen durchsetzen. Von Kunden und Mitarbeitern am besten verstandene und akzeptierte Werte oder Kennzahlen sollten genutzt werden.

Darstellung Z-Methode zur Sigma Berechnung
Beispiel beidseitiger CTQ

- Unser Kunde möchte, dass die Lieferungen frühestens 7 Tage nach der Bestellung eintreffen, jedoch nicht länger als 20 Tage benötigen. Die Standardabweichung beträgt 4 Tage.

- Wir erhalten $z_{USL} = \dfrac{20-13,5}{4} = 1,625$ und $z_{LSL} = \dfrac{7-13,5}{4} = -1,625$

- Aus der z-Tabelle erhalten wir $\alpha_{USL} = 0,0516$ und $\alpha_{LSL} = 0,0516$

- Ertrag = $(1 - 0,0516 - 0,0516) \cdot 100\% = 89,68\%$

- $s_{ST} = 2,75$

- $s_{LT} = 2,75 - 1,5 = 1,25$

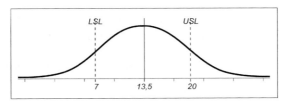

DEFINE

MEASURE

ANALYZE

DESIGN

VERIFY

Gate Review

📁 **Bezeichnung / Beschreibung**
Gate Review, Phasencheck, Phasenabnahme

🕑 **Zeitpunkt**
Zum Abschluss jeder Phase

◎ **Ziele**
- Den Sponsor von Ergebnissen und Maßnahmen der jeweiligen Phase in Kenntnis setzen
- Die Ergebnisse beurteilen
- Über den weiteren Verlauf des Projektes entscheiden

▶▶ **Vorgehensweise**
Die Ergebnisse werden vollständig und nachvollziehbar präsentiert.
Der Sponsor prüft den aktuellen Stand des Projektes nach folgenden Kriterien:
- Vollständigkeit der Ergebnisse,
- Wahrscheinlichkeit des Projekterfolges,
- die optimale Allokation der Ressourcen im Projekt.

Der Sponsor entscheidet, ob das Projekt in die nächste Phase eintreten kann.

Sämtliche Ergebnisse der Measure Phase werden im abschließenden Measure Gate Review dem Sponsor und den Stakeholdern vorgestellt. In einer vollständigen und nachvollziehbaren Präsentation müssen folgende Fragen beantwortet werden:

Kunden auswählen:
- Wie wurde der Zielmarkt bestimmt?
- Wie wurden die Zielkunden des Produktes / Prozesses identifiziert und was charakterisiert diese?
- Wurden die Zielkunden segmentiert? Welche Zielkunden haben welche Priorität?

Kundenstimmen sammeln:
- Welche Befragungsmethoden wurden gewählt? Wie lauten die Ergebnisse?
- Wie wurde die Kundeninteraktionsstudie durchgeführt? Wie lauten die Ergebnisse?
- Sind die erlaubten Zielkosten ermittelt worden?
  In welcher Preisspanne kann das Produkt / der Prozess angeboten werden?

Kundenbedürfnisse spezifizieren:
- Wie lauten die Kundenbedürfnisse? In welcher Relation stehen diese zueinander?
- Gibt es gegensätzliche Kundenbedürfnisse und wie wurden diese berücksichtigt?
- Gibt es Konkurrenzsysteme und wie erfüllen diese die Kundenbedürfnisse?
- Sind die Kundenstimmen in CTQs und Messgrößen transformiert worden? Mit welcher Priorität?
- Wurde ein technisches Benchmarking durchgeführt? Wenn ja wie? Was sind die Ergebnisse?
- Wie wurden die Zielwerte und Toleranzen für die Messgrößen bestimmt?
- Welche Fehlerrate dürfen die Messgrößen aufweisen?
- Sind Konflikte in der Erfüllung einzelner CTQs / Messgrößen zu erwarten?
- Welche Limitierungen und Hindernisse wurden identifiziert?
- Mit welchen Folgen ist zu rechnen, wenn CTQs nicht erfüllt werden?

Zum Projektmanagement:
- Ist es sinnvoll das Projekt fortzusetzen?
- Wurde der Business Case an diesbezügliche Erkenntnisse angepasst?
- Was sind die "Lessons Learned" der Measure Phase und welche nächsten Schritte erfordern sie?

DEFINE

MEASURE

ANALYZE

DESIGN

VERIFY

Design For Six Sigma$^{+\text{Lean}}$ Toolset

ANALYZE

Phase 3: Analyze

Ziele
- Identifizierung und Priorisierung der Systemfunktionen
- Entwicklung und Optimierung eines Designkonzeptes
- Überprüfung des Designkonzeptes auf dessen Fähigkeit zur Erfüllung der Kundenanforderungen

Designkonzept identifizieren	Designkonzept optimieren	Fähigkeiten des Konzeptes überprüfen
• Funktionen analysieren • Anforderungen an Funktionen aus Messgrößen ableiten • Alternative Konzepte entwickeln • Das beste Konzept auswählen	• Konflikte im ausgewählten Konzept lösen • Anforderungen an notwendige Ressourcen ableiten	• Risiko einschätzen • Kunden- und Stakeholderfeedback einholen • Konzept finalisieren • Markteinführung vorbereiten

Vorgehen
Nachdem die Anforderungen feststehen, können jetzt die Designkonzepte entwickelt und die besten ausgewählt werden. Bestehende Widersprüche in den Konzepten werden gelöst und kritische Prozess- und Input-Variablen werden definiert.
Roadmap Analyze auf der gegenüberliegenden Seite.

Wichtigste Werkzeuge
- Funktionsanalyse
- Transferfunktion
- QFD 2
- Kreativitätstechniken
- Ishikawa-Diagramm
- TRIZ
- Benchmarking
- Pugh-Matrix
- FMEA

- Antizipierende Fehlererkennung
- Design Scorecards
- Prototyping

Roadmap Analyze

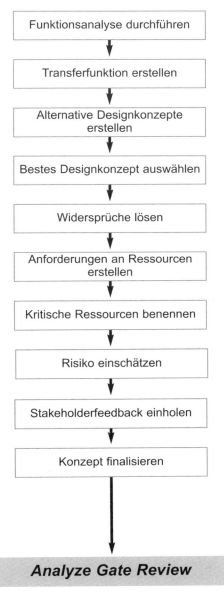

Funktionsanalyse durchführen

Transferfunktion erstellen

Alternative Designkonzepte erstellen

Bestes Designkonzept auswählen

Widersprüche lösen

Anforderungen an Ressourcen erstellen

Kritische Ressourcen benennen

Risiko einschätzen

Stakeholderfeedback einholen

Konzept finalisieren

Analyze Gate Review

Sponsor: Go / No Go Entscheidung

DEFINE

MEASURE

ANALYZE

DESIGN

VERIFY

Designkonzept identifizieren

🗁 **Bezeichnung / Beschreibung**
Design Concept Identification, Designkonzept identifizieren

🕓 **Zeitpunkt**
Analyze, alternative Designkonzepte identifizieren

◎ **Ziele**
– Entwicklung alternativer Designkonzepte auf der Grundlage priorisierter Funktionen
– Identifizierung des besten Konzeptes unter Berücksichtigung der definierten Kundenanforderungen

▸▸ **Vorgehensweise**
Im Hinblick auf die Funktionen eines Systems sind stets mehrere alternative Konzepte für dessen Entwicklung denkbar, um die wichtigsten Funktionen zu erfüllen.
Aus dieser Vielzahl möglicher Konzepte wird das für die Erfüllung der CTQs und CTBs (Critical to Business) beste Konzept ausgewählt. Die Konzeptentwicklung erfolgt dabei von der Festlegung des Grobkonzeptes zur Definition der detaillierten Ausprägung im Feinkonzept.
Der Detaillierungsgrad nimmt stetig zu. Mit welchem Detaillierungsgrad ein Grobkonzept eingefroren werden kann (Abschluss Analyze), ist projektspezifisch und sollte vom Projektteam beim Eintritt in die Analyze Phase festgelegt werden.

Darstellung vom Grobkonzept zum Feinkonzept

Schritt 1:
Grobkonzept bzw. High-Level-Konzept

Schritt 2:
Feinkonzept bzw. detailliertes Design

Anayze Phase

Design Phase

Die Vorraussetzung für die Entwicklung alternativer Konzepte ist zunächst eine exakte Analyse aller Systemfunktionen. Die abstrakte und lösungsfreie Formulierung der Systemfunktionen ist die Grundlage für kreative Konzeptideen.

DEFINE

MEASURE

ANALYZE

DESIGN

VERIFY

DEFINE

MEASURE

ANALYZE

DESIGN

VERIFY

Funktionen analysieren

📁 Bezeichnung / Beschreibung
Functional analysis, Funktionsanalyse, Erarbeitung von Systemfunktionen

🕐 Zeitpunkt
Analyze, Designkonzept identifizieren, Funktionen analysieren

◎ Ziele
- Lösungsfreie Beschreibung des Systems als ein Wirkungssystem inter agierender Funktionen
- Identifizierung und Priorisierung aller relevanter Teilfunktionen innerhalb dieses Wirkungssystems

▸▸ Vorgehensweise
Die Wirkungen eines Systems beruhen auf seinen Eigenschaften, seiner Verwendung und seiner Bedeutung.
Dementsprechend lassen sich die Funktionen, die diese Wirkungen hervor- rufen in drei Kategorien unterteilen.

Darstellung Funktionskategorien gemäß Wirkungsart

Objektfunktion (passiv)	Verrichtungsfunktion (aktiv)	Geltungsfunktion
Betreffen das System selbst	Betreffen die Verwendung des Systems	Betreffen die Bedeutung des Systems
z. B.: Aufnahme eines Gegen- stands (Stuhl, Sitz, Tisch o. Ä.)	z. B.: Einfaches ergonomisches Handling	z. B.: Ansprechendes Design
	z. B.: Entfernung von Plaque (Zähne)	z. B.: Leicht erkennbare Mitarbeiter durch spezielle Uniform

Wie in der Tabelle dargestellt, sollte eine Funktion kurz, prägnant und klar formuliert werden.

Zudem lässt sich jede Funktion entsprechend ihrer Wirkungsweise klassifizieren:
- Nützliche Funktionen
- Schädliche Funktionen

Mit Hilfe der Darstellung und Analyse der Funktionen lassen sich Widersprüche und Funktionszusammenhänge aufzeigen.
(Siehe Funktionsdarstellung)

DEFINE

MEASURE

ANALYZE

DESIGN

VERIFY

DEFINE

MEASURE

ANALYZE

DESIGN

VERIFY

Funktionsdarstellung

🗀 **Bezeichnung / Beschreibung**
Functional Analysis, Funktionsanalyse

🕓 **Zeitpunkt**
Analyze, Designkonzept identifizieren

◎ **Ziele**
– Graphische Darstellung aller Ursache-Wirkung-Beziehungen zwischen den beteiligten Systemkomponenten und deren Funktionen
– Systematische Analyse nützlicher aber auch schädlicher bzw. unzureichender oder überflüssiger Beziehungen
– Identifizierung von Konflikten und Widersprüchen

▸▸ **Vorgehensweise**
Das System und sein Wirkungsumfeld werden in einzelne Elemente zerlegt und durch entsprechende Substantive dargestellt. Ihre jeweilige Wirkung bzw. Funktion wird in Verbform beschrieben.
Dabei werden folgende grundlegende Funktionsbegriffe unterschieden:
– Nützliche Funktionen (NFs), so genannte "Useful Functions"
– Schädliche Funktionen (SFs), so genannte "Harmful Functions"

Darstellung Ursache-Wirkung-Beziehung
Symbolik zur Darstellung von Elementen und Funktionen

Elemente	
Komponenete	Komponente
Supersystem	Elemente des Sypersystems
Produkt	Produkt

Funktionen	
⟶	Nützliche normale Funktion
┼┼┼┼┼▸	Nützliche unzureichende Funktion
➜	Nützliche übermäßige Funktion
┼┼┼┼┼➜	Nützliche Funktion mit Parametern
⟹	Schädliche Funktion
┼┼┼┼┼➤	Schädliche Funktion mit Parametern

Darstellung Funktionsdarstellung
Beispiel Supersystem "KFZ"

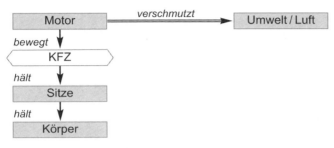

Darstellung Funktionsdarstellung
Beispiel Supersystem "Zahnbürste"

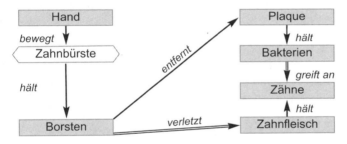

⇨ **Tipp**

- Bei der Prozessentwicklung entsprechen die Funktionen den auf SIPOC-Niveau (Substantiv + Verb) formulierten fünf bis sieben Prozessschritten.
- Konflikte und Widersprüche die in der Darstellung deutlich werden, können im Folgenden mit Hilfe der TRIZ-Methode analysiert und beseitigt werden.
- In der Materialentwicklung sind Funktionen sehr häufig mit den Materialeigenschaften gleichzusetzen, wie z. B.:
  - Elektrischer Widerstand (Strom leiten),
  - Festigkeit (mechanische Spannung aushalten).
- Der Zusammenhang zwischen den identifizierten und beschriebenen Funktionen und CTQs / Messgrößen beschreibt die Wirkungsweise des Systems in der Interaktion mit den Kunden. Dieser Zusammenhang wird auch als Transferfunktion bezeichnet.

DEFINE

MEASURE

ANALYZE

DESIGN

VERIFY

Anforderungen an Funktionen ableiten

📁 **Bezeichnung / Beschreibung**
Quality Function Deployment 2, QFD 2, House of Quality 2,
Qualitätshaus 2

🕑 **Zeitpunkt**
Analyze, Designkonzept identifizieren

◎ **Ziele**
– Erarbeitung von Transferfunktionen, die den Zusammenhang zwischen
den identifizierten Systemfunktionen und den Messgrößen abbilden
– Priorisierung der Funktionen unter Einbeziehung der Messgrößen-
priorisierung

▶▶ **Vorgehensweise**
Die Relationen zwischen den identifizierten Funktionen und den gewichteten Messgrößen werden innerhalb des QFD 2 ermittelt:

Darstellung QFD 2

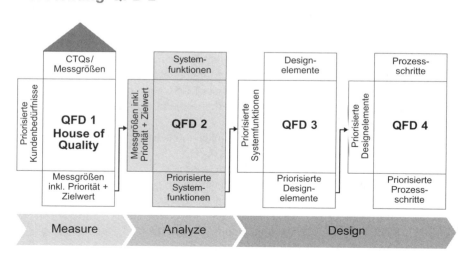

Zunächst wird der Einfluss der Systemfunktionen auf die einzelnen Messgrößen analysiert.

Dabei gilt es folgende Fragen zu beantworten:
1. Sind alle Systemfunktionen identifiziert, die einen Beitrag zur Erfüllung der Messgrößen leisten?
2. Wie stark beeinflusst eine Systemfunktion die jeweilige Messgröße?

Der Zusammenhang zwischen CTQs / Messgrößen und den System-funktionen kann mit Hilfe des QFD 2 dargestellt werden. Dieser wird auch als Transferfunktion bezeichnet.

Darstellung QFD 2

Generisches Beispiel

	Systemfunktionen			
	F 1	F 2	F 3	Normierte, relative Gewichtung MG
Messgröße 1	◉			25%
Messgröße 2	○	◉		45%
Messgröße 3		△	◉	30%
Gewichtung (absolut)	3,6	4,35	2,7	10,65 100%
Normierte, relative Gewichtung	33,8%	40,8%	25,4%	100%

Legende zur Bewertung der Ursache-Wirkung-Relation:

Symbol	Bedeutung	Zahl
/	Keine Korrelation	0
△	Mögliche Korrelation	1
○	Mittlere Korrelation	3
◉	Starke Korrelation	9
MG	Messgröße	
F	Funktion	

Die in Measure abgeleitete Gesamtpriorität der Messgrößen wird zur Be-stimmung der Gewichtung der Systemfunktionen berücksichtigt. Mit Hilfe dieser Gewichtung können Schwerpunkte in der weiteren Konzeptentwick-lung gesetzt werden.

Neben dem QFD 2 können auch andere Methoden zur Ableitung von Trans-ferfunktionen verwendet werden.

Darstellung Transferfunktionen auf der folgenden Seite.

DEFINE

MEASURE

ANALYZE

DESIGN

VERIFY

Darstellung Transferfunktion

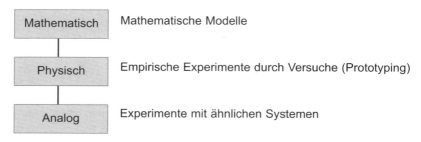

Mathematisch	Mathematische Modelle
Physisch	Empirische Experimente durch Versuche (Prototyping)
Analog	Experimente mit ähnlichen Systemen

Im Idealfall kann der Zusammenhang zwischen Messgröße und Teil-funktionen als mathematische Funktion beschrieben werden:

Darstellung Transferfunktionen
Beispiele

Haltbarkeit eines Systems	Haltbarkeit System = $\underset{i=1}{\overset{n}{\text{Min.}}}$ [Haltbarkeit Systemkomponente]
Maximale Durchlauf-zeit eines seriellen Prozesses mit 95 % Wahrscheinlichkeit	Max. DLZ = $\sum$ durchschnittliche DLZ Prozessschritt + 1,96 x Standardabweichung des Prozessschrittes
Durchschnittliche Durchlaufzeit eines Prozesses	Durchschnittliche DLZ = $\sum$ durchschnittliche DLZ Einzelprozessschritte

⇒ **Tipp**

- Nicht alle identifizierten Systemfunktionen haben Einfluss auf alle Mess-größen.
- Im Idealfall sind alle Funktionen "entkoppelt", d. h. Systemfunktionen sind komplett unabhängig voneinander und haben jeweils einen direk-ten Einfluss auf genau eine Messgröße.

Alternative Konzepte entwickeln

📁 **Bezeichnung / Beschreibung**
Erarbeitung alternativer Konzeptideen unter Berücksichtigung der Systemfunktionen

🕐 **Zeitpunkt**
Analyze, Designkonzept identifizieren

◎ **Ziel**
Generierung alternativer Konzeptideen zur Realisierung der Systemfunktionen

▶▶ **Vorgehensweise**
Das zu entwickelnde Konzept soll die identifizierten und priorisierten
Funktionen bestmöglich erfüllen.
Zur Entwicklung kreativer Konzeptideen können viele Methoden angewen-
det werden. Einige Methoden werden im Folgenden dargestellt:
– Kreativitätstechniken, wie:
  - Brainstorming
  - Brainwriting
  - Mindmapping
  - SCAMPER
  - Morphologischer Kasten
– Benchmarking
– TRIZ

⇒ **Tipp**
• Der Komplexitätsgrad des zu entwickelnden Systems bestimmt die Vorgehensweise. Bei höheren Komplexitätsgraden sollten zunächst Teilkon-
  zepte für einzelne Funktionen entwickelt werden. Anschließend werden
  diese zusammengefügt und ergeben ein Gesamtkonzept für das System.
• Die entwickelten alternativen Designkonzepte sollten in einer übersichtlichen und strukturierten Form dokumentiert werden. Die Kombination
  aus schriftlich dokumentierten Beschreibungen und ergänzenden Skizzen
  hilft dem Team später bei der Auswahl des optimalen Konzeptes.

DEFINE

MEASURE

ANALYZE

DESIGN

VERIFY

DEFINE

MEASURE

ANALYZE

DESIGN

VERIFY

Brainstorming

📁 **Bezeichnung / Beschreibung**
Brainstorming, Kreativitätstechnik, strukturierte Ideensammlung und Ideenbewertung

🕐 **Zeitpunkt**
Analyze, Design, alternative Konzepte entwickeln

◎ **Ziel**
Entwicklung von Konzeptideen auf Basis der Systemfunktionen

▸▸ **Vorgehensweise**
Das Brainstorming führt zu einer möglichst umfassenden vielfältigen Ideensammlung. Diese stringente Trennung wird durch folgende Brainstorming-Regeln unterstützt:

Brainstorming-Regeln:
1. Jeder Vorschlag zählt
2. Keine Diskussionen über Vorschläge
3. Keine Killerphrasen verwenden
4. Keine Erklärungen bei der Ideensammlung
5. Jeden Beteiligten involvieren
6. Ausreden lassen und dabei zuhören

Der Ablauf eines Brainstorming gestaltet sich wie folgt:
1. Regeln aufstellen, dokumentieren und im Raum aufhängen
2. Thema bzw. Ziel festlegen und aufschreiben
3. Ideen sammeln (Brainstorming): 3 - 5 Minuten
4. Ideen erläutern und strukturieren (Affinitätsdiagramm)
5. Kriterien ableiten und visualisieren
6. Gesammelte Ideen anhand der Kriterien bewerten
7. "Gute" Ideen auswählen und weiterverfolgen

Das Brainstorming kann mit Hilfe eines Ishikawa-Diagramms strukturiert werden.

Darstellung Ishikawa-Diagramm
Beispiel Passagiersitz

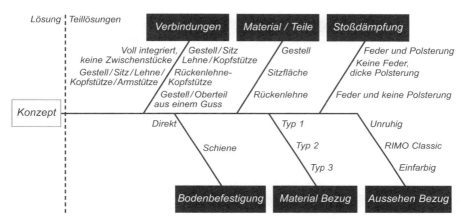

⇨ Tipp

- Die Bezeichnungen der "Gräten" (Designelemente des Systems – Prozess- und Inputvariablen) können im Ishikawa-Diagramm individuell angepasst werden. Hierbei ist es wichtig, dass das gesamte System betrachtet wird.
- Dies strukturiert das Brainstorming, erleichtert die Ideenfindung und dient der weiteren Aufbereitung der Konzeptideen.

DEFINE

MEASURE

ANALYZE

DESIGN

VERIFY

Brainwriting

🗀 **Bezeichnung / Beschreibung**
Kreativitätstechnik, strukturierte Ideensammlung und Ideenbewertung

🕐 **Zeitpunkt**
Analyze, Design, alternative Konzepte entwickeln

◎ **Ziel**
Konzentrierte Generierung alternativer Konzeptideen

▶▶ **Vorgehensweise**
Ein Brainwriting wird angewendet, wenn aufgrund der komplexen Thematik
eine Ideensammlung in ruhiger, konzentrierter Atmosphäre sinnvoll erscheint
oder nicht alle involvierten Personen an einem Ort verfügbar sind.
Der Ablauf eines Brainwritings wird wie folgt gestaltet:
1. Das Thema gemeinsam festlegen
2. Individuelle Lösungsidee(n) auf einem Blatt Papier oder in einer E-Mail
   notieren
3. Lösungsideen anschließend an den Nächsten weiterreichen:
   - in einem Raum im Uhrzeigersinn
   - per E-Mail gemäß einer vorher festgelegten Reihenfolge
4. Die Idee des Vorgängers überprüfen, darauf aufbauen oder eine völlig
   neue Idee entwickeln
5. Am Ende einer vereinbarten Zeit die Ideen zentral einsammeln
6. Das Ergebnis anschließend präsentieren und diskutieren
7. Im Anschluss Lösungsvorschläge auswählen

⇒ **Tipp**
• Beim Brainwriting werden oft ungewöhnliche und kreative Beziehungen
  und Kombinationen von Ideen bzw. Ideenketten entwickelt, die ggf.
  beim Brainstorming aufgrund der starren Ausrichtung und Orientierung
  nicht erstellt werden können.
• Brainwriting eignet sich insbesondere für heterogene Teams mit dominanten und weniger dominanten Mitgliedern. Die weniger dominanten Mitglieder erhalten einen größeren Freiheitsgrad zur Äußerung ihrer Ideen.

Mindmapping

📁 **Bezeichnung / Beschreibung**
Mindmapping, Kreativitätstechnik, strukturierte Ideensammlung und
Ideenbewertung

🕐 **Zeitpunkt**
Analyze, Design, alternative Konzepte entwickeln

◎ **Ziel**
Unterstützung einer umfassenden Ideensammlung durch Visualisierung der
Zusammenhänge alternativer Lösungsideen

▶▶ **Vorgehensweise**
Während des Mindmapping werden die semantischen Beziehungen zwischen den Ideen skizziert. Mit Hilfe des Mindmapping werden Synergie-
effekte genutzt, die sich durch die parallele Nutzung sprachlicher und bild-
gebender Fähigkeiten erzeugen lassen. Dabei entsteht eine Mindmap
(Gedankenkarte) rund um das zentrale Thema.

Darstellung Mindmap
Beispiel Passagiersitz

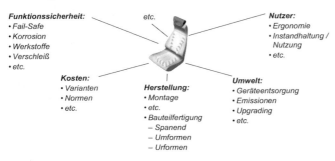

Die übersichtliche Darstellung auch komplexer Strukturen provoziert weitere unterstützende oder verändernde Ideen. Sie ermöglicht es zudem, einzelne Aspekte detailliert zu verfolgen.

DEFINE

MEASURE

ANALYZE

DESIGN

VERIFY

SCAMPER

🗀 **Bezeichnung / Beschreibung**
SCAMPER, Kreativitätstechnik, strukturierte Ideensammlung und Ideenbewertung

🕑 **Zeitpunkt**
Analyze, Design, alternative Konzepte entwickeln

◎ **Ziel**
Ergänzung der entwickelten Konzeptideen durch strukturiertes Hinterfragen
des Konzeptumfeldes

▸▸ **Vorgehensweise**
Durch strukturiertes Hinterfragen des Konzeptumfeldes lassen sich kreative
Ideen erzeugen und entsprechend kanalisieren.
Die Analyse erfolgt mit Hilfe der SCAMPER-Checkliste.

Darstellung SCAMPER-Checkliste

Substitute	• Welche Konzeptelemente lassen sich wodurch ersetzen? • Gibt es vergleichbare Konzepte aus anderen Unternehmen, Bereichen etc.?
Combine	• Was lässt sich im Konzept miteinander kombinieren? • Lässt sich dies mit anderen Ideen verbinden, in Module zerlegen und/oder in ein anderes Bild verwandeln?
Adapt	• Wie können Konzeptelemente angepasst werden? • Lassen sich Parallelen feststellen?
Modify	• Wie können Konzeptelemente verändert werden, bspw. vergrößert oder verkleinert, Stärke, Abmessungen und/oder Abstände etc. verändert werden?
Put to other uses	• Wie können Konzeptelemente zweckentfremdet werden? • Gibt es weitere Gebrauchsmöglichkeiten dafür?
Eliminate/erase	• Wie können Konzeptelemente eliminiert bzw. beseitigt werden?
Reverse/rearrange	• Welche Auswirkungen hat eine Umkehrung der Konzeptelemente? • Lässt sich die Reihenfolge sinnvoll ändern? • Lassen sich die Elemente austauschen (substitute)?

Morphologischer Kasten

📁 **Bezeichnung / Beschreibung**
Morphological Box, Morphologischer Kasten

🕐 **Zeitpunkt**
Analyze, Design, alternative Konzepte entwickeln

◎ **Ziel**
Entwicklung von alternativen Konzeptideen

▸▸ **Vorgehensweise**
Der morphologische Kasten führt im Rahmen der Konzeptentwicklung alle denkbaren Kombinationsmöglichkeiten von Systemmerkmalen und deren Ausprägung zusammen. Dies erfolgt auf Basis der definierten und priorisierten Systemfunktionen.
Den priorisierten Funktionen werden zunächst Merkmale zugeordnet. Sie sollten möglichst unabhängig voneinander sein ("entkoppelt"). Nun werden für jedes Merkmal relevante Ausprägungen bestimmt.

Darstellung Morphologischer Kasten
Beispiel Passagiersitz

Merkmal (Faktor)	Ausprägung (Faktorstufe)			
	1	*2*	*3*	*4*
Gestell	Aluminium	Carbon	Stahl	Holz
Polsterung	Velours	Kunstleder	Kunstfaser	Polyester
Dämpfung	1 Federelement	2 Federelement	3 Federelement	4 Federelement
Boden-befestigung	Justierungsteller	Führungsschiene	Kombination Teller / Schiene	

DEFINE
MEASURE
ANALYZE
DESIGN
VERIFY

DEFINE

MEASURE

ANALYZE

DESIGN

VERIFY

Jede im wirtschaftlichen und technischen Sinn viel versprechende Kombination einzelner Merkmalsausprägungen wird in der Matrix durch Pfeile visualisiert.

⇨ **Tipp**
- Aus Komplexitätsgründen sollten nicht mehr als sechs Merkmale definiert werden. Eine hohe Anzahl an Variationen sollte auf Teilmatrizen verteilt werden.
- Es sollten keine Merkmale bzw. deren Ausprägungen im Vorfeld bewertet oder gar verworfen werden. Auch eine für sich genommen suboptimale Lösung kann in Kombination mit anderen eine sehr gute Basis für optimale Konzepte darstellen.
- Der morphologische Kasten weist u. U. auf Schwachstellen bisheriger Lösungen hin.
- In einem nächsten Schritt gilt es nun, das optimale Konzept mit Hilfe der Pugh-Matrix zu identifizieren bzw. noch weiter zu optimieren.

Benchmarking

🗀 **Bezeichnung / Beschreibung**

Benchmarking, Systemvergleich, Produktvergleich, Prozessvergleich, zielgerichteter interner und externer Leistungsvergleich

🕓 **Zeitpunkt**

Measure, Analyze, Design, alternative Konzepte entwickeln

◎ **Ziel**

Entwicklung von Konzeptideen anhand bereits bestehender Systeme

▸▸ **Vorgehensweise**

Im Benchmarking wird das eigene System mit einem (oder mehreren) als vorbildlich erachteten anderen System(en) verglichen. Auf diese Weise lassen sich sowohl Stärken und Schwächen identifizieren als auch relevante Hinweise zur aktuellen Positionierung des Produktes bzw. Prozesses im Vergleich zum Wettbewerb ableiten. Dabei wird in Performance- und Prozess-Benchmarking unterschieden.

Darstellung Performance- und Prozess-Benchmarking

	Measure Phase	*Analyze Phase*	*Design Phase*
Performance-Benchmarking	• Vergleich mit dem Wettbewerb aus Sicht des Kunden	• Best Practice	• Best Practice
Prozess-Benchmarking	• Technisches Benchmarking	• Allgemeine Produkt- oder Servicekonzepte • Funktionselemente	• Alternativen für detailliertes Design

Jedes Benchmarking wird in drei Phasen durchgeführt.

153

DEFINE

Darstellung Phasen eines Benchmarking

1. Planung	2. Durchführung	3. Analyse
• Umfang des Benchmarkings bestimmen	• Datensammlungsplan vorbereiten	• Daten interpretieren
• Benchmarking-Partner identifizieren	• Datensammlung durchführen	• Konzeptideen ableiten
• Relevante Informationen bestimmen		

MEASURE

Bei der Auswahl geeigneter Benchmarkingsysteme wird der Grad des Wettbewerbs berücksichtigt.

Darstellung Grad des Wettbewerbs als Kriterium zur Auswahl eines Vergleichsystems für ein Benchmarking

ANALYZE

| Direkter Wettbewerber | Gleiche Branche | Latenter Wettbewerber | Geschäftspartner | Andere Branche | Interne Partner |

Hoch   Grad des Wettbewerbs   Niedrig

DESIGN

Je höher der Grad des Wettbewerbs, umso größer ist der Aufwand bzw. die Schwierigkeit für ein Benchmarking.
Deshalb empfiehlt es sich, zunächst im eigenen Unternehmen nach geeigneten internen Benchmarking-Partnern zu suchen. Ansatzpunkte sind hierbei der Vergleich interner Prozesse, Methoden oder Unternehmenseinheiten.

⇨ **Tipp**

* Internes Benchmarking erfordert eine hohe Bereitschaft zur Transparenz und eine offene Fehlerkultur.
* Beim externen Benchmarking ist insbesondere auf eine Vergleichbarkeit von Daten und Kennzahlen zu achten, da diese oftmals in Unternehmen unterschiedlich definiert sind. Dies sollte im Rahmen der Vorbereitung und Durchführung der Datensammlung über operationale Definitionen beachtet werden.

VERIFY

Das beste Konzept auswählen

📂 **Bezeichnung / Beschreibung**
Auswahl des besten Konzeptes zur Erfüllung der internen und externen
Kundenanforderungen

🕐 **Zeitpunkt**
Analyze, Design, Auswahl von Konzeptideen

◎ **Ziel**
Auswahl des besten Designkonzeptes auf Basis der erarbeiteten alternativen Konzeptideen und unter Berücksichtigung der definierten Kundenanforderungen

▸▸ **Vorgehensweise**
Zur Auswahl des besten Designkonzeptes bieten sich folgende Bewertungs-
verfahren an:
- Das Auswahlverfahren nach Pugh (Pugh-Matrix)
- Ein Abgleich der erarbeiteten Konzeptideen mit den Management-
  anforderungen (Critical to Business – CTBs)
- Eine statistische Bewertung der Konzeptideen mittels Conjoint Analyse

DEFINE

MEASURE

ANALYZE

DESIGN

VERIFY

Auswahlverfahren nach Pugh (Pugh-Matrix)

☐ **Bezeichnung / Beschreibung**
Pugh Analysis*, Pugh-Matrix, Auswahlverfahren nach Pugh

🕘 **Zeitpunkt**
Analyze, Design, Auswahl von Konzeptideen

◎ **Ziel**
Ermittlung des besten Designkonzeptes durch direkten Konzeptvergleich und sinnvolle Kombination spezifischer Merkmalsausprägungen zur weiteren Optimierung

▶▶ **Vorgehensweise**
Mit Hilfe der Pugh-Matrix kann das beste Konzept zur Erfüllung der Kundenanforderungen identifiziert werden. Eine Stärken- und Schwächenanalyse zeigt Optimierungsansätze auf, um schwache Merkmalsausprägungen einer Konzeptidee um stärkere Ausprägungen einer anderen Konzeptidee zu ergänzen.

Als Bewertungskriterien dienen sowohl Kriterien der Effizienz (Critical to Business – CTBs) als auch der Effektivität (Critical to Quality – CTQs). Die Kriterien sind gemäß den in Measure erarbeiteten Prioritäten gewichtet.

In Matrixform (sog. Pugh-Matrix) werden nun die alternativen Konzeptideen mit einem bereits existierenden oder zumindest gut analysierten Standardkonzept verglichen.

Darstellung Pugh-Matrix auf der folgenden Seite.

---

* *Stuart Pugh (1991): Total Design - Integrated Methods for Successful Product Engineering, Pearson Education, Peachpit Press, Berkeley, CA, USA.*

Darstellung Pugh-Matrix
Vergleich alternativer Konzeptideen

Alternative Kriterien	Konzept 1	Konzept 2 (Standard)	Konzept 3	Priorisie- rung / Gewichtung
Kriterium 1	+	0	-	3
Kriterium 2	+	0	-	4
Kriterium 3	0	0	+	2
Kriterium 4	-	0	0	1
Summe +				
Summe -				
Summe 0				
Gewichtete Summe +				
Gewichtete Summe -				

Ein Konzept (üblicherweise das bestehende oder das Konzept eines Wett-bewerbers) wird als Standard festgelegt und erhält für jedes Kriterium die Wertigkeit 0.

Die alternativen Konzeptideen werden im Hinblick auf die Erfüllung der ein-zelnen Kriterien mit diesem Standard verglichen. Eine bessere Bewertung zum Standardkonzept wird mit einem Plus (+) und ein Schlechteres mit einem Minus (-) gekennzeichnet.
Für jedes Konzept wird die Anzahl gleicher Wertungen addiert und der Priorisierung der bewerteten Kriterien entsprechend gewichtet (z. B. Konzept 1: Priorisierung von Kriterium 1 (=3) + Priorisierung von Kriterium 2 (=4) entspricht der gewichteten Summe+ (=7)).

Darstellung Pugh-Matrix
Wertung alternativer Konzeptideen

Kriterien \ Alternative	Konzept 1	Konzept 2 (Standard)	Konzept 3	Priori-sierung
Kriterium 1	+	0	-	3
Kriterium 2	+	0	-	4
Kriterium 3	0	0	+	2
Kriterium 4	-	0	0	1
Summe +	2	0	1	
Summe -	1	0	2	
Summe 0	1	4	1	
Gewichtete Summe +	7	0	2	
Gewichtete Summe -	1	0	7	

Unter Berücksichtigung der folgenden Fragen lässt sich nun eine Stärken- und Schwächenanalyse der alternativen Konzeptideen durchführen:
– Existiert ein Konzept, welches die anderen dominiert?
– Warum dominiert es?
– Welche Schwächen hat es?
– Können diese Schwächen durch Merkmalsausprägungen anderer Konzeptideen ausgeglichen werden? (optimierende Kombination)

Aus dieser Analyse lässt sich ein neuer Lösungsansatz entwickeln, in dem ein bestes, aber stellenweise noch schwaches Konzept, mit den Stärken anderer Konzepte so kombiniert werden kann, dass ein Optimum erreicht wird.

Darstellung Pugh-Matrix

Optimierung schwacher Merkmalsausprägungen eines besten Konzeptes

Alternative / Kriterien	Konzept 1	Konzept 2 (Standard)	Konzept 3	Priori- sierung
Kriterium 1	+	0	-	3
Kriterium 2	+	0	-	4
Kriterium 3	0	0	+	2
Kriterium 4	-	0	0	1
Summe +	2	0	1	
Summe -	1	0	2	
Summe 0	1	4	1	
Gewichtete Summe +	7	0	2	
Gewichtete Summe -	1	0	7	

Im Sinne eines iterativen Vorgehens wird das optimierte Konzept in der Pugh-Matrix erneut mit dem Standard verglichen und bewertet.

⇨ **Tipp**

- Bei einer spaltenorientierten Betrachtung des dominierenden, besten Konzeptes innerhalb der Pugh-Matrix lassen sich eventuelle Konflikte/ Widersprüche bezüglich der Erfüllungsgrade einzelner Kriterien ableiten.
- Diese Widersprüche lassen sich mit Hilfe der Methoden aus TRIZ beschreiben und lösen.

DEFINE

MEASURE

ANALYZE

DESIGN

VERIFY

DEFINE

MEASURE

ANALYZE

DESIGN

VERIFY

Conjoint Analyse

▢ Bezeichnung / Beschreibung
Conjoint Measurement, Trade-Off-Analyse, Conjoint Analyse, Verbund-
analyse, dekompositionelles Verfahren

⊙ Zeitpunkt
Analyze, Design, Auswahl von Konzeptideen

◎ Ziele
– Statistische Bewertung von Präferenzen und Einstellungen
– Ermittlung des Beitrags einzelner Systemmerkmale zum Gesamtnutzen
  eines Systems (dekompositionelles Verfahren)

▸▸ Vorgehensweise
Die Conjoint Analyse unterstützt die Analyse von Kundenpräferenzen bezüglich der Merkmals- oder Eigenschaftsausprägung eines Systems.
Ein Weg zur Bewertung von Präferenzen ist die Methode der direkten Befragung und der Ermittlung entsprechender Einzelurteile. Aus diesen lässt
sich dann ein Gesamturteil über ein System ableiten oder auch "komponie-
ren" (sog. kompositioneller Ansatz) .
Die Conjoint Analyse wählt den dekompositionellen Ansatz, d. h. Gesamt-
urteile (Gesamtnutzen) relevanter Systeme werden in Einzelurteile (Teilnutzen) bezüglich der Eigenschaften und Eigenschaftsausprägungen dieser
Systeme zerlegt.
Jedes System stellt einen Verbund (engl. conjoint) variabler Eigenschaften
dar. Der Beitrag dieser Eigenschaften zum Gesamtnutzen hängt von ihrer
jeweiligen Ausprägung ab.
Es ist daher möglich an Hand des Nutzwertes eines Systems relevante
Aussagen über die Teilnutzen seiner Eigenschaften bzw. deren Ausprägungen (X) zu machen.

DEFINE

Darstellung Schematischer Zusammenhang einer Conjoint Analyse

Die Datengrundlage einer Conjoint Analyse besteht aus verschiedenen Systemvarianten bzw. Lösungsansätzen. Zur Durchführung einer Conjoint Analyse sollte wie folgt vorgegangen werden:

MEASURE

1. **Eigenschaften und Eigenschaftsausprägungen auswählen**
   Bei der Auswahl der Eigenschaften und deren Ausprägungen sollten folgende Aspekte beachtet werden:
   Die Eigenschaften müssen relevant sein d. h. einen Einfluss auf die Kaufentscheidung haben.
   – Die Eigenschaften müssen durch den Hersteller beeinflussbar sein.
   – Die Eigenschaften sollen unabhängig voneinander sein.
   – Ausprägungen, die in jedem Fall vorliegen müssen (Ausschluss-kriterien) dürfen nicht verwendet werden.
   – Die Ausprägungen müssen realisierbar sein.
   – Die einzelnen Ausprägungen müssen in einer kompensatorischen Beziehung zueinander stehen (z. B. Verringerung des Kalorien-gehalts kann durch Verbesserung des Geschmacks kompensiert werden).
   – Die Anzahl von Eigenschaften muss begrenzt sein – der Befragungs-aufwand wächst exponentiell.

ANALYZE

2. **Erhebungsdesign festlegen**
   Aus den verschiedenen Eigenschaftsausprägungen werden fiktive Systeme (so genannte Stimuli) gebildet. Sie werden in einer Übersicht aufgelistet.

DESIGN

Darstellung Erhebungsdesign auf der folgenden Seite.

VERIFY

DEFINE

Darstellung Erhebungsdesign
Beispiel Passagiersitz

Stimuli Nr.	Montierbarkeit	Polsterung	Bezug	Sitzkomfort
1	Einfach (< 1 Min.)	Fest	Stoff / Leder	Armlehne
2	Kompliziert (> 5 Min.)	Fest	Stoff / Leder	Keine Armlehne
3	Einfach (< 1 Min.)	Weich	Stoff / Leder	Keine Armlehne
4	Kompliziert (> 5 Min.)	Weich	Stoff / Leder	Armlehne
5	Einfach (< 1 Min.)	Fest	Kunststoff	Keine Armlehne
6	Kompliziert (> 5 Min.)	Fest	Kunststoff	Armlehne
7	Einfach (< 1 Min.)	Weich	Kunststoff	Armlehne
8	Kompliziert (> 5 Min.)	Weich	Kunststoff	Keine Armlehne

MEASURE

ANALYZE

3. Daten erheben

Die möglichen Stimuli können dem Kunden verbal, als realisiertes System oder als Computeranimation vorgestellt werden. Für die Bewertung stehen verschiedene Möglichkeiten zur Verfügung:

- Die Erstellung einer Rangordnung.
- Die Bewertung mittels Ordinal-Skala oder AHP (Analytisch-Hierarchischer-Prozess)
- Ein (oder mehrere) Kunde(n) wird / werden gebeten, die fiktiven Systeme (Stimuli) zu bewerten.

4. Schätzung der Nutzenwerte

Der Zusammenhang zwischen den ermittelten Präferenzurteilen und den Teilnutzen einzelner Eigenschaftsausprägungen lässt sich wie folgt formulieren.

DESIGN

$$y_k = \sum_{j=1}^{J}\sum_{m=1}^{M_j}\beta_{jm} \cdot x_{jm} = \beta_{11} \cdot x_{11} + \beta_{12} \cdot x_{12} + \ldots + \beta_{JM_j} \cdot x_{JM_j}$$

Dabei entspricht die Wertung des Stimulus k seinem Gesamtnutzen y:
y_k : Gesamtnutzenwert für Stimulus k
Der Gesamtnutzen besteht aus der Summe aller Teilnutzen.

VERIFY

Der Nutzwert β einer einzelnen Eigenschaft j hängt dabei von ihrer speziellen Ausprägung m ab:
β_{jm} : Teilnutzenwerte für Ausprägung m von Eigenschaft j

Mögliche Eigenschaftsausprägungen, die das bewertete Stimuli k nicht besitzt werden durch die Binärvariable x aus der Berechnung entfernt: x_{jm} : Binärvariable mit dem Wert 1 für vorhandene Eigenschaftsausprägungen und dem Wert 0 für nicht vorhandene Eigenschaftsausprägungen

Die mathematische Beschreibung des Gesamtnutzens kann auch durch einen Algorithmus für Design of Experiments, z. B. mit Hilfe von MINITAB® geschätzt werden.

Conjoint Analyse mit MINITAB®

▶▶ **Vorgehensweise**

Eine Conjoint Analyse mit Hilfe der Software MINITAB® (Factorial Design) leitet aus den ermittelten Gesamtnutzen der einzelnen Stimuli die optimale Kombination möglicher Eigenschaftsausprägungen ab und zeigt somit auf, welches fiktive System (Stimuli) den höchsten Gesamtnutzenwert für den Kunden hat. Das Team möchte herausfinden, mit welchen Eigenschaften ein Passagiersitz am besten beim Zielkunden vermarktet werden kann.

Die vier ausgewählten wesentlichen Eigenschaften und deren Ausprägungen sind:
1. Montage: Einfach (< 1 Min) vs. kompliziert (> 5 Min)
2. Polsterung: Fest vs. weich
3. Bezug: Stoff / Leder vs. Kunststoff
4. Sitzkomfort: Armlehne vs. keine Armlehne

Da die Zahl möglicher Stimuli exponentiell mit der Anzahl variabler Eigenschaften ansteigt, ist es häufig sinnvoll, ein reduziertes Versuchsdesign zu verwenden. Ein solches fraktionelles faktorielles bzw. teilfaktorielles Design lässt sich in MINITAB® erstellen.

Darstellung Conjoint Analyse mit MINITAB® auf der folgenden Seite.

DEFINE

MEASURE

ANALYZE

DESIGN

VERIFY

DEFINE

MEASURE

ANALYZE

DESIGN

VERIFY

Darstellung Conjoint Analyse mit MINITAB®
Beispiel Passagiersitz

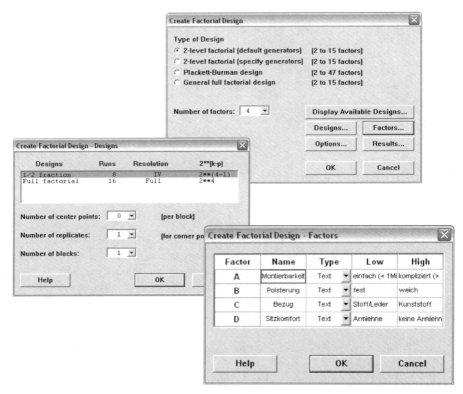

Die Anzahl der zu betrachtenden Eigenschaften (Number of Factors) und ihre Ausprägungen (Factor Levels) werden In MINITAB® eingegeben. Die fiktiven Systeme können im Rahmen eines paarweisen Vergleiches mit Hilfe eines AHP bewertet oder in eine Rangordnung gebracht werden. Die hieraus abgeleitete Priorität wird als Gesamtnutzenwert im MINITAB®-Worksheet erfasst. Die Skalierung des Gesamtnutzenwertes erfolgt von 1 (schlechtester Gesamtnutzen) bis 8 (bester Gesamtnutzen).

Darstellung MINITAB®-Worksheet für Conjoint Analyse
Beispiel Passagiersitz

↓	C1	C2	C3	C4	C5-T	C6-T	C7-T	C8-T	C9
	StdOrder	RunOrder	CenterPT	Blocks	Montierbarkeit	Polsterung	Bezug	Sitzkomfort	Rangordnung
1	1	1	1	1	einfach (< 1 Min.)	fest	Stoff/Leder	Armlehne	6
2	2	2	1	1	kompliziert (> 5 Min.)	fest	Stoff/Leder	keine Armlehne	4
3	3	3	1	1	einfach (< 1 Min.)	weich	Stoff/Leder	keine Armlehne	8
4	4	4	1	1	kompliziert (> 5 Min.)	weich	Stoff/Leder	Armlehne	7
5	5	5	1	1	einfach (< 1 Min.)	fest	Kunststoff	keine Armlehne	1
6	6	6	1	1	kompliziert (> 5 Min.)	fest	Kunststoff	Armlehne	3
7	7	7	1	1	einfach (< 1 Min.)	weich	Kunststoff	Armlehne	5
8	8	8	1	1	kompliziert (> 5 Min.)	weich	Kunststoff	keine Armlehne	2

Es erfolgt eine erste grafische Datenanalyse.

Darstellung MINITAB®-Pareto Diagramm aus DOE
Beispiel Passagiersitz

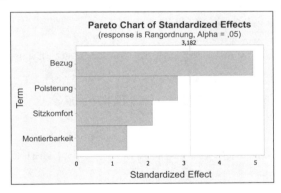

Das "Pareto-Diagramm" zeigt in diesem Fall, dass der Bezug des Sitzes die wichtigste Eigenschaft ist. Die anderen Eigenschaften scheinen statistisch nicht signifikant zu sein.
Im "Main Effects Plot" kann zusätzlich abgelesen werden, welche Eigenschaftsausprägungen bevorzugt werden.

Darstellung MINITAB®-Main-Effects-Plot aus DOE auf der folgenden Seite.

DEFINE

MEASURE

ANALYZE

DESIGN

VERIFY

DEFINE

Darstellung MINITAB®-Main-Effects-Plot aus DOE
Beispiel Passagiersitz

MEASURE

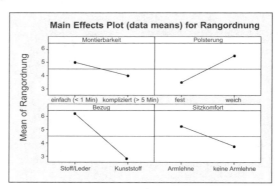

ANALYZE

In diesem Beispiel ist erkennbar, dass eine einfache Montage, eine weiche Polsterung, ein Stoff- / Leder-Bezug sowie ein Sitz mit Armlehne von den Zielkunden bevorzugt werden.

Das Ergebnis im MINITAB® Session Window bestätigt diese Erkenntnis.

Darstellung MINITAB®-Session Window aus DOE
Beispiel Passagiersitz

DESIGN

```
Estimated Effects and Coefficients for Rangordnung (coded units)

Term           Effect   Coef  SE Coef    T       P
Constant               4,500  0,3536  12,73  0,001        < 0,05
Montierbarkeit -1,000  -0,500  0,3536  -1,41  0,252
Polsterung      2,000   1,000  0,3536   2,83  0,066
Bezug          -3,500  -1,750  0,3536  -4,95  0,016
Sitzkomfort    -1,500  -0,750  0,3536  -2,12  0,124

S = 1   R-Sq = 92,86%   R-Sq(adj) = 83,33%

Analysis of Variance for Rangordnung (coded units)

Source         DF  Seq SS  Adj SS  Adj MS    F     P
Main Effects    4  39,000  39,000  9,750   9,75  0,046
Residual Error  3   3,000   3,000  1,000
Total           7  42,000
```

VERIFY

DEFINE

MEASURE

ANALYZE

DESIGN

VERIFY

Die p-Werte geben darüber Aufschluss, welche Eigenschaften statistisch signifikant sind. Nur für den Bezug liegt der Wert unter dem Signifikanz-niveau von 0,05.

Durch eine Maximierung der Rangordnung wird im MINITAB®-"Response Optimizer" ersichtlich, welche Eigenschaftsausprägungen das System mit dem höchsten Gesamtnutzenwert für den Kunden aufweisen sollte.

Darstellung MINITAB®-Response Optimizer aus DOE
Beispiel Passagiersitz

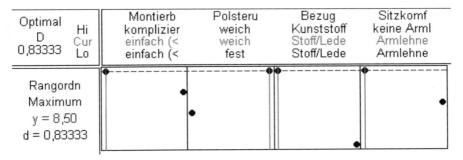

Ergebnis der Conjoint Analyse:
Der optimale Gesamznutzenwert von y = 8,5 wird mit einem Sitz erreicht, der einfach zu montieren ist, eine weiche Polsterung mit einem Stoff- / Lederbezug hat und Armlehnen besitzt. Der optimale Gesamtnutzenwert übersteigt in diesem Fall sogar die höchste Rangordnung / den höchsten Gesamtnutzen der bewerteten Stimuli.

DEFINE

MEASURE

ANALYZE

DESIGN

VERIFY

Designkonzept optimieren

🗀 **Bezeichnung / Beschreibung**
Optimize Design Concept, Designkonzept optimieren

🕑 **Zeitpunkt**
Analyze, Design

◎ **Ziele**
– Beseitigung eventueller Widersprüche im ausgewählten Konzept
– Ableitung von Anforderungen an notwendige Ressourcen

▶▶ **Vorgehensweise**
Die im Korrelationsdach des House of Quality (Measure Phase) bzw. in der Pugh-Matrix zur Konzeptauswahl (Analyze Phase) identifizierten Widersprüche können nun mit Hilfe von TRIZ-Methoden gelöst werden.

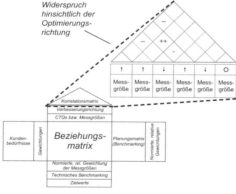

QFD1 – House of Quality: Korrelationsmatrix · Pugh-Matrix: Konzeptbetrachtung

Measure ⟩ Analyze

Für die weitere Entwicklung des optimalen und widerspruchsfreien Konzepts werden Ressourcen benötigt. Die Anforderungen an diese Ressourcen werden identifiziert und beschrieben. Eine Entscheidungsgrundlage zur Freigabe der notwendigen Ressourcen wird erstellt.

DEFINE

MEASURE

ANALYZE

DESIGN

VERIFY

TRIZ –
Konflikte im ausgewählten Konzept lösen

📋 **Bezeichnung / Beschreibung**
TRIZ*, TIPS (Theory of Inventive Problem Solving), Theorie der erfinderischen Problemlösung

🕐 **Zeitpunkt**
Analyze, Design, Designkonzept optimieren

◎ **Ziele**
Innovative und kompromissfreie Beseitigung der Widersprüche im ausgewählten Konzept

▶▶ **Vorgehensweise**
TRIZ bietet eine Reihe von Methoden und Werkzeugen, um unterschiedliche Probleme im Rahmen der Konzeptentwicklung zu lösen. Diese Methoden sind grundsätzlich darauf ausgerichtet, das konkrete Problem zunächst auf eine abstrakte Ebene zu heben, um unter Rückgriff auf allgemeine Prinzipien eine abstrakte Lösung herzuleiten. Diese wird dann durch Kreativität, Fachkenntnis und Erfahrung in eine spezifische Lösung überführt.

Darstellung TRIZ – Prinzipielle Vorgehensweise

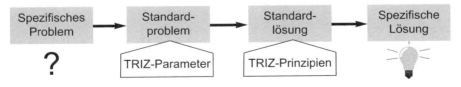

Jedes mögliche Problem gehört einer der folgenden fünf Hauptgruppen an, für deren Lösung unterschiedliche Werkzeuge und Methoden aus TRIZ zur Verfügung stehen.

* *Altshuller, Genrich S. (15.10.1926-24.09.1998)*

DEFINE

MEASURE

ANALYZE

DESIGN

VERIFY

Darstellung Hauptgruppen in TRIZ

Technische Widersprüche	Physikalische Widersprüche	Unvollkommene funktionale Strukturen	Ausufernde Komplexität	System-optimierungen
Die Verbesserung einer Aktion auf ein Objekt führt zu einer Verschlechterung einer anderen Aktion	Nützliche Aktionen und schädliche Aktionen wirken auf das gleiche Objekt	Es existieren unzureichende nützliche Funktionen oder es fehlen benötigte nützliche Funktionen	System ist zu komplex und zu teuer	Aktuelles System funktioniert, jedoch ist eine Verbesserung notwendig, um Wettbewerbs-vorteile zu erlangen

⇨ **Tipp**
- Ein Widerspruch existiert dann, wenn der Erfüllungsgrad einer Anforderung steigt und der Erfüllungsgrad einer zweiten Anforderung dadurch sinkt.
- Häufig beschreiben technische und physikalische Widersprüche den gleichen Konflikt.

Technische Widersprüche

📁 **Bezeichnung / Beschreibung**
Engineering Contradictions, Technical Contradictions, Technische Widersprüche

🕐 **Zeitpunkt**
Analyze, Design, Designkonzept optimieren

◎ **Ziele**
Innovative und kompromissfreie Beseitigung technischer Widersprüche im ausgewählten Konzept durch Übertragung des Problems auf 39 technische Parameter und Anwendung von 40 Innovationsprinzipien zur Lösungssuche.

▶▶ **Vorgehensweise**
In einem System liegt ein technischer Widerspruch vor, wenn die Verbesserung des einen Parameters die Verschlechterung eines anderen Parameters zur Folge hat.

Darstellung Technischer Widerspruch
Beispiel Motor

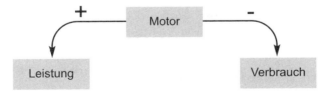

Die TRIZ- Methode beschreibt 39 allgemeine technische Parameter die untereinander im Widerspruch stehen können.

Darstellung Die 39 technischen Parameter aus TRIZ auf der folgenden Seite.

DEFINE

MEASURE

ANALYZE

DESIGN

VERIFY

Darstellung Die 39 technischen Parameter aus TRIZ

1. Gewicht eines bewegten Objekts	16. Haltbarkeit eines stationären Objekts	29. Fertigungsgenauigkeit
2. Gewicht eines stationären Objekts	17. Temperatur	30. Äußere negative Einflüsse auf ein Objekt
3. Länge eines bewegten Objekts	18. Helligkeit	
4. Länge eines stationären Objekts	19. Energieverbrauch eines bewegten Objekts	31. Negative Nebeneffekte de Objekts
5. Fläche eines bewegten Objekts		32. Fertigungsfreundlichkeit
6. Fläche eines stationären Objekts	20. Energieverbrauch eines stationären Objekts	33. Benutzerfreundlichkeit
7. Volumen eines bewegten Objekts		34. Reparaturfreundlichkeit
8. Volumen eines stationären Objekts	21. Leistung	35. Anpassungsfähigkeit
9. Geschwindigkeit	22. Energieverschwendung	36. Komplexität in der Struktur
10. Kraft	23. Materialverschwendung	37. Komplexität in der Kontrolle oder Steuerung
11. Druck und Spannung	24. Informationsverlust	
12. Form	25. Zeitverschwendung	39. Automatisierungsgrad
13. Stabilität eines Objekts	26. Materialmenge	39. Produktivität
14. Festigkeit	27. Zuverlässigkeit	
15. Haltbarkeit eines bewegten Objekts	28. Messgenauigkeit	

Die definierten technischen Parameter lassen sich in physikalisch-technische Faktoren (z. B. Gewicht, Länge, Volumen) und system-technische Faktoren (z. B. Zuverlässigkeit, Produktivität) einteilen.

Die 39 technischen Parameter im Überblick:

1. *Gewicht eines bewegten Objektes*
   Auswirkungen des Eigengewichtes eines bewegten Objektes auf eine Fläche (Führungselement). Bewegte Objekte sind solche, die ihre Position von sich aus oder durch äußere Kräfte verändern können.

2. *Gewicht eines stationären Objektes*
   Auswirkungen des Eigengewichts eines stationären Objektes auf eine Fläche (Fundament). Stationäre Objekte sind solche, die ihre Position nicht von sich aus oder durch äußere Kräfte verändern können.

3. *Länge eines bewegten Objektes*
   Abmaße - Länge, Breite, Höhe oder Tiefe eines bewegten Objektes.

4. *Länge eines stationären Objektes*
   Abmaße - Länge, Breite, Höhe oder Tiefe eines stationären Objektes.

5. *Fläche eines bewegten Objektes*
   Fläche eines Objektes, welches seine Position im Raum durch innere oder äußere Krafteinwirkung verändern kann.

6. *Fläche eines stationären Objektes*
   Fläche eines Objektes, welches bei innerer oder äußerer Krafteinwirkung seine Position im Raum nicht verändern kann.

7. *Volumen eines bewegten Objektes*
   Volumen eines Objektes, welches seine Position im Raum durch innere oder äußere Krafteinwirkung verändern kann.

8. *Volumen eines stationären Objektes*
   Volumen eines Objektes, welches bei innerer oder äußerer Krafteinwirkung seine Position im Raum nicht verändern kann.

9. *Geschwindigkeit*
   Arbeitsgeschwindigkeit oder Prozessgeschwindigkeit, mit der ein Arbeitsvorgang oder ein Prozess durchgeführt werden kann.

10. *Kraft, Intensität*
    Kraft, um physikalische Veränderungen an einem Objekt oder System zu bewirken. Diese Veränderungen können ganz oder partiell, permanent oder temporär sein.

11. *Druck, Spannung*
    Betrag der Kraft, die im Wirkungsumfeld eines Objektes Spannungen hervorruft.

12. *Form*
    Gestalt oder Kontur eines Objektes oder Systems. Die Gestalt kann sich ganz oder partiell, permanent oder temporär während einer Krafteinwirkung verändern.

13. *Stabilität eines Objektes*
    Stabilität des Systems bei internen und externen Einwirkungen auf einzelne seiner Teile oder Teilsysteme.

14. *Festigkeit, Stärke*
    Durch die Umgebungsbedingungen definierte Grenze, innerhalb derer kein Werkstoffversagen auf Grund von äußeren Beeinträchtigungen des Objektes oder Systems auftreten darf.

15. *Haltbarkeit eines bewegten Objektes*
    Lebensdauer, in der ein bewegtes Objekt seine Funktion voll erfüllen kann.

DEFINE

MEASURE

ANALYZE

DESIGN

VERIFY

16. *Haltbarkeit eines stationären Objektes*
Lebensdauer, in der ein stationäres Objekt seine Funktion voll erfüllen kann.

17. *Temperatur*
Temperaturzu- oder -abnahme eines Objektes oder Systems während der Funktionserfüllung.

18. *Helligkeit*
Lichtverhältnisse (Beleuchtungsstärke) in, um oder durch das System, inklusive der Lichtqualität und anderer Lichtcharakteristika.

19. *Energiekonsum eines bewegten Objektes*
Notwendiger Energieaufwand eines bewegten Objektes oder Systems.

20. *Energiekonsum eines stationären Objektes*
Notwendiger Energieaufwand eines stationären Objektes oder Systems.

21. *Leistung*
Leistung (Arbeit / Zeiteinheit), die nötig ist um eine Funktion tatsächlich durchzuführen.

22. *Energieverlust*
Erhöhtes Unvermögen eines Objektes oder Systems Kräfte aufzunehmen, besonders wenn nicht produziert wird.

23. *Materialverlust*
Reduktion oder Verlust an Substanz eines Objektes oder Systems, besonders wenn nicht produziert wird.

24. *Informationsverlust*
Reduktion oder Verlust an Daten oder von Input eines Systems.

25. *Zeitverlust*
Nötige Erhöhung des Zeitaufwandes, um eine Operation durchzuführen.

26. *Materialmenge*
Anzahl oder Menge von Elementen, die ein Objekt oder das System aufbauen.

27. Zuverlässigkeit
Die Fähigkeit eines Objektes oder Systems über eine bestimmte Zeitspanne oder einen Zyklus seine Funktion zu erfüllen.

28. Messgenauigkeit
Messgenauigkeit, bezogen auf den tatsächlichen Wert.

29. Fertigungsgenauigkeit
Fertigungsgenauigkeit entsprechend der Konstruktionsspezifikationen.

30. Externe Einflussfaktoren, die auf ein Objekt einwirken
Externe Einflussfaktoren, die Effizienz oder Qualität der Objekte oder
Systeme reduzieren.

31. Negative Nebenwirkungen
Intern Einflussfaktoren, die Effizienz oder Qualität der Objekte oder
Systeme reduzieren.

32. Fertigungsfreundlichkeit
Komfort bei der Produktion von Objekten oder Systemen.

33. Benutzerfreundlichkeit
Komfort bei der Bedienung von Objekten oder Systemen.

34. Reparaturfreundlichkeit
Komfort bei der Reparatur von Objekten oder Systemen nach intensiver
Nutzung oder nach Zerstörung.

35. Anpassungsfähigkeit
Die Fähigkeit eines Objektes oder Systems sich an veränderte Bedingungen anzupassen.

36. Komplexität in der Struktur
Anzahl und Vielfalt der Elemente, die einzelne Objekte oder Systeme
aufbauen, sowie deren Wechselwirkungen.

37. Komplexität in der Messung und Überwachung
Anzahl und Vielfalt der Elemente zur Messung und Überwachung von
Objekten und Systemen, ebenso die Kosten für einen akzeptablen
Fehleranteil.

DEFINE

MEASURE

ANALYZE

DESIGN

VERIFY

175

DEFINE

38. Automatisierungsgrad
Die Möglichkeiten, von Objekten oder Systemen, Operationen ohne die Mithilfe von Menschen durchzuführen.

39. Produktivität
Verhältnis Operationszeit zur Gesamtzeit.

MEASURE

Die paarweise Gegenüberstellung der technischen Parameter in Matrixform erleichtert deren Anwendung und unterstützt sowohl die Übertragung des konkreten Konfliktes als auch die Ableitung relevanter Innovationsprinzipien. Diese Matrix wird als "Widerspruchsmatrix" bezeichnet.
Als allgemeine Lösungsansätze für die über die technischen Parameter definierten Konflikte werden im Rahmen von TRIZ 40 Innovationsprinzipien formuliert:

ANALYZE

Darstellung Die 40 Innovationsprinzipien aus TRIZ

1. Segmentierung und Zerlegung	16. Partielle und überschüssige Wirkung ("Weniger ist mehr.")	29. Pneumatik- und Hydraulik- komponente ersetzen
2. Abtrennung und Ausgliederung		
3. Örtliche Qualität	17. Dimensionserweiterung	30. Flexible Umhüllungen und dünne Folien
4. Asymmetrie	18. Mechanische Schwingungen	
5. Vereinen	19. Periodische Wirkung	31. Poröse Materialien einsetzen
6. Multifunktionalität und Universalität	20. Kontinuität	32. Farbveränderung
7. Verschachtelung	21. Durcheilen und Überspringen	33. Homogenität
8. Gegengewicht und Ausgleichskraft	22. Schädliches in Nützliches wandeln	34. Beseitigung und Regenerierung, Er- satz und Regenerationskomponente
9. Vorgezogene Gegenaktion	23. Rückkopplung	
10. Vorgezogene Aktion	24. Mediator, Vermittler, Verbindungs- glied	35. Physikalische oder chemische Zustän- de ändern, Eigenschaftsveränderung
11. Vorbeugemaßnahmen		
12. Äquipotential	25. Selbstversorgung und -bedienung	36. Phasenübergang
13. Umkehrung	26. Kopieren	37. Wärmeausdehnung
14. Krümmung in allen Dimensionen	27. Billige Kurzlebigkeit, Wegwerf- produkt	38. Starkes Oxidationsmittel
15. Dynamisierung		39. Inertes Medium
	28. Mechanik ersetzen	40. Verbundmaterialien

DESIGN

Die 40 Innovationsprinzipien im Überblick:

1. Segmentierung und Zerlegung
a. Gliederung eines Objektes in voneinander unabhängige Teilobjekte, z. B.:
  – Aufbau eines PC's aus modularen Komponenten
  – Ersetzen großer Lastwagen durch einen Lastwagen mit Anhänger

VERIFY

b. Vereinfachung der Zerlegung bzw. des Zusammenbaus eines Objektes, z. B.:
 – Baukastensystem
 – Schnellverschlüsse bei Rohrleitungen
c. Erhöhung des Gliederungsgrades eines Objektes, z. B.:
 – Beliebig verlängerbarer Gartenschlauch

2. *Abtrennung und Ausgliederung*
a. Entfernen von störenden Funktionen, Komponenten oder Eigenschaften von Objekten, z. B.:
 – Installation des lärmenden Kompressors außerhalb des Arbeitsbereiches bzw. Gebäudes
 – Installation lauter Einheiten der Klimaanlage außerhalb des Wohnbereiches
b. Beschränkung auf notwendige Elemente oder Funktionen von Objekten, z. B.:
 – Aufnahme bzw. Abspielen von Hundegebell als Alarmanlage
 – Abspielen von Tierlauten an Flughäfen zur Abschreckung von Vögeln

3. *Örtliche Qualität*
a. Änderung der homogenen (konstanten) Struktur eines Objektes oder seiner Umgebung zu einer heterogenen Struktur, z. B.:
 – Zur Staubbekämpfung in Kohleminen wird im Arbeitsbereich ein Sprühnebel aus feinen Wassertröpfchen erzeugt. Dieser behindert aber die Arbeit im Bohrbereich
 – Eine Abtrennung der Arbeitsbereiche erfolgt durch eine weitere Schicht aus größeren Wassertröpfchen, die den Sprühnebel örtlich begrenzen
b. Verteilung unterschiedlicher Funktionen eines Objektes auf unterschiedliche Elemente, z. B.:
 – Bleistift mit Radiergummiende
 – Schweizer Armeetaschenmesser
c. Schaffung optimaler Bedingungen für jede Teilfunktion eines Objektes, z. B.:
 – Lunch-Box mit Fächern zur Aufbewahrung kalter und heißer Getränke sowie Speisen

4. *Asymmetrie*
a. Ersetzen Symmetrischer Formen durch asymmetrische, z. B.:
 – Asymmetrische Behälter oder asymmetrische Rührerformen zur

DEFINE

MEASURE

ANALYZE

DESIGN

VERIFY

DEFINE

MEASURE

ANALYZE

DESIGN

VERIFY

Optimierung des Mischverhaltens von Teigmixern und Beton-
mischmaschinen
– Verstärkung der Reifenaußenseite zur Minimierung der schädlichen Wirkung von Bordsteinen
b. Verstärkung bestehender asymmetrischer Effekte

5. *Vereinen / Konsolidieren*
a. Konzentration gleicher oder ähnlicher Objekte und Operationen im
selben Raum, z. B.:
– PC im Netzwerkbetrieb
– Steckkarte mit beidseitig angebrachten elektronischen Chips
b. Zeitgleiche oder zeitnahe Durchführung von Operationen (Vertak-
tung), z. B.:
– medizinisches Diagnosegerät, welches simultan unterschiedliche Parameter des Blutes erfasst
– Rasenmäher mit anschließendem Mulchen

6. *Universalität*
Quantitative Beschränkung durch multifunktionale Gestaltung von
Objekten, z. B.:
– Bettsofa
– Kinderwagen der zum Autokindersitz umfunktionierbar ist
– Sitze in Minivans, die sowohl zum Sitzen, Schlafen und Trans-
portieren von Gütern benutzt werden können

7. *Verschachtelung (Matroschka)*
a. Platzsparendes Ineinanderfügen gleicher Objekte, z. B.:
– Matroschka, russische Holzpuppen, die ineinander passen
– stapelbare Stühle, um Platz bei der Lagerung zu sparen
– Teleskopantenne
– Minenaufbewahrung innerhalb eines Druckbleistiftes
– Kameraobjektive mit Zoomfunktion
b. Platzsparendes Ineinanderfügen unterschiedlicher Objekte, z. B.:
– Speichermechanismus bei automatischen Sicherheitsgurten
– ausfahrbares Flugzeugfahrgestell

8. *Gegengewicht und Ausgleichskraft*
a. Verringerung des Eigengewichtes eines Objektes durch die Erzeugung von Auftriebskräften, z. B.:
– Lufttanks im Schiffskörper oder in U-Booten
– Sandwichbauweise bei Flugzeugen, Surfboards, etc.

b. Nutzbarmachung dynamischer Kräfte, z. B.:
   – Auftrieb durch die Form eines Flugzeugflügels
   – Bodenhaftung durch die Heckflügel von Sportwagen

9. *Vorgezogene Gegenaktion*
   a. Vorzeitige Berücksichtigung auftretender Gegenaktionen / -kräfte, z. B.:
      – Speichen eines Rades
      – Befestigungsschraubverbindung mit Vorspannkraft

10. *Vorgezogene Aktion*
    a. Vorzeitige Berücksichtigung vorhersehbarer Aktionen, z. B.:
       – Tapeziermesser mit abzubrechenden Klingensegmenten
       – Werkzeugwechselsysteme
    b. Räumlich sinnvolle Anordnung zeitnah benötigter Objekte, z. B.:
       – Replenishment-Pull-System in der Produktion.

11. *Vorbeugemaßnahmen*
    Vorzeitige Berücksichtigung von Unzuverlässigkeiten durch Gegen-maßnahmen, z. B.:
    – Zusatzfallschirm
    – magnetisierte Antidiebstahlstreifen auf Verbrauchsgütern

12. *Äquipotential*
    Schaffung eines räumlich gleichbleibenden Niveaus, z. B.:
    – Kanalschleusen zur Niveauregulierung bzw. zum Heben und Senken von Schiffen
    – Schachtarbeiten am Unterboden oder Motor (von unten) eines Kfz.

13. *Umkehrung / Inversion*
    a. Umkehrung von Aktionen, die zur Problemlösung notwendig sind, z. B.: "Den Berg zum Propheten bringen"
    b. Umkehrung von bewegten und nichtbewegten Eigenschaften, z. B.:
       – Feststehendes Werkzeug, drehendes Werkstück
       – Ergometer, Laufband
    c. Das Objekt oder den Prozess umkehren.
       – Entleeren von drehbar befestigten Containern (Bahn, Schiff)

DEFINE

MEASURE

ANALYZE

DESIGN

VERIFY

14. Krümmung in allen Dimensionen (Kugelähnlichkeit)
  a. Krümmung von geraden Linien und ebenen Flächen, z. B.:
     – Parabolspiegel
  b. Erweiterung zweidimensionaler Bewegungen, z. B.:
     – Computermaus
     – Trackball
     – Kugelschreiber
  c. Nutzen von Zentrifugalkräften, z. B.:
     – Schleudergussverfahren
     – Wäschetrockner

15. Dynamisierung
  a. Variable Gestaltung eines Objektes oder dessen Umgebung, z. B.:
     – Sich automatisch verstellender(s) Autositz, Rückspiegel, Lenkrad
  b. Untergliederung eines Objektes in zueinander bewegliche Teil-
     objekte oder Segmente, z. B.:
     – "Schwanenhals" bei Autoradios, Blitzlichtern, Lampen
     – Uhrwerke
     – Getriebe
  c. Umgestaltung fixierter Objekte und starrer Prozesse zu beweglichen
     oder austauschbaren.

16. Partielle oder überschüssige Wirkung
  a. Erweiterung oder Beschränkung einzelner Objektfunktionen, z. B.:
     – Rotation frischlackierter Zylinder zum Entfernen überschüssiger
       Farbe.

17. Übergang in andere Dimensionen
  a. Umgehung von Hindernissen durch Hinzufügen weiterer Dimensio-
     nen, z. B.:
     – Bewegung einer Infrarot-Computermaus im Raum anstatt auf
       einer Oberfläche
     – 3D-Schachspiel
  b. Verwendung von Speichermöglichkeiten, z. B.:
     – CD-Wechsler
     – Werkzeugwechselsysteme
  c. Veränderungen der Position, z. B.:
     – Kipplaster.
  d. Projektion von Objekten in benachbarte Bereiche, z. B.:
     – Konkaver Reflektor an der Nordseite zur Ausleuchtung eines
       Glashauses

DEFINE

18. *Ausnutzen von mechanischen Schwingungen*
   a. Schwingung von Objekten, z. B.:
      – Vibrierendes Messer zum Abnehmen einer Gips-Gussform, um Beschädigungen der Oberfläche zu verhindern
      – Vibration von Einfülltrichtern, um den Durchfluss des Streuguts zu optimieren
   b. Erhöhung der Frequenz schwingender Objekte
   c. Ausnutzen der Eigenfrequenz
   d. Übergang von mechanischen zu Piezo-Vibratoren, z. B.:
      – Reinigung von Laborgeräten im Ultraschallbad
   e. Funktionale Verbindung von Ultraschallschwingungen mit elektromagnetischen Feldern

MEASURE

19. *Periodische Wirkung*
   a. Übergang von kontinuierlicher zu periodischer Wirkung, z. B.:
      – Blinken von Warnlampen zur Verbesserung der Sichtbarkeit,
      – Loslösen von angerosteten Schrauben mit Impulsen statt mit kontinuierlicher Krafteinwirkung
   b. Frequenzänderung von periodischen Aktionen
   c. Nutzung periodisch auftretender Pausen, z. B.:
      – Zusätzlich erzielte Wirkungen

20. *Kontinuität der nützlichen Aktionen*
   – Gleichmäßige, volle Belastung aller Komponenten
   – Eliminieren von Leerlauf und Diskontinuitäten

ANALYZE

21. *Durcheilen und Überspringen (Schnelle Passage)*
   Erhöhte Geschwindigkeit schädlicher oder gefährlicher Aktionen. Schädliche, aber für den Prozess unerlässliche Arbeitsbereiche müssen schnell wieder verlassen werden

22. *Schädliches in Nützliches umwandeln*
   a. Positive Nutzung schädlicher Faktoren und Effekte – speziell aus der Umgebung
   b. Beseitigung schädlicher Faktoren durch deren Kombination miteinander
   c. Eliminierung eines schädlichen Faktors durch Verstärkung des Faktors

DESIGN

23. *Rückkopplung (Feedback)*
   a. Einführung einer Rückkopplung
   b. Variation oder Umkehrung einer Rückkopplung

VERIFY

DEFINE

MEASURE

ANALYZE

DESIGN

VERIFY

24. Mediator, Vermittler
   a. Eingliederung eines Teilobjektes zur Übertragung einer Wirkung, z. B.:
   Gekühlte Elektroden und ein dazwischen liegendes anderes flüssiges Metall mit einem kleineren Schmelzpunkt verwenden, um Energieverluste zu vermeiden, wenn Spannung auf ein flüssiges Metall angelegt wird
   b. Zeitweise Verbindung des Objektes mit einem anderen, leicht zu entfernenden Objekt zur Funktionserfüllung

25. Selbstversorgung und Selbstbedienung
   a. Selbstständige Arbeits-, Hilfs- sowie Reparaturfunktionen des Objektes, z. B.
   Abrasive Oberflächengestaltung eines Abfüllapparates für abrasive Materialien, um eine kontinuierliche "Selbstheilung" zu erzielen.
   b. Nutzung von Abprodukten oder "Abprodukt-Analoga" (Energie, Material)

26. Kopieren
   a. Ersetzen komplexer, teurer, zerbrechlicher oder schlecht zu handhabender Objekte durch billige, einfache Kopien
   b. Optische Darstellung des Objekts oder Systems, bedarfsweise maßstabgeändert
   c. Ersetzen optischer Kopien durch infrarote oder ultraviolette Kopien, z. B.
   Größenmessung hoher Objekte über ihren Schatten

27. Billige Kurzlebigkeit anstatt teurer Langlebigkeit
   Ersetzen eines anspruchsvollen, teuren Objekts durch ein kurzlebiges, billiges Produkt:
   – Wegwerf-Windeln
   – Einmal-Skalpelle
   – Einmal-Spritzen

28. Ersatz von mechanischen Systemen
   a. Ersatz eines mechanischen Systems durch ein optisches, akustisches oder geruchsaktives System
   b. Nutzen der Wechselwirkungen elektrischer, magnetischer bzw. elektromagnetischer Felder mit dem Objekt
   c. Übergang von stationären zu bewegten Feldern, von konstanten zu veränderlichen und von strukturlosen zu strukturierten Feldern

d. Nutzung ferromagnetischer Teilchen, z. B.:
  – Verbesserung der Verbindung zwischen einem Metall und einem Thermoplast durch Anlegen eines elektromagnetischen Feldes an das Metall

29. *Pneumatik und Hydraulik*
Verwendung gasförmiger oder flüssiger Teile anstelle der massiven Teile eines Objektes. Verwendung aufgeblasener oder mit Flüssigkeit gefüllter Teile, Luftkissen, hydrostatischer oder hydroreaktiver Teile. Verpackung zerbrechlicher Güter beim Transport in Luftblasenumschläge oder Luftkissen

30. *Flexible Umhüllungen und dünne Folien*
  a. Einsatz biegsamer Hüllen und dünner Folien
  b. Isolierung des Objektes mittels biegsamer Umhüllungen und dünner Folien vom umgebenden Medium, z. B.:
    – Besprühen von Pflanzenblättern mit einem PE-Spray als Verdunstungsschutz

31. *Poröse Materialien verwenden*
  a. Poröse Gestaltung des Objekts oder seiner Elemente (Einsatzstücke, Überzüge, etc.)
  b. Füllung eines bereits porösen Objektes

32. *Farbveränderung*
  a. Änderung der Farbgebung eines Objektes oder des umgebenden Mediums
  b. Änderung der Transparenz des Objektes oder des umgebenden Mediums
  c. Sichtbarmachung eines nur schwer zu erkennen Objektes durch Farbzusätze
  d. Verwendung von Fluoreszenzfarben

33. *Homogenität bzw. Gleichartigkeit*
Verwendung gleicher oder sehr ähnlicher Werkstoffe, z. B.:
  – Abrasive Oberflächengestaltung eines Abfüllapparates für abrasive Materialien, um eine kontinuierliche "Selbstheilung" zu erzielen

34. *Beseitigung und Regeneration von Teilen*
  a. Beseitigung nicht mehr nötiger oder verwendbarere Objektteile, z. B.:
    – Raketenstufen, die nach Gebrauch abfallen

DEFINE

MEASURE

ANALYZE

DESIGN

VERIFY

183

    – Patronenhülsen, die nach dem Schuss aus der Waffe fallen
  b. Umwandlung verbrauchter Teile innerhalb des Arbeitsgangs
  c. Wiederherstellung verbrauchter Teile innerhalb des Arbeitsgangs

35. *Veränderung des Aggregatzustandes eines Objektes*
Nicht nur einfache Änderungen des Aggregatzustands eines Objektes (fest, flüssig, gasförmig), sondern auch Übergänge in "Pseudo"- oder "Quasi"-Zustände und in Zwischenzustände sind zu nutzen (elastische feste Körper, thixotrope Substanzen)

36. *Phasenübergang*
Ausnutzung der Effekte während des Phasenüberganges einer Substanz, z. B.:
  – Ausnutzen der Verdampfungsenergie von Wasser
  – Füllen von Hohlkörpern mit Wasser, um nach Einfrieren die Expansion der Körper zu messen oder diese zu sprengen

37. *Anwenden der Wärme(aus)dehnung*
  a. Nutzen der Volumenveränderung von Werkstoffen unter Wärmeeinwirkung
  b. Kombination von Werkstoffen unterschiedlicher Wärmedehnung, z. B.: Bimetalle als Schalter

38. *Anwendung starker Oxidationsmittel*
  a. Anreicherung atmosphärischer Luft mit Sauerstoff
  b. Ersetzen angereicherter Luft durch Sauerstoff
  c. Einwirken ionisierender Strahlung auf Luft oder Sauerstoff
  d. Einsatz ozonisierten Sauerstoffs
  e. Ersetzen ozonisierten (oder ionisierten) Sauerstoffs durch Ozon

39. *Anwendung eines trägen (inerten) Mediums*
  a. Ersetzen des üblichen Mediums durch ein reaktionsträges Medium.
  b. Prozessdurchführung im Vakuum, z. B.: Verarbeitung von Lebensmitteln unter Schutzatmosphäre (z. B.: Stickstoff)

40. *Verbundmaterial (Anwendung zusammengesetzter Stoffe)*
Verwendung zusammengesetzter Stoffe, z. B.: Flugzeugbau (Karbonfiber-Verbundstoffe)

TRIZ-Widerspruchsmatrix

☐ **Bezeichnung / Beschreibung**
Contradiction Matrix, Widerspruchsmatrix

🕑 **Zeitpunkt**
Analyze, Design, Designkonzept optimieren

◎ **Ziele**
Übertragung konkreter Probleme in technische Parameter und Ableitung
relevanter Innovationsprinzipien zur Generierung konkreter Lösungsansätze

▶▶ **Vorgehensweise**
Das konkrete Problem wird als Widerspruch zwischen zwei allgemeinen
technischen Parametern formuliert. Dafür ist folgende Fragestellung sinn-
voll:
– Welcher technische Parameter des Systems soll verbessert werden
("Improving feature")?
– Welchen technischen Parameter beeinflusst diese gewünschte Verbes-
serung negativ ("Worsening feature")?

Mit Hilfe des gewählten Parameter-Paares können der Widerspruchs-
matrix die geeigneten Innovationsprinzipien zur Lösung des formulierten
Widerspruchs entnommen werden.
Aus diesen Innovationsprinzipien wird nun eine konkrete Lösung für die
innovative und kompromissfreie Beseitigung des Widerspruchs durch
Kreativität, Fachkenntnis und Erfahrung abgeleitet.

Darstellung Anwendung der TRIZ Widerspuchsmatrix auf der folgenden Seite.

DEFINE

MEASURE

ANALYZE

DESIGN

VERIFY

DEFINE

Darstellung Anwendung der TRIZ-Widerspuchsmatrix

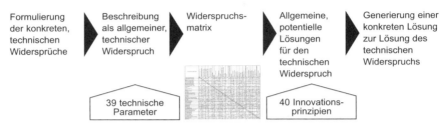

Formulierung
der konkreten,
technischen
Widersprüche

Beschreibung
als allgemeiner,
technischer
Widerspruch

Widerspruchs-
matrix

Allgemeine,
potentielle
Lösungen
für den
technischen
Widerspruch

Generierung einer
konkreten Lösung
zur Lösung des
technischen
Widerspruchs

39 technische
Parameter

40 Innovations-
prinzipien

MEASURE

Darstellung TRIZ-Widerspruchsmatrix

Sich verschlechternde Eigenschaft der 39 technischen Parameter

*Zu verbessernde
bzw. zu erhaltende
Eigenschaft eines
der 39 technischen
Parameter*

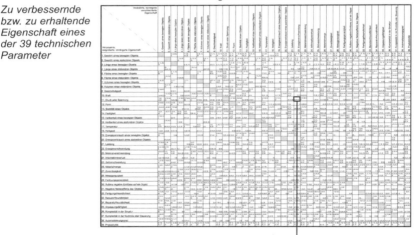

ANALYZE

*Geeignete, allgemeine, potentielle
Lösungen für den technischen Widerspruch aus den 40 Innovationsprinzipien*

Eine vergrößerte TRIZ Wiederspruchsmatrix befindet sich im Anhang.

DESIGN

⇨ **Tipp**

Die Widerspruchsmatrix reduziert zwar den Aufwand der Untersuchung
möglicher Innovationsprinzipien durch eine direkte Zuweisung gemäß den
definierten technischen Parametern. Im Zweifel sollten jedoch alle 40 Innovationsprinzipien auf ihre Anwendbarkeit hin überprüft werden.

VERIFY

Anwendung TRIZ-Widerspruchsmatrix
Beispiel Passagiersitz

Bei der Entwicklung des neuen Passagiersitzes hat das Team einen Konflikt zwischen der Möglichkeit einer "schnellen Sitzmontage" und der "Diebstahlsicherheit" identifiziert.
Nach TRIZ besteht ein allgemeiner technischer Widerspruch zwischen den zu verbessernden Parametern:
- 16: Haltbarkeit eines stationären Objektes (Diebstahlsicherheit)
- 30: externe Einflussfaktoren (Diebstahl)

und den sich hierdurch verschlechternden Parametern:
- 25: Zeitverlust
- 34: Reparaturfreundlichkeit

Aus der Widerspruchsmatrix können demnach für diesen Konflikt die Lösungsprinzipien folgender Parameter-Kombinationen berücksichtigt werden:
A: 16 zu 25 → Innovationsprinzipien: 28, 20, 10, 16
B: 16 zu 34 → Innovationsprinzipien: 1
C: 30 zu 25 → Innovationsprinzipien: 35,18, 34
D: 30 zu 34 → Innovationsprinzipien: 35, 10, 2

Das Team verfolgt insbesondere folgende interessante Lösungsansätze weiter:
- Innovationsprinzip 2: "Abtrennung und Ausgliederung – Beschränkung auf notwendige Elemente oder Funktionen von Objekten"
- Innovationsprinzip 10: "Vorgezogene Aktion – räumlich sinnvolle Anordnung zeitnah benötigter Objekte"

Basierend auf den identifizierten Innovationsprinzipien erarbeitet das Team in einer Brainstorming-Sitzung eine konkrete Lösung zur Überwindung des Konfliktes zwischen den CTQs "Diebstahlsicherheit" und "schneller Sitzmontage":
- Eine durchgehende von der Sitzkonstruktion getrennte Halteschiene, in die alle Sitze hintereinander eingesetzt werden können
- Diese Schiene ist fest mit dem Boden verbunden und kann zentral geöffnet bzw. geschlossen werden
- Die Montagezeit wird hierdurch verringert, wobei die Diebstahlsicherheit erhöht wird, denn der Sitz kann nicht mehr mit gebräuchlichen Werkzeugen demontiert werden

DEFINE

MEASURE

ANALYZE

DESIGN

VERIFY

⇥ **Tipp**

- Die ermittelten TRIZ-Innovationsprinzipien stellen Empfehlungen zur Veränderung des technischen Systems dar, sie sollten nicht wörtlich genommen werden. Bei der Entwicklung der spezifischen Lösung sind Fantasie und Kreativität gefragt!
- Auch Kombinationen und Umkehrungen (z. B. "zusammenfügen" statt "zerlegen") der vorgeschlagenen Innovationsprinzipien können zu sinnvollen Lösungen führen.

Physikalische Widersprüche

📁 **Bezeichnung / Beschreibung**
Physical Contradictions, Physikalische Widersprüche

🕑 **Zeitpunkt**
Analyze, Design, Designkonzept optimieren

◎ **Ziel**
Innovative und kompromissfreie Beseitigung physikalischer Widersprüche
im ausgewählten Konzept

▶▶ **Vorgehensweise**
In einem System liegt ein physikalischer Widerspruch vor, wenn das
gesamte System oder eine seiner Komponenten in Bezug auf einen
Parameter zwei gegensätzliche Zustände annehmen muss.

Darstellung Physikalische Widersprüche nach TRIZ
Beispiel

Parameter xy

- süss – sauer
- offen – geschlossen
- kurz – lang
- heiß – kalt
- gasförmig – fest
- groß – klein
- entflammbar – nicht entflammbar

Grundsätzlich stehen drei Möglichkeiten zur Lösung physikalischer
Widersprüche zur Verfügung:
- Die widersprüchlichen Anforderungen separieren
- Die widersprüchlichen Anforderungen erfüllen
- Den Widerspruch umgehen

DEFINE

MEASURE

ANALYZE

DESIGN

VERIFY

DEFINE

Darstellung Lösungsmöglichkeiten physikalischer Widersprüche nach TRIZ

MEASURE

Beispiele

Bei der Herstellung von Maschinenteilen aus einer bestimmten Stahlsorte müssen diese auf 1200⁰ C erhitzt werden, um geformt werden zu können. Es stellt sich heraus, dass die Oberfläche des Materials bei einer Erhitzung über 800⁰ C durch die Reaktion mit Luft beschädigt wird.

Der Stahl muss also die Temperatur von 1200⁰ C haben, um formbar zu sein, darf andererseits aber nicht heißer als 800⁰ C werden, da er sonst Schaden nimmt.

ANALYZE

Eine Firma produziert ovale Glaselemente von 1 mm Dicke. Dazu werden in einem ersten Arbeitsschritt rechteckige Teile geschnitten, deren Kanten abgeschliffen werden. Aufgrund der geringen Dicke der Teile kommt es zum Bruch. Die Teile müssen also einerseits sehr dünn sein, da dies die Anforderung des Kunden ist, sie sollen andererseits aber entsprechend dick sein, damit sie beim Schleifvorgang nicht brechen.

DESIGN

Darstellung Grafische Repräsentation physikalischer Widersprüche nach TRIZ
Beispiel

VERIFY

Die widersprüchlichen Anforderungen separieren

Vorgehensweise:
Um zu entscheiden auf welche Weise die zueinander im Widerspruch stehenden Eigenschaften von einander separiert werden können, muss das Problem einer der folgenden Kategorien zugeordnet werden:
A Separation in Bezug auf den Ort,
B Separation in Bezug auf die Zeit,
C Separation in den Beziehungen,
D Separation in Bezug auf die Systemebene.

A Separation in Bezug auf den Ort
Das Objekt soll die widersprüchlichen Eigenschaften an unterschiedlichen Stellen aufweisen. Diese werden als sog. Operationale Zone 1 und Operationale Zone 2 bezeichnet.

Darstellung Separation in Bezug auf den Ort

Beispiel:
Die Stahlteile müssen innen auf 1200° C erhitzt werden, dürfen an der Oberfläche aber nicht heißer als 800° C werden.

Geeignete Innovationsprinzipien sind dann u. a.:
1. Segmentierung und Zerlegung
2. Abtrennung und Ausgliederung
3. Örtliche Qualität
4. Asymmetrie
7. Verschachtelung
17. Dimensionserweiterung

DEFINE

B Separation in Bezug auf die Zeit
Das Objekt soll die widersprüchlichen Eigenschaften zu unterschied-
lichen Zeiten aufweisen. Diese werden als sog. Operationale Zeit 1 und
Operationale Zeit 2 beschrieben.

Darstellung Separation in Bezug auf den Ort

MEASURE

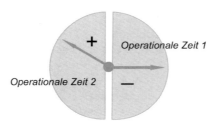

Beispiel:
Wenn es regnet muss ein Regenschirm möglichst groß sein. Er soll
jedoch klein sein, wenn es nicht regnet.

ANALYZE

Geeignete Innovationsprinzipien sind dann u. a.:
9. Vorgezogene Gegenaktion
10. Vorgezogene Aktion
11. Vorbeugemaßnahmen
15. Dynamisierung
34. Beseitigung und Regenerierung

C Separation in den Beziehungen

DESIGN

Die widersprüchlichen Eigenschaften des Objektes sind in der Relation
zu unterschiedlichen anderen Objekten erforderlich.

Darstellung Separation in den Beziehungen

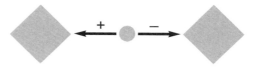

VERIFY

DEFINE

MEASURE

ANALYZE

DESIGN

VERIFY

Beispiel:
Im Hinblick auf die Schwerkraft müssen Flugzeugflügel möglichst klein sein, für den Auftrieb müssen sie möglichst groß sein.

Geeignete Innovationsprinzipien sind dann u. a.:
3. Örtliche Qualität
17. Dimensionserweiterung
19. Periodische Wirkung
31. Poröse Materialien einsetzen
35. Eigenschaftsveränderung
40. Verbundmaterialien verwenden

D Separation in Bezug auf die Systemebene
Die widersprüchlichen Eigenschaften sind auf unterschiedlichen Ebenen des Systems erforderlich.

Darstellung Separation in Bezug auf die Systemebene

Supersystem-Ebene	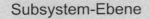
System-Ebene	
Subsystem-Ebene	

Beispiel:
Das System Fahrradkette muss auf der Supersystem-Ebene flexibel und auf der Subsystem-Ebene solide sein.

Geeignete Innovationsprinzipien sind dann u. a.:
1. Segmentierung und Zerlegung
5. Vereinen
12. Äquipotential
33. Homogenität

DEFINE

MEASURE

ANALYZE

DESIGN

VERIFY

Die widersprüchlichen Anforderungen erfüllen

Vorgehensweise:
In einigen Fällen können widersprüchliche Anforderungen auch durch den Einsatz von sogenannten "Smart Materials" erfüllt werden.

Zu diesen gehören z. B.:
- **Shape-Memory Alloys** (SMA). Metalle, die ein "Gedächtnis" haben und bei Erwärmung bzw. Abkühlung verschiedene Formen annehmen können.
- **Elektrorheologische oder magnetorheologische Flüssigkeiten**, die ihre Viskosität innerhalb von Millisekunden verändern (flüssig – fest), wenn ein elektrisches bzw. magnetisches Feld auf sie wirkt. Die Flüssigkeit kann beispielsweise in einem hydraulischen Kreislauf neben ihrer Funktion als Druckübertragungsmedium gleichzeitig die Funktion eines Steuermediums übernehmen. Es lassen sich mit elektrorheologischen Strömungswiderständen Ventile realisieren, die ohne bewegte Bauteile auskommen und somit nahezu verschleißfrei arbeiten.

Den Widerspruch umgehen

Vorgehensweise:
Mitunter können neue Ansätze die Auflösung starrer Konflikte überflüssig machen.

Beispiel:
Um auch bei starkem Wind den Regen von unserem Körper fernzuhalten, muss ein Regenschirm sehr groß sein. Auf der anderen Seite muss er sehr klein sein, um dem Wind möglichst wenig Angriffsfläche zu bieten. Dieser Widerspruch verliert an Bedeutung, sobald man einen Ganz-Körper-Regenanzug anstelle eines Regenschirms verwendet.

$\Rightarrow$ **Tipp**
Oft wird in der Problemdefinition vom existierenden System ausgegangen und die Ausrichtung wird unbewusst sehr eng gewählt, so dass nur Verbesserungsansätze und keine echten Lösungen für das eigentliche Grundproblem sichtbar werden. Dies kann verhindert werden, indem man sich vom bekannten Prinzip bzw. der bekannten Lösung völlig "befreit" und wieder den "Urzustand" einnimmt.

Stoff-Feld-Analyse –
unvollkommene funktionale Strukturen

🗀 **Bezeichnung / Beschreibung**
Sufield Analysis, Wepol Analyse, Stoff-Feld-Analyse

🕓 **Zeitpunkt**
Analyze, Design, Designkonzept optimieren

◎ **Ziele**
Beseitigung unvollkommener funktionaler Strukturen

▶▶ **Vorgehensweise**
Bei der Stoff-Feld-Analyse wird ein technisches System als Kombination von mindestens zwei Stoffen (S_1 und S_2), die mit Hilfe eines Feldes (F) interagieren, definiert. Jedes System kann auf diese Weise dargestellt werden.

Darstellung Stoff-Feld-Analyse

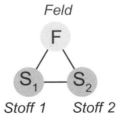

S_1 ist der Stoff, der verändert, bearbeitet, umgewandelt und/oder kontrolliert werden soll.
Der Stoff S_2 dient dazu als Werkzeug, Instrument oder Medium.
Das Feld F repräsentiert die Kraft oder Energie, mit der S_2 auf S_1 einwirkt.

DEFINE

MEASURE

ANALYZE

DESIGN

VERIFY

Darstellung Stoff-Feld-Analyse

Beispiel

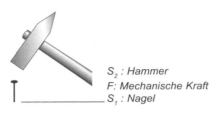

S_2 : Hammer
F: Mechanische Kraft
S_1 : Nagel

Mit Hilfe eines solchen Stoff-Feld-Modells kann ein reales Problem abstrahiert und an Hand allgemeiner Prinzipien gelöst werden.

Darstellung Vorgehensweise Stoff-Feld-Analyse

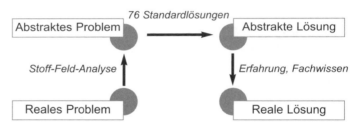

Die Stoff-Feld-Analyse unterscheidet vier Grundmodelle technischer Systeme:

1. Vollständige Systeme,
2. Unvollständige Systeme,
3. Vollständige, aber ineffiziente Systeme,
4. Vollständige, aber schädliche Systeme.

Die Grundmodelle werden mit Hilfe einer definierten Symbolik visualisiert.

DEFINE

Darstellung Symbolik der Stoff-Feld-Analyse

Δ	Symbolische Form eines Stoff-Feld-Modells
————	Unspezifische Wirkung
———→	Erwünschte (spezifische) Wirkung
←——→	Wechselwirkung
- - - - -→	Unzureichende Wirkung
∿∿↗	Schädliche Wirkung
⇒	Gibt die Richtung vom gegebenen zum gewünschten Stoff-Feld-Modell an
F ——→	Feld wirkt auf eine Substanz
——→ F	Feld wird von Substanz erzeugt
F'	Modifiziertes Feld
S'	Modifizierte Substanz

MEASURE

1. Vollständige Systeme
Ein vollständiges System besteht aus mindestens zwei Stoffen und einem Feld das zwischen ihnen in der gewünschten Weise wirkt.

ANALYZE

Darstellung Stoff-Feld-Analyse bei vollständigen Systemen

Beispiel:
Metallteile (S1) werden mittels einer Presse (S2), die mechanische Kraft (F) einsetzt, in die gewünschte Form gebracht.

DESIGN

2. Unvollständige Systeme
Systeme, bei denen eine oder mehr Komponenten fehlen sind unvollständig. Die gewünschte Wirkung kann nicht erzeugt werden.

VERIFY

DEFINE

Darstellung Stoff-Feld-Analyse bei unvollständigen Systemen

Beispiel:
Kühlschränke sollen auf die Dichtigkeit ihrer Kühlaggregate hin überprüft werden. Dazu wird der Kühlflüssigkeit ein Leuchtstoff beigemischt
und das Aggregat in einem verdunkelten Raum mit ultraviolettem Licht
bestrahlt. So werden Lecks sichtbar gemacht.

MEASURE

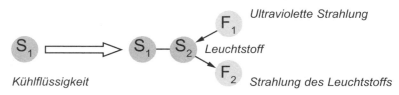

Unvollständige Systeme müssen komplettiert werden, um die
gewünschte Wirkung zu erzielen.

ANALYZE

3. **Vollständige, aber ineffiziente Systeme**
   Vollständige Systeme, deren Wirkung nicht das gewünschte Maß
   erreicht, sind ineffizient.

Darstellung Stoff-Feld-Analyse bei vollständigen, aber ineffizienten Systemen

DESIGN

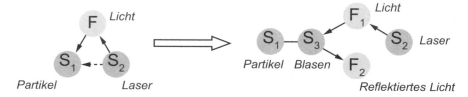

Beispiel:
Bei der Herstellung von optisch vollständig klaren Flüssigkeiten werden
diese auf Unreinheiten hin überprüft. Da es sich bei diesen Unreinheiten um nicht-magnetische Partikel handelt, wird ein Laser verwendet, um die Flüssigkeit zu scannen. Einige Partikel sind jedoch so klein,
dass sie das Licht nicht gut reflektieren. Daher wird die Flüssigkeit

VERIFY

erhitzt, so dass sie um die Partikel herum zu kochen beginnt. Dadurch entstehen Blasen, die leicht entdeckt werden können.

Ineffiziente Systeme müssen verbessert werden.

4. Vollständige, aber schädliche Systeme
In diesen Systemen kommt es zwischen den Komponenten zu einer schädlichen Interaktion.

Darstellung Stoff-Feld-Analyse bei vollständigen, aber schädlichen Systemen

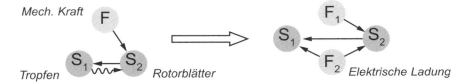

Beispiel:
Die Rotorblätter von Dampfturbinen sind von einer Mischung aus Wasserdampf und Wassertropfen umgeben. Relativ große Tropfen (typischerweise 50 bis 800 µm im Durchmesser) kollidieren mit den schnell rotierenden Blättern und beschädigen deren Oberfläche. Daher werden die Rotorblätter und die Wassertropfen mit dem gleichen elektrischen Potential aufgeladen. Auf diese Weise stoßen sie sich gegenseitig ab.

Die negativen Effekte eines schädlichen Systems müssen eliminiert werden.

Als Hilfsmittel zur Lösung der abstrahierten Probleme werden in der TRIZ Literatur 76 Standardlösungen beschrieben.

DEFINE

MEASURE

ANALYZE

DESIGN

VERIFY

76 Standardlösungen

☐ **Bezeichnung / Beschreibung**
76 Standard Solutions, 76 Standardlösungen

🕑 **Zeitpunkt**
Analyze, Design, Designkonzept optimieren

◎ **Ziele**
Beseitigung unvollkommener funktionaler Strukturen

▶▶ **Vorgehensweise**
Die 76 Standardlösungen lassen sich thematisch den folgenden fünf Gruppen zuordnen :
1. Aufbau und Zerlegung vollständiger Stoff-Feld-Modelle
2. Verbesserung von Stoff-Feld-Modellen
3. Übergang ins Super- und Subsystem (Makro- und Mikro-Level)
4. Erkennen und Messen
5. Hilfsmethoden zur Anwendung von Standards

Die 76 Standardlösungen im Überblick

1.   Aufbau und Zerlegung vollständiger Stoff-Feld-Modelle
1.1   Aufbau von Stoff-Feld-Modellen (SFM)
1.1.1   Vervollständige ein unvollständiges SFM
1.1.2   Wenn sich Additive intern zufügen lassen, vervollständige damit
1.1.3   Wenn sich Additive extern zufügen lassen, vervollständige damit
1.1.4   Nutze Ressourcen zur Vervollständigung
1.1.5   Erzeuge weitere Ressourcen durch Veränderung der System-umgebung
1.1.6   Nutze überschüssige Aktionen zur Vervollständigung und eliminiere den Überschuss
1.1.7   Ist die überschüssige Aktion schädlich, dann versuche sie auf eine andere Komponente im System zu lenken
1.1.8   Führe zur Komplettierung lokal schützende Substanzen ein

DEFINE

MEASURE

ANALYZE

DESIGN

VERIFY

1.2   Zerlegung von Stoff-Feld-Modellen

1.2.1   Eliminiere schädliche Interaktionen durch Einführen eines dritten Stoffes S3

1.2.2   Eliminiere schädliche Interaktionen durch Einführung eines dritten Stoffes S3, wobei S3 eine Modifikation der beiden vorhandenen Stoffe S1 und / oder S2 sein kann

1.2.3   Lenke die Wirkung auf einen weniger wichtigen Stoff S3

1.2.4   Führe ein neues Feld zur Kompensation schädlicher Effekte ein

1.2.5   Nutze die Möglichkeit, Magnetfelder ein- und ausschalten zu können

2.   Verbesserung von Stoff-Feld-Modellen

2.1   Übergang zu komplexen Stoff-Feld-Modellen

2.1.1   Verketten mehrer SFMs

2.1.2   Verdopple ein SFM

2.2   Weiterentwicklung eines Stoff-Feld-Modells

2.2.1   Setze besser steuerbare Felder ein

2.2.2   Fragmentiere S2

2.2.3   Setze Kapillare und poröse Stoffe ein

2.2.4   Erhöhe den Grad der Dynamik

2.2.5   Strukturierte Felder (z. B. stehende Wellen)

2.2.6   Strukturierte Stoffe (z. B. Stahlbeton)

2.3   Rhythmus-Koordination

2.3.1   Bringe den Rhythmus (die Frequenz) des einwirkenden Feldes in Übereinstimmung (oder gezielte Nicht-Übereinstimmung) mit einem der beiden Stoffe

2.3.2   Synchronisiere den Rhythmus, die Frequenz von Feldern

2.3.3   Bringe unabhängige Aktionen in rhythmischen Zusammenhang

2.4   Komplex verbesserte Stoff-Feld-Modelle

2.4.1   Nutze ferromagnetische Stoffe und Magnetfelder

2.4.2   Nutze ferromagnetische Partikel, Granulate, Pulver

2.4.3   Nutze ferromagnetische Flüssigkeiten

2.4.4   Nutze Kapillar-Strukturen in Zusammensetzung mit Ferromagnetismus

2.4.5   Nutze komplexe ferromagnetische SFMs, beispielsweise externe Magnetfelder, ferromagnetische Additive etc.

2.4.6   Führe ferromagnetisches Material in das Systemumfeld ein, wenn das System selbst nicht magnetisiert werden kann

2.4.7   Nutze natürliche Effekte (z. B. Curie-Punkt)

DEFINE

MEASURE

ANALYZE

DESIGN

VERIFY

2.4.8	Verwende dynamische, variable oder selbst anpassende Magnet-felder
2.4.9	Verändere die Struktur eines Materials durch das Einbinden von ferromagnetischen Partikeln und die Anwendung eines magneti-schen Feldes, um die Partikel zu bewegen
2.4.10	Stimme die Rhythmen ab
2.4.11	Nutze elektrischen Strom anstelle von ferromagnetischen Parti-keln, um magnetische Felder zu erzeugen
2.4.12	Nutze Elektrorheologie

3.   Übergang ins Super- und Subsystem (Makro- und Mikro-Level)

3.1   Übergang zu Bi- und Poly-Systemen

3.1.1   Kombiniere Systeme zu Bi- und Poly-Systemen

3.1.2   Schaffe oder intensiviere die Verbindungen zwischen den Einzel-elementen in Bi- und Poly-Systemen

3.1.3   Verbessere die Effizienz von Bi- und Poly-Systemen durch Vergrö-ßerung des Unterschiedes einzelner Komponenten

3.1.4   Vereinfache Bi- und Poly-Systeme durch Elimination überflüssiger, redundanter oder ähnlicher Komponenten

3.1.5   Gegenteilige Eigenschaften von Gesamtsystem und einzelnen Komponenten

3.2   Übergang zu Mikro-Systemen

3.2.1   Miniaturisiere Komponenten oder ganze Systeme

4.   Erkennen und Messen

4.1   Indirekte Methoden

4.1.1   Umgehe Erkennen und Messen

4.1.2   Führe Erkennen und Messen an einer Kopie aus

4.1.3   Ersetze Messen durch zwei aufeinander folgende Erkennungs-vorgänge

4.2   Aufbau von Mess-Stoff-Feld-Modelle

4.2.1   Detektiere oder messe mittels eines zusätzlichen Feldes

4.2.2   Füge einfach zu detektierende/zu messende Additive, Stoffe hinzu

4.2.3   Füge einfach zu detektierende/zu messende Felder in die Systemum-gebung hinzu, wenn dem System selbst nichts zugefügt werden kann

4.2.4   Wenn Additive auch in die Systemumgebung nicht eingeführt wer-den können, dann verändere den Zustand von etwas, das bereits in der Systemumgebung vorliegt und miss den Effekt des Systems auf diese veränderte Substanz / Objekt

4.3   Verbesserung von Messsystemen
4.3.1   Nutze natürliche Effekte zur Verbesserung von Messsystemen
4.3.2   Nutze Resonanzphänomene zur Messung
4.3.3   Nutze Resonanzphänomene verknüpfter Objekte zur (indirekten) Messung

4.4   Übergang zu ferromagnetischen Messsystemen (war eine populäre Methodik vor der Einführung von Mikroprozessoren, Fiberoptik etc.)
4.4.1   Setze ferromagnetische Stoffe und Magnetfelder ein
4.4.2   Ersetze Stoffe durch ferromagnetische Stoffe und detektiere oder messe via Magnetfeld
4.4.3   Erzeuge komplexe, verknüpfte SFMs mit ferromagnetischen Bestandteilen
4.4.4   Führe ferromagnetische Materialien in die Systemumgebung ein
4.4.5   Nutze die Wirkung natürlicher magnetischer Effekte zum Messen

4.5   Evolution von Erkennen und Messen
4.5.1   Erzeuge Bi- und Poly-Systeme
4.5.2   Erkenne und messe die erste und zweite Ableitung in Zeit und Raum anstelle der Originalfunktion (z. B. Frequenzänderung anstelle von Geschwindigkeit (Doppler-Effekt))

5.   Hilfsmethoden zur Anwendung von Standards
5.1   Einführen von Stoffen
5.1.1   Indirekte Methoden (z. B. Einführen von Leer- oder Hohlräumen als Stoff)
5.1.2   Zerteile die Elemente in kleiner Einheiten
5.1.3   Nutze die Selbstelimination von Stoffen
5.1.4   Nutze Stoffe im Überschuss

5.2   Einführung von Feldern
5.2.1   Nutze ein Feld, um die Erzeugung eines anderen Feldes auszulösen
5.2.2   Nutze Felder aus der Systemumgebung
5.2.3   Nutze Felder erzeugende Stoffe (z. B. magnetische Stoffe)

5.3   Phasenübergänge
5.3.1   Verändere den Aggregatszustand oder die Phase von Stoffen
5.3.2   Nutze zwei Aggregatszustände oder Phasen eines Stoffes
5.3.3   Nutze die einen Phasenübergang begleitenden physikalischen Effekte

5.3.4 Nutze Effekte, die aus dem gleichzeitigen Vorliegen zweier Phasen resultieren (z. B. Verwendung von "phasentransitivem" Metall)

5.3.5 Verbessere die Interaktion zwischen den Elementen oder Phasen eines Systems

5.4 Einsatz von natürlichen Phänomenen

5.4.1 Nutze eigengesteuerte reversible physikalische Transformationen

5.4.2 Nutze Speicher- und Verstärkungseffekte

5.5 Stoffpartikel

5.5.1 Erzeuge Stoffpartikel (z. B. Ionen) durch Zerlegung eines höher organisierten Stoffes (z. B. Moleküle)

5.5.2 Erzeuge Stoffpartikel (z. B. Atome) durch Kombination niedriger organisierter Stoffe (z. B. Elementarteilchen)

5.5.3 Wenn eine Substanz nicht zerlegt werden kann, versuche, mit der Zerlegung auf der zweithöchsten Substanzebene zu beginnen. Wenn das Kombinieren von Stoffpartikeln nicht möglich ist, versuche, mit der Kombination auf der nächst höheren Substanzebene zu beginnen.

Trimming – ausufernde Komplexität

📁 **Bezeichnung / Beschreibung**
Trimming

🕐 **Zeitpunkt**
Analyze, Design, Designkonzept optimieren

◎ **Ziel**
Vereinfachung des Systems durch Eliminierung einzelner Komponenten

▸▸ **Vorgehensweise**
Es zeigt sich, dass technische Systeme mit einem hohen Komplexitätsgrad
prinzipiell weniger zuverlässig sind, als einfachere Systeme. Es ist also
sinnvoll, die Komplexität eines Systems zu reduzieren. Dies wird beim
Trimming erreicht, indem einzelne Systemkomponenten überflüssig gemacht und eliminiert werden.

Darstellung Teile- und damit Komplexitätsreduzierung
durch Trimming

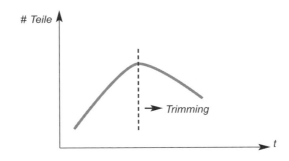

Dafür geeignet sind Komponenten, deren Wert für das System ohnehin
gering ist. Bei der Identifikation solcher Trimming-Kandidaten helfen die
Funktionsanalyse und der von Lawrence Miles entwickelte Ansatz des
Value Engineerings.

DEFINE

MEASURE

ANALYZE

DESIGN

VERIFY

DEFINE

Nach diesem Ansatz bestimmt sich der Wert einer Komponente bzw. eines Subsystems aus dem Verhältnis seiner Funktionalität zu seinen Kosten:

$$\text{Wert} = \frac{\text{Funktionalität}}{\text{Kosten}}$$

Die Funktionalität einer Systemkomponente wird dabei sowohl durch ihren Anteil an der Gesamtfunktion definiert, als auch durch ihr Verhältnis zu den übrigen Komponenten des Systems.

MEASURE

Darstellung Identifikation von zu eliminierenden Trimming-Kandidaten
Mit Hilfe einer Value Engineering Bewertungsmatrix

ANALYZE

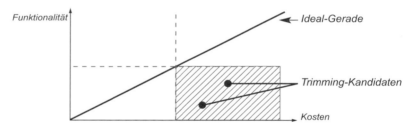

Komponenten, die in den rechten unteren Quadranten der Matrix fallen, haben den geringsten Wert für das System. Diese Trimming-Kandidaten gilt es überflüssig zu machen und aus dem System zu entfernen.

DESIGN

Darstellung Identifikation von zu optimierenden Trimming-Kandidaten
Mit Hilfe einer Value Engineering Bewertungsmatrix

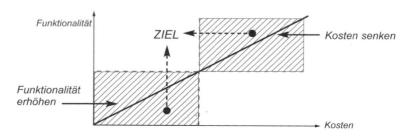

VERIFY

DEFINE

MEASURE

ANALYZE

DESIGN

VERIFY

Fällt eine Komponente in den oberen rechten Quadranten der Matrix, gilt es, ihre Kosten zu senken.
Wird eine Komponente in den unteren linken Quadranten eingeordnet, sollte ihre Funktionalität gesteigert werden.

Zur Bestimmung der relativen Funktionalität einer Systemkomponente sind folgende Schritte vorzunehmen:

1.	Bestimmung der Hauptfunktion des Systems
2.	Erstellung eines Funktionsmodells des Systems
3.	Die Komponenten werden entsprechend ihrer Entfernung von der Hauptfunktion in eine Reihenfolge gebracht. Die Komponente, die am weitesten von der Hauptfunktion entfernt ist, erhält den niedrigsten Funktionsrang 1.
4.	Der Funktionsrang der jeweiligen Komponenten wird mit der Anzahl ihrer Funktionen multipliziert (= absolute Funktionalität).
5.	Die relative Funktionalität wird ermittelt, indem die absoluten Funktionalitäten der einzelnen Komponenten durch die Summe aller absoluten Funktionalitäten dividiert werden.

Darstellung Bestimmung der relativen Funktionalität
Beispiel: Funktionalität der Komponenten einer Zahnbürste

❶ *Die Hauptfunktion einer Zahnbürste ist das Entfernen von an den Zähnen haftender Plaque*

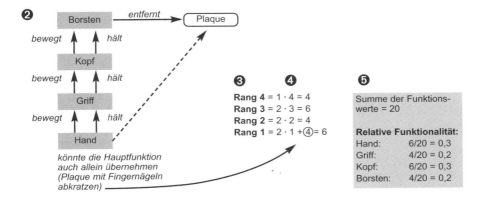

❷

Borsten — entfernt → Plaque

bewegt ↑ ↑ hält

Kopf

bewegt ↑ ↑ hält

Griff

bewegt ↑ ↑ hält

Hand

könnte die Hauptfunktion auch allein übernehmen (Plaque mit Fingernägeln abkratzen)

❸ ❹

Rang 4 = 1 · 4 = 4
Rang 3 = 2 · 3 = 6
Rang 2 = 2 · 2 = 4
Rang 1 = 2 · 1 +④= 6

❺

Summe der Funktionswerte = 20

Relative Funktionalität:
Hand: 6/20 = 0,3
Griff: 4/20 = 0,2
Kopf: 6/20 = 0,3
Borsten: 4/20 = 0,2

DEFINE

Mit diesen relativen Funktionalitäten können die Systemkomponenten in einer Bewertungsmatrix eingeordnet werden. Es kann bestimmt werden, welche Komponenten sich aufgrund ihres ungünstigen Wertes (Funktionalitäts-Kosten-Verhältnisses) besonders für Trimming-Maßnahmen anbieten.

Für diese Trimming-Kandidaten stellt sich nun die Frage:
Wie können sie für das System überflüssig gemacht und aus diesem entfernt werden bzw. wie können die verbleibenden Systemkomponenten die Einzelfunktion ohne Beeinträchtigung der Gesamtfunktion übernehmen?

MEASURE

ANALYZE

DESIGN

VERIFY

Evolution technologischer Systeme

📁 **Bezeichnung / Beschreibung**
Evolution of Technological Systems, Evolution technologischer Systeme

🕑 **Zeitpunkt**
Analyze, Design, Designkonzept optimieren

◎ **Ziel**
Prognose der zukünftigen Entwicklungsschritte einer Technologie, um die Systementwicklung gezielt voranzutreiben

▶▶ **Vorgehensweise**
Ähnlich wie biologische Systeme durchlaufen auch technologische Systeme vier typische Entwicklungsphasen:

1. **Jugend (infancy)**
   Phase vor dem Markteintritt, Systementwicklung verläuft eher langsam

2. **Rapides Wachstum (rapid growth)**
   Markteintritt, Entwicklungsgeschwindigkeit nimmt rapide zu

3. **Reifephase (maturity)**
   System ist etabliert, Systementwicklung verlangsamt sich und läuft aus

4. **Niedergang (decline)**
   Eine neues System übernimmt den Platz des alten

Das Verhältnis von Kosten und Nutzen eines Systems ist entsprechenden Änderungen unterworfen und verläuft über die vier Phasen hinweg in Form einer S-Kurve.

Darstellung S-Kurven-Analyse auf der folgenden Seite.

DEFINE

MEASURE

ANALYZE

DESIGN

VERIFY

DEFINE

MEASURE

ANALYZE

DESIGN

VERIFY

Darstellung S-Kurven-Analyse

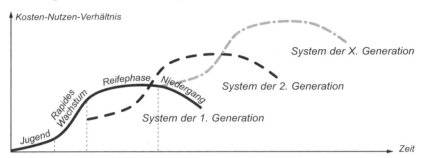

Um ein stetig wachsendes Kosten-Nutzen-Verhältnis zu realisieren, muss der rechtzeitige Einstieg in eine neue Systemgeneration gefunden werden.

Gemäß der Positionierung des Systems auf seiner S-Kurve, stellen sich daher zwei grundsätzliche Fragen:

1. Welche Veränderungen sollten am System vorgenommen werden, um es auf seiner S-Kurve voranzubringen?
2. Wie könnte die neue Generation des Systems / der Technologie aussehen?

Diese Fragen können auf Grund der neun Gesetze der Evolution technologischer Systeme beantwortet werden.

Neun Gesetze der Evolution technologischer Systeme

1. Gesetz der zunehmenden Idealität von Systemen
2. Gesetz der nicht-gleichförmigen Entwicklung von Subsystemen
3. Gesetz des Übergangs in Obersysteme
4. Gesetz der zunehmenden Flexibilität von Systemen
5. Gesetz des Übergangs von der Makro- zur Mikroebene
6. Gesetz der Verkürzung des Energieflusses in Systemen
7. Gesetz der Harmonisierung des Rhythmus in Systemen
8. Gesetz der zunehmenden Automatisierung von Systemen
9. Gesetz der zunehmenden Kontrollierbarkeit von Systemen

1. Gesetz der zunehmenden Idealität von Systemen

Das Gesetz besagt, dass die Entwicklung technologischer Systeme immer in Richtung zunehmender Idealität verläuft:
– Die Nachteile des Originalsystems (Altsystems) werden eliminiert.
– Die positiven Eigenschaften des Originalsystems werden beibehalten
– Das neue System ist nicht komplizierter als das Originalsystem
– Es werden dem neuen System keine neuen Nachteile hinzugefügt

Der Grad der Idealität bestimmt sich dabei aus dem Verhältnis von Funktionalität und Aufwand.

$$\text{Grad der Idealität} = \frac{\text{Funktionalität}}{\text{Aufwand (z. B. €, Energie, Gewicht, etc.)}}$$

Darstellung
Beispiel: Entwicklung von Haushaltsgeräten

Haushaltsgerät	Preis in USD 1947	Preis in USD 1997	Verbesserte Funktionalität
Kühlschrank	1.470	700	Doppelt so groß; Eismaschine
Waschmaschine	1.770	380	Leiser; verbesserte Energieeffizienz
Fernseher	3.180 (Schwarz-weiß)	300	Farbbild; Stereosound; Fernbedienung

2. Gesetz der nicht-gleichförmigen Entwicklung von Subsystemen

Das Gesetz besagt, dass sich die unterschiedlichen Komponenten eines technischen Systems stets auf unterschiedlichen Entwicklungsstufen befinden.
Es gibt daher immer Komponenten, die in ihrem Entwicklungsniveau (ihrer Position auf der S-Kurve) hinter anderen Subsystemen zurückstehen. Je komplexer das System, desto uneinheitlicher ist der Entwicklungsstand seiner Komponenten. Die Systemwidersprüche, die auf diese Weise entstehen, müssen gelöst werden um den Entwicklungsprozess voranzutreiben.

DEFINE

Darstellung
Beispiel: Entwicklungsstadien in der Computertechnologie

PC
(Bildschirm und
Tastatur separat)

Laptop
(Bildschirm und
Tastatur integriert)

Mini-Laptop

Minicomputer
ohne Tastatur

MEASURE

Durch die Miniaturisierung der elektronischen Bauteile in der Computertechnologie (von der Leitungselektronik zur Mikroelektronik) wird eine
massive Verkleinerung der Geräte möglich. Dieses Verkleinerungs-
potential kann jedoch nur genutzt werden, wenn auch die Bedien- und
Darstellungskonzepte (Tastatur und Bildschirm) entsprechend weiterent-
wickelt werden.

ANALYZE

3. Gesetz des Übergangs in Obersysteme

Das Gesetz besagt, dass sich technologische Systeme generell von
Mono- zu Bi- oder Polysystemen entwickeln.
Durch die Zusammenlegung von zwei unabhängigen Monosystemen
entsteht ein komplexeres Bi-System.

Darstellung
Beispiel: Entwicklung von HIFI-Kompaktanlagen

DESIGN

Kassettenrekorder   *CD-Spieler*   *Radio*   *Schallplattenspieler*

HiFi-Anlage mit allen 4 Komponenten

VERIFY

Besonders in der Reifephase von Systemen werden diesen häufig zusätzliche Funktionen zugefügt, um ihre Attraktivität zu steigern. Erfüllt ein System eine große Anzahl von Zusatzfunktionen, ist dies ein guter Indikator dafür, dass es seinen Entwicklungszenit überschritten hat und vor der Ablösung durch eine neue Technologie steht.

4. Gesetz der zunehmenden Flexibilität von Systemen

Das Gesetz besagt, dass technologische Systeme immer flexiblere Strukturen entwickeln und auf diese Weise immer anpassungsfähiger werden. Die zunehmende Flexibilität kann hierbei auf zwei unterschiedlichen Wegen erreicht werden:
1. Zunehmende Flexibilität der Funktion eines Systems
2. Zunehmende Flexibilität der Struktur eines Systems

Darstellung Zunehmende Flexibilität der Funktion eines Systems

Darstellung Zunehmende Flexibilität der Struktur eines Systems

Darstellung
Beispiel: PKW-Lenkräder*

Starres System	System mit Gelenk	Elastisches System	Flüssigkeitbasiertes System	Feldbasiertes System
Keine Einstellbarkeit	*Beschränkte Einstellbarkeit*	*Höhenverstellbar*	*Einstellung in beliebige Position (hydraulisch)*	*Leichte Einstellung in beliebige Position (elektronisch)*

* *Vgl. Bernd Gimpel et. al. (2000): Ideen finden, Produkte entwickeln mit TRIZ. Hanser Verlag, München, Wien, Seite 105.*

DEFINE

MEASURE

ANALYZE

DESIGN

VERIFY

5. Gesetz des Übergangs von der Makro- zur Mikroebene

Das Gesetz besagt, dass Aufgaben eines technologischen Systems, die zuvor von Makroobjekten übernommen wurden zunehmend von Mikroobjekten erfüllt werden.

Darstellung Übergang von der Makro- zur Mikroebene

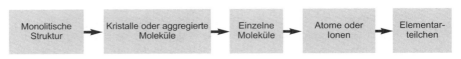

Der Vorteil ist eine bessere Kontrollierbarkeit und häufig auch eine gesteigerte Funktionalität (zu sehen z. B. am Vergleich von mechanischen und digitalen Uhren).

Die Mikrostrukturen eines Systems können unterschiedliche Aufgaben übernehmen:
- Mikrostrukturen übernehmen Funktionen, die zuvor von Makrostrukturen wahrgenommen wurden
  Beispiel:
  Durch Ersetzen der herkömmlichen mechanischen Schneidewerkzeuge durch Photonen, die von einem Laser ausgesendet werden
- Mikrostrukturen kontrollieren die physikalischen Eigenschaften und das Verhalten von Makrostrukturen.
  Beispiel:
  Brillengläser mit photochromen Partikeln, die ihre Lichtdurchlässigkeit je nach Stärke der Sonneneinstrahlung verändern

6. Gesetz der Verkürzung des Energieflusses

Das Gesetz besagt, dass sich der Weg, den Energie in einem technischen System zurücklegen muss, über die Generationen verkürzt.

Im effektivsten System wirkt die Energiequelle direkt auf das Arbeitsmittel ein:

DEFINE

Darstellung Energiefluss in einem technischen System

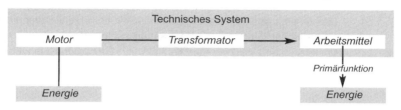

Der Trend hin zu immer kürzeren Energieflüssen innerhalb von Systemen kann an der Entwicklung der Industriemaschinen aufgezeigt werden.

Während um 1920 die Energie noch von einem zentralen Motor über Triebwellen und Gurte hin zu den einzelnen Maschinen geleitet wurde, installierte man ab 1930 an den einzelnen Maschinen jeweils einen separaten Elektromotor und verkürzte so den Weg der Energie durch das System.

MEASURE

7. Gesetz der Harmonisierung des Rhythmus in Systemen

Das Gesetz besagt, dass die Effektivität eines technischen Systems mit zunehmender Harmonisierung/Synchronisierung der Bewegungen aller seiner Teile steigt.

Die Harmonisierung kann dabei auf drei unterschiedliche Arten erfolgen:

1. Koordination der zeitlichen Bewegungsabfolgen von Systemkomponenten
2. Einsatz von Resonanz
3. Beseitigung von unerwünschten zeitlichen Abfolgen

ANALYZE

Beispiele:

– Bei einem Flugzeug muss die Steuerbewegung (Verstellung der unterschiedlichen Steuerruder) koordiniert verlaufen. Während dies früher manuell erfolgte, wurde die Koordination in modernen Maschinen durch den Einsatz eines Computers verbessert ("Fly-by-Wire").

– Bei Airbrush-Pistolen muss das Öffnen und Schließen des Luft- und des Farbventils so aufeinander abgestimmt werden, dass keine Farbtropfen auf die zu bearbeitenden Fläche fallen.

DESIGN

VERIFY

DEFINE

MEASURE

ANALYZE

DESIGN

VERIFY

8. Gesetz der zunehmenden Automatisierung von Systemen

Das Gesetz besagt, dass im Zuge der Evolution eines technischen Systems der Grad an Automatisierung zunimmt.
Von der ursprünglichen Funktionserfüllung durch den Menschen, entwickelt sich ein System wie folgt:

1. Volle Funktionserfüllung durch den Menschen
2. Verlagerung von Werkzeugsfunktionen
3. Verlagerung von Übertragungsfunktionen
4. Verlagerung der Funktion der Energiequelle
5. Verlagerung von Kontrollfunktionen

Darstellung
Beispiel: Zunehmende Automatisierung von Systemen

9. Das Gesetz der zunehmenden Kontrollierbarkeit von Systemen

Das Gesetz besagt, dass sich die Kontrollierbarkeit eines technischen Systems stetig verbessert, da die Stoff-Feld-Interaktionen innerhalb und außerhalb dieses Systems ständig zunehmen.

Darstellung
Beispiel: Entwicklung der Kochstelle

Die Verbesserung der Stoff-Feld-Interaktion kann auf folgende Weisen erreicht werden:

1. Ersetzen eines unkontrollierbaren oder schlecht kontrollierbaren Feldes durch ein kontrollierbares (z. B. Ersetzen eines auf Schwerkraft basierten durch ein mechanisches Feld, oder eines mechanischen durch ein elektromagnetisches Feld).
2. Erhöhung des Grades an Flexibilität der Elemente in einer Stoff-Feld-Wechselwirkung.
3. Einstellen der Feld-Frequenz auf die natürliche Frequenz des Objektes oder des Werkzeugs.

DEFINE

MEASURE

ANALYZE

DESIGN

VERIFY

Anforderungen an notwendige Ressourcen ableiten

📁 Bezeichnung / Beschreibung
Identification of necessary resources, Identifikation notwendiger Ressourcen

🕓 Zeitpunkt
Analyze, Design

◎ Ziel
Klärung des notwendigen Ressourcenbedarfs für die detaillierte Weiterentwicklung des Konzeptes

▶▶ Vorgehensweise
Die Abschätzung der benötigten Ressourcen erfolgt auf Basis des nun vorliegenden konfliktfreien Konzeptentwurfs. Anhand von Beschreibungen,
Skizzen, Computervisualisierungen und bereits erstellten Prototypen können die notwendigen Ressourcen systematisch identifiziert und rechtzeitig
angefordert werden.

Für die weitere Entwicklung des Feindesigns sind folgende Ressourcen
notwendig:
– Zeit,
– Geld,
– Manpower (Skills und Anzahl),
– Ausrüstung, Materialien, Maschinen, etc.

Die Aktivitäten-, Zeit- und Ressourcenplanung muss an dieser Stelle detailliert fortgesetzt werden (siehe Define).

Fähigkeiten des Konzepts überprüfen

📋 **Bezeichnung / Beschreibung**
Proof of Concept, Machbarkeitsbeweis

🕐 **Zeitpunkt**
Abschluss Analyze

◎ **Ziele**
- Risikoabschätzung durch Identifikation möglicher Schwächen im Designkonzept
- Risikominimierung durch rechtzeitige Einleitung von Gegenmaßnahmen

▶▶ **Vorgehensweise**
Mit zunehmendem Detaillierungsgrad des Designkonzeptes steigen die Fehlerkosten bei unentdeckten Designschwächen exponentiell an.

Darstellung Fehlerkosten bei unentdeckten Schwächen im Designkonzept

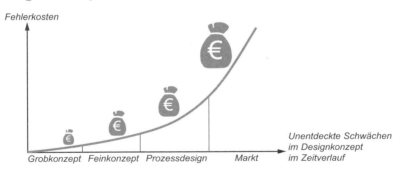

Schwächen im Designkonzept sollten so früh wie möglich erkannt und beseitigt werden. Hierzu muss sowohl eine interne wie auch externe Risikoabschätzung vorgenommen werden. Das Konzept selbst muss mit geeigneten Methoden auf Schwachstellen geprüft und durch ein dediziertes Kundenfeedback überprüft werden.

DEFINE

MEASURE

ANALYZE

DESIGN

VERIFY

Risiko einschätzen

🗀 **Bezeichnung / Beschreibung**
Risk evaluation, Risikoeinschätzung

🕙 **Zeitpunkt**
Analyze, Design, Fähigkeit des Konzeptes überprüfen, Risiko einschätzen

◎ **Ziele**
- Ermittlung vorhandener und potentieller Schwachstellen im Design-konzept
- Ergreifen von geeigneten Gegenmaßnahmen

▸▸ **Vorgehensweise**
Um möglich Schwachstellen im priorisierten Konzept frühzeitig, d. h. noch vor dem detaillierten Design des Systems zu erkennen, eignet sich der Einsatz einer Konzept-FMEA (Failure Mode and Effect Analysis).

Hier wird jeder Prozessschritt / jede Funktion auf mögliche Fehler und deren potentielle Wirkung hin untersucht, um entsprechende Gegenmaßnahmen initiieren zu können.

Ein weiteres Werkzeug ist die Antizipierende Fehlererkennung (AFE), um potentielle Fehler und deren Präventionsmöglichkeiten vorausschauend zu ermitteln.

Fehlermöglichkeiten und Einfluss-Analyse (FMEA)

☐ **Bezeichnung / Beschreibung**
Failure Mode and Effect Analysis FMEA, Fehlermöglichkeiten und Einfluss-Analyse

🕓 **Zeitpunkt**
Analyze, Design

◎ **Ziele**
Frühzeitige Schwachstellenermittlung bei der Entwicklung des Produktes bzw. Prozesses und Ableiten von Maßnahmen zur Gegensteuerung.

▶▶ **Vorgehensweise**
Die Durchführung einer FMEA erfogt in 5 Schritten.

Darstellung der 5 Schritte zur Durchführung einer FMEA

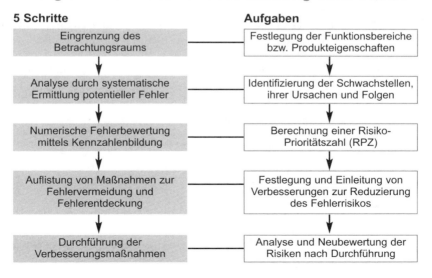

5 Schritte	**Aufgaben**
Eingrenzung des Betrachtungsraums	Festlegung der Funktionsbereiche bzw. Produkteigenschaften
Analyse durch systematische Ermittlung potentieller Fehler	Identifizierung der Schwachstellen, ihrer Ursachen und Folgen
Numerische Fehlerbewertung mittels Kennzahlenbildung	Berechnung einer Risiko-Prioritätszahl (RPZ)
Auflistung von Maßnahmen zur Fehlervermeidung und Fehlerentdeckung	Festlegung und Einleitung von Verbesserungen zur Reduzierung des Fehlerrisikos
Durchführung der Verbesserungsmaßnahmen	Analyse und Neubewertung der Risiken nach Durchführung

DEFINE

MEASURE

ANALYZE

DESIGN

VERIFY

DEFINE

MEASURE

ANALYZE

DESIGN

VERIFY

Prozess / Produkt: ❶							FMEA Datum: (Original)									
FMEA Team:							*(geändert)*									
Black Belt:							Seite:		von:							
FMEA Prozess												Aktionsergebnisse				
Position Funktion Prozessschritt	Potentielle Fehler- möglichkeit	Potentielle Wirkungen des Fehlers	*Intensität*	Potentielle Ur- sachen / Me- chanismen des Fehlers	*Häufigkeit*	Gegenwärtige Kontrollen / Steuerung	*Entdeckung*	*RPN*	Empfohlene Aktionen	Verantwortlich- keit und Ab- schlussdatum	Ergriffene Maßnahmen	*Intensität*	*Häufigkeit*	*Entdeckung*	*RPN*
❷	❸	❹	❺	❻	❼	❽	❾ ❿		⓫	⓬	⓭	⓮ ⓯ ⓰ ⓱			

❶ In der Dokumentation zunächst allgemeine Informationen über das Projekt festhalten.

❷ Den analysierten Prozess bzw. die analysierte Produktfunktion präzise beschreiben.

❸ Die potentiellen Fehlermöglichkeiten beschreiben: Weshalb könnte der Prozess /das Produkt bei einer spezifischen Operation den Anforderungen nicht entsprechen?

❹ Wirkung der Fehlermöglichkeit /des Fehlers auf das Ergebnis darstellen. Intensität der Wirkung der potentiellen Fehlermöglichkeit abschätzen.

❺ Intensität der Wirkung der potentiellen Fehlermöglichkeit abschätzen.

❻ Potentielle Ursachen des Fehlers bzw. der Mechanismen, die diesen Fehler auslösen können, auflisten.

❼ Häufigkeit des Auftretens der Fehlerursache während der Prozessausführung abschätzen.

❽ Möglichkeiten, die Fehlerursache zu erkennen oder ihr Auftreten zu vermeiden, aufführen.

❾ Wahrscheinlichkeit der Entdeckung einer potentiellen Ursache vor der Übergabe an den nachfolgenden Prozessschritt abschätzen.

❿ Produkt aus Intensität, Häufigkeit und Entdeckungswahrscheinlichkeit bilden. Die Rangfolge nach der daraus resultierenden RPN (Risk Priority Number / Risiko-Prioritäten-Zahl) priorisiert die Handlungsfelder. Bei hohen RPNs muss die Analyse vertieft werden.

⑪ Aktionen definieren, welche die Rangzahlen der Häufigkeit, der Intensität und / oder der Entdeckungswahrscheinlichkeit mit den höchsten RPNs verringern.

⑫ Verantwortliche Person benennen und Abschlussdatum festlegen.

⑬ Tatsächlich ergriffene Maßnahmen und Umsetzungsdatum beschreiben.

⑭ Intensität der Wirkung der potentiellen Fehlermöglichkeit auf den Kunden nach der Verbesserungsmaßnahme abschätzen.

⑮ Häufigkeit des Auftretens der Fehlerursache während der Prozessausführung nach der Verbesserungsmaßnahme abschätzen.

⑯ Wahrscheinlichkeit der Entdeckung einer potentiellen Ursache vor der Übergabe an den nachfolgenden Prozessschritt nach der Verbesserungsmaßnahme abschätzen.

⑰ RPN neu berechnen.

Rangskala: Intensität	
1	Wird von niemandem bemerkt, hat keine Auswirkung
2	Wird nicht bemerkt, hat nur eine unbedeutende Auswirkung
3	Verursacht nur kleine Unannehmlichkeiten
4	Geringer Leistungsverlust
5	Leistungsabfall, der eine Kundenbeschwerde zur Folge hat
6	Leistungsabfall mit Störung der Funktionsfähigkeit
7	Gestörte Funktionsfähigkeit führt zu großer Kundenunzufriedenheit
8	Produkt oder Dienstleistung wird unbrauchbar
9	Produkt oder Dienstleistung ist illegal
10	Kunde oder Mitarbeiter wird verletzt oder getötet

DEFINE

MEASURE

ANALYZE

DESIGN

VERIFY

DEFINE

MEASURE

ANALYZE

DESIGN

VERIFY

Rangskala: Häufigkeit	
1	Alle 100 Jahre
2	Alle 5-100 Jahre
3	Alle 3-5 Jahre
4	Alle 1-3 Jahre
5	Jedes Jahr
6	Jedes halbe Jahr
7	Einmal im Monat
8	Einmal pro Woche
9	Einmal täglich
10	Mehrmals täglich

Rangskala: Entdeckungswahrscheinlichkeit	
1	Die Fehlerursache ist absolut offensichtlich und kann einfach verhindert werden
2	Alle Einheiten werden automatisch inspiziert
3	Statistische Prozesskontrolle mit systematischer Fehlerursachen-Prüfung und mit Fehlerursachen-Vermeidungsmaßnahmen
4	Statistische Prozesskontrolle wird durchgeführt mit systematischer Fehlerursachen-Prüfung
5	Statistische Prozesskontrolle wird durchgeführt
6	Alle Einheiten werden manuell geprüft und Fehlerursachen-Vermeidungsmaßnahmen installiert
7	Alle Einheiten werden manuell geprüft
8	Häufige manuelle Fehlerursachen-Prüfung
9	Gelegentliche manuelle Fehlerursachen-Prüfung
10	Der Defekt ist nicht aufzuspüren

Darstellung Konzept-FMEA
Beispiel Passagiersitz

Konzept-FMEA											Aktionsergebnisse				
Position Funktion Prozessschritt	Potenzielle Fehler-möglichkeit	Potenzielle Wirkung(en) des Fehlers	*Intensität*	Potenzielle Ursache(n) / Mechanismen des Fehlers	*Häufigkeit*	Gegenwärtige Kontrollen / Steuerung	*Entdeckung*	*RPN*	Empfohlene Aktionen	Verantwort-lichkeit und Abschluss-datum	Ergriffene Maßnahmen	*Intensität*	*Häufigkeit*	*Entdeckung*	*RPN*
Halteschiene	Verschmutzung	Erschwerte Montage	6	Steine, Sand etc.	10		9	540							
	Unfall	Sitze werden aus der Befestigung gerissen	10		7	Fahrertraining	10	700			**Ausschnitt**				
Gestell	Flüssigkeiten	Korrosion	8	Wasser, Säuren	8		8	512							
Verbindung Gestell/Sitz	Einfache Demontage	Diebstahl	5		10		8	400							
	Unfall	Sitze werden aus der Befestigung gerissen	10		7	Fahrertraining	10	700							
Kunststoffschale des Sitzes	Vandalismus	Scharfe Kanten	10	Messer, Bruch	8		8	640							
	Auslaufende Flüssigkeiten	Beschädigung	5	Wasser, Säuren	8		8	320							

⇨ **Tipp**
- Die Beurteilung der RPN ist branchen- und unternehmensspezifisch.
- Als Anhaltspunkt kann jedoch gesagt werden, dass bei einer RPN > 125 Handlungsbedarf besteht.
- Eine Reduzierung der RPN bzw. des entsprechenden Fehlerpotentials einer Funktion kann primär durch Aktivitäten erreicht werden, die einen Einfluss auf die Häufigkeit und/oder Entdeckungswahrscheinlichkeit haben.
- Entsprechende Aktionen mit Verantwortlichkeiten, eine erneute Bewertung von Intensität, Häufigkeit, Entdeckungswahrscheinlichkeit und eine abschließende Ermittlung der RPN ergänzen die FMEA.
- Eine FMEA kann vielfach angewendet werden:
  – Konzept-FMEA
  – Design-FMEA
  – Prozess-FMEA
  – System-FMEA
  – Subsystem-FMEA
  – Komponenten-FMEA
  – Montage-FMEA
  – Produktions-FMEA
  – Maschinen-FMEA
- Die grundsätzliche Vorgehensweise ist für alle Anwendungen identisch.

DEFINE

MEASURE

ANALYZE

DESIGN

VERIFY

Antizipierende Fehlererkennung (AFE)

📁 **Bezeichnung / Beschreibung**
Anticipatory Failure Analysis, antizipierende Fehlererkennung, subversive Fehleranalyse

🕓 **Zeitpunkt**
Analyze, Design

◎ **Ziele**
Vorausschauende Ermittlung potentieller Fehler- und deren Präventions-möglichkeiten

▸▸ **Vorgehensweise**
Um auch bei neuen Techniken und Systemen potentielle Fehlerquellen im Voraus zu erkennen, kann eine antizipierende Fehlererkennung (AFE) sinn-voll sein.

Hierbei werden Fehler gezielt provoziert, wobei folgende Fragen gestellt werden:
– Wie kann das System unbedingt zum Versagen gebracht werden?
– Welche verfügbaren Ressourcen aus dem System und seiner Umwelt können genutzt werden, um das System zu sabotieren?

Der Grund des Versagens wird zu einer gewünschten Funktion transfor-miert. Auf das invertierte Problem lassen sich dann bspw. einzelne TRIZ-und Poka-Yoke-Methoden anwenden. Die Fehlfunktion im Sinne von "Wie kann dieser Fehler erzeugt werden?" wird in die primäre Nutzfunktion des Systems invertiert. Anschließend wird versucht, diese "Nutzfunktion" durch die gegebenen System- und Umfeldbedingungen zu erzeugen.

Die Durchführung einer antizipierten Fehlererkennung erfolgt in 4 Schritten.

DEFINE

Darstellung Schritte der antizipierten Fehlererkennung

1. Sollfunktionen definieren	Definition der Sollfunktionen pro Anlagenteil mit anschließender Invertierung, d. h. was muss getan werden, um die Sollfunktion ausschalten zu können? Die invertierte Problemstellung gilt es dann noch weiter zu verstärken.
2. Ressourcen definieren	Definition der verfügbaren Ressourcen (stofflich, räumlich, zeitlich etc.), wie beispielsweise Drehmoment und Vibration, die zum Versagen beitragen können. Ressourcen können sowohl System- als auch Umweltressourcen darstellen.
3. Widersprüche überwinden	Lösungssuche mit Hilfe von TRIZ-Methoden: Formulierung technischer und physikalischer Widersprüche, 40 Innovationsprinzipien, ARIZ etc.
4. Fehler vermeiden	Ausgewählte Fehlermöglichkeiten werden nun zur eigentlichen Problemstellung zurückinvertiert. Im Anschluss daran werden Maßnahmen zur Fehlervermeidung definiert (Poka Yoke).

MEASURE

⇨ **Tipp**
- Die antizipierende Fehlererkennung eignet sich auch als Vorbereitung zur Durchführung einer FMEA und um verknüpfte Fehler und Fehlerketten zu analysieren.
- Denkblockaden werden durchbrochen und subjektive Denkweisen reduziert.
- Nützlicher Informationsgewinn durch die Invertierung des Problems. Die invertierte Betrachtung zeigt Aspekte über das betroffene System und dessen Umfeld auf, die bei einer rein problemorientierten Betrachtung nicht ersichtlich sind.

ANALYZE

DESIGN

VERIFY

Kunden- / Stakeholderfeedback einholen

☐ **Bezeichnung / Beschreibung**
Receive Customer and Stakeholder Feedback, Kunden- und Stakeholderfeedback

🕓 **Zeitpunkt**
Analyze, Design, Fähigkeit des Konzeptes überprüfen

◎ **Ziel**
Mögliche Anpassung des ausgewählten und optimierten besten Designkonzeptes an ein subjektives Kundenfeedback

▶▶ **Vorgehensweise**
Repräsentative Zielkunden und wichtige Stakeholder werden eingeladen,
um das entwickelte Konzept zu beurteilen.
Das Team präsentiert den Status des Projektes:
– Kurze Präsentation der bisherigen Vorgehensweise im Projekt
  (MS Power Point Präsentation)
– Ggf. Einbindung einer computerunterstützten Visualisierung
  (CAD / CAM)
– Ggf. Präsentation eines Prototypen
– Etc.

Jeder der Eingeladenen wird gebeten, ein subjektives Feedback abzuge-
ben. Das Feedback wird analysiert und die ggf. notwendigen Veränderungen am Designkonzept werden umgesetzt.

Konzept finalisieren

📁 **Bezeichnung / Beschreibung**
Finalize Design Concept, Freeze of Concept, Konzept finalisieren

🕑 **Zeitpunkt**
Analyze, Design, Fähigkeit des Konzeptes überprüfen

◎ **Ziel**
Systematische Analyse und Aufbereitung des Kundenfeedbacks zur Finalisierung des Konzeptes

▶▶ **Vorgehensweise**
Die Analyse des Kundenfeedbacks sollte auf folgende primäre Aspekte ausgerichtet sein:
– Wurden mehrere Konzepte vorgestellt, so ist die Frage: Existiert ein deutlich präferiertes Konzept?
– Existiert eine solche Präferenz, sollte geklärt werden:
– Was sind die aus Kundensicht ausschlaggebenden Eigenschaften des Konzeptes, die es für ihn "wertvoll" bzw. nützlich machen?
– Werden weitere Reviews, Tests oder Befragungen etc. benötigt, um eventuell aufgetretene Befürchtungen und / oder Risiken klären zu können?

Diese möglichen Risiken lassen sich in Form einer angepassten Risiko-Management-Matrix dokumentieren.

Darstellung Risiko-Management-Matrix auf der folgenden Seite.

DEFINE

MEASURE

ANALYZE

DESIGN

VERIFY

DEFINE

Darstellung Risiko-Management-Matrix

Risiko-Management-Matrix:

	Hoch	Mittleres Risiko	Großes Risiko	Show Stopper
Eintrittswahrscheinlichkeit	Mittel	Geringes Risiko	Mittleres Risiko	Großes Risiko
	Niedrig	Geringes Risiko	Geringes Risiko	Mittleres Risiko
		Niedrig	Mittel	Hoch

Einfluss auf Projekterfolg

☐ *Vor Projektfortführung reduzieren oder Projekt stoppen*
■ *Risiken minimieren bzw. kontrollieren*
☐ *Mit Vorsicht fortfahren*

MEASURE

ANALYZE

Skalierung Eintrittswahrscheinlichkeit und Einfluss

Skalierung	Eintrittswahrscheinlichkeit	Einfluss
Hoch	• Größere Befürchtungen / Risiken vorhanden • Umfangreiche Konzeptänderungen notwendig • Keine Aussagen zur Konzepteignung möglich – keine Daten vorhanden	Änderungen bezüglich Performance, Qualität, Kosten und / oder Sicherheit führen zu *umfangreichen* Konzeptanpassungen und zeitlichen Verschiebungen im Projektplan
Mittel	• Einige Befürchtungen / Risiken vorhanden • Mittlere Konzeptänderungen notwendig • Einige Aussagen zur Konzepteignung möglich – Daten vorhanden	Änderungen bezüglich Performance, Qualität, Kosten und / oder Sicherheit führen zu *geringen* Konzeptanpassungen und zeitlichen Verschiebungen im Projektplan
Niedrig	• Keine Befürchtungen / Risiken vorhanden • Keine Konzeptänderungen notwendig • Umfangreiche Aussagen zur Konzepteignung möglich – viele Daten vorhanden	Änderungen bezüglich Performance, Qualität, Kosten und / oder Sicherheit führen zu *keinen* Konzeptanpassungen und zeitlichen Verschiebungen im Projektplan

DESIGN

VERIFY

Diese Form der Aufbereitung kann als Diskussions- und Entscheidungs-grundlage dienen, um entweder den Weg in die Design Phase zum detail-lierten Feinkonzept freizugeben oder nochmalige Konzeptanpassungen vorzunehmen.

Es ist zu klären, wer für eventuelle Anpassungen des Konzeptentwurfes verantwortlich ist und in welchem zeitlichen Rahmen diese Anpassungen vorgenommen werden können bzw. müssen.

Besteht keine Präferenz für eines der vorgestellten Konzepte, so ist die Frage zu klären: Existieren präferierte Eigenschaften innerhalb der vorge-stellten Konzepte, die miteinander zu einem Optimum kombiniert werden können?

Grundlegend ist zu definieren, ob die Notwendigkeit zu einem weiteren Konzept-Review besteht.

DEFINE

MEASURE

ANALYZE

DESIGN

VERIFY

Markteinführung vorbereiten

☐ **Bezeichnung / Beschreibung**
Market Launch, Markteinführungsstrategie, Marktpositionierung

🕒 **Zeitpunkt**
Analyze, Design

◎ **Ziel**
Sicherstellung einer erfolgreichen Markteinführung

▶▶ **Vorgehensweise**
Wesentlich für eine erfolgreiche Markteinführung ist die richtige Positionierung des Produktes im Markt. Hierfür muss die Positionierung der Wettbewerber und die Einschätzung der Wettbewerbssituation durch die potentiellen Kunden berücksichtigt werden.
Zu diesem Zweck werden repräsentativen Zielkunden das eigene Produkt-
konzept / Designmodell und die Produkte der Wettbewerber zum Vergleich
vorgelegt.
Die spezifischen Produkteigenschaften werden beurteilt und entsprechend
der dargestellten Wettbewerbsvorteilsmatrix positioniert.

Darstellung Wettbewerbsvorteilsmatrix Positionierung im Markt

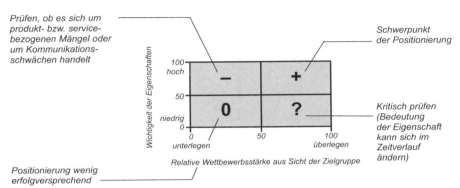

Prüfen, ob es sich um produkt- bzw. service-bezogenen Mängel oder um Kommunikations-schwächen handelt

Schwerpunkt der Positionierung

Kritisch prüfen (Bedeutung der Eigenschaft kann sich im Zeitverlauf ändern)

Positionierung wenig erfolgversprechend

Wichtigkeit der Eigenschaften

100 hoch

50

niedrig 0

− + 0 ?

0 unterlegen 50 100 überlegen

Relative Wettbewerbsstärke aus Sicht der Zielgruppe

Aus dieser Positionierung kann nun der Schwerpunkt einer entsprechenden Marketing-Strategie abgeleitet werden. Eine erfolgreiche Marketingstrategie beinhaltet in der Regel vier Bereiche.

Darstellung Die 4 Ps einer Marketingstrategie

Product	Price
• Ausstattung / Verpackung • Markierung • Service / Kundendienst	• (Listen-) Preise • Rabatte / Konditionen • Preispolitische Strategien im Zeitverlauf
Place	Promotion
• Absatzgebiet • Absatzkanäle • Absatzorgane • Logistik	• Werbung, Öffentlichkeitsarbeit • Verkaufsförderung • Persönlicher Verkauf

Innerhalb dieser Bereiche werden, je nach Wirtschaftsbereich unterschied-liche Marketinginstrumente eingesetzt.*

* Vgl. Meffert, Heribert (1998): Marketing – Grundlagen marktorientierter Unternehmensführung, 8. Auflage, Gabler, Wiesbaden, ISBN 3-409-69015-8, S. 891.

DEFINE

MEASURE

ANALYZE

DESIGN

VERIFY

DEFINE

MEASURE

ANALYZE

DESIGN

VERIFY

Darstellung Marketing-Strategie nach Wirtschaftsbereich*

Absatz-politische Instrumente	Investitionsgüter		Konsumgüter		Dienstleistungen	
	Rohstoff-gewinnende Unternehmen	Produktions-unternehmen von Fertig-erzeugnissen	Marken-artikel-hersteller	Hersteller von Handels-marken	Handel	Sonstiges
Product • Produktqualität	•	•	•			•
• Angebotsprogramm		•	•			•
• Garantien		•	•		•	
• Kundendienst		•	•		•	•
Price • Preis			•	•	•	
• Rabatte			•			
• Zahlungsbedingungen	•	•				
Place • Standort der Letztverkaufsstelle			•	•	•	•
• Absatzkanal			•			
• Lieferbereitschaft, physische Distribution	•	•	•		•	•
Promotion • "Klassische Werbung"	•		•		•	•
• Verkaufsförderung			•		•	•
• Public Relations	•	•	•			
• Direktwerbung						•
• Absatzpolitisches Aktivitätsniveau	*sehr klein*	*klein*	*sehr groß*	*sehr klein*	*sehr groß*	*groß*

* Vgl. Meffert, Herbert (1998): Marketing – Grundlagen marktorientierter Unternehmens führung, 8. Aufl., Gabler Verlag, München, S. 891.

Gate Review

📁 **Bezeichnung / Beschreibung**
Gate Review, Phasencheck, Phasenabnahme

🕐 **Zeitpunkt**
Zum Abschluss jeder Phase

◎ **Ziele**
- Den Sponsor von Ergebnissen und Maßnahmen der jeweiligen Phase in Kenntnis setzen
- Die Ergebnisse beurteilen
- Über den weiteren Verlauf des Projektes entscheiden

▶▶ **Vorgehensweise**
Die Ergebnisse werden vollständig und nachvollziehbar präsentiert.
Der Sponsor prüft den aktuellen Stand des Projektes nach folgenden Kriterien:
- Vollständigkeit der Ergebnisse,
- Wahrscheinlichkeit des Projekterfolges,
- die optimale Allokation der Ressourcen im Projekt.

Der Sponsor entscheidet, ob das Projekt in die nächste Phase eintreten kann.

Sämtliche Ergebnisse der Analyze Phase werden im abschließenden Analyze Gate Review dem Sponsor und den Stakeholdern vorgestellt. In einer vollständigen und nachvollziehbaren Präsentation müssen folgende Fragen beantwortet werden:

DEFINE

MEASURE

ANALYZE

DESIGN

VERIFY

DEFINE

MEASURE

ANALYZE

DESIGN

VERIFY

Designkonzept identifizieren:
– Wurden die Funktionen des Produktes / Prozesses klar, unmiss-
  verständlich und vollständig formuliert? Wie lauten diese?
– Welche Designkonzepte wurden erstellt?
– In wie weit wurde der Multigenerationsplan (MGP) eingehalten?
  Welchen Einfluss hat das Designkonzept auf die Folgegenerationen?
– In wie fern waren Kunden oder Stakeholder im bisherigen Entwicklungs-
  prozess involviert?
– Wie wurde das priorisierte Konzept ausgewählt?
– Wurde eine Konzept-FMEA durchgeführt?
  Welche Veränderungen im ausgewählten Konzept resultieren daraus?
– Welche Stärken und Schwächen hat das ausgewählte Konzept?
– Wurde ein Benchmarking durchgeführt?
  Wenn ja, mit welchem Ergebnis?
– Was macht das Konzept besonders gegenüber dem Wettbewerb?

Designkonzept optimieren:
– Wurden ggf. auftretende Widersprüche identifiziert und innovativ
  gelöst? Wenn ja, wie?
– Wurden die zur Entwicklung des Designs erforderlichen Ressourcen
  identifiziert? In welchem Umfang stehen diese wann zur Verfügung?
– Werden die Zielkosten eingehalten?
  Welches sind die primären Kostentreiber?

Fähigkeit des Konzeptes überprüfen:
– Wurde das ausgewählte Konzept mittels Kundenfeedback evaluiert?
  Was ist das Ergebnis?
– Welchen Risiken muss begegnet werden?

Zum Projektmanagement:
– War es erforderlich, den Business Case anzupassen?
– Wurde der Projektplan angepasst?
  Können Designaktivitäten ggf. beschleunigt werden?
– Soll das Projekt fortgesetzt werden?
– Was sind die Lessons Learned der Analyze Phase?
– Welches sind die nächsten Schritte im Projekt?

Design For Six Sigma^{+Lean} Toolset

DESIGN

Phase 4: Design

Ziele

- Detaillierung des Systemdesigns in Hinblick auf eine vollständige und vorhersehbare Erfüllung aller Spezifikationen und Funktionen
- Überprüfung der Soll-Produktion
- Entwicklung und Vorbereitung des Lean-Prozesses

Feinkonzept entwickeln, testen und optimieren	Leistungsfähigkeit für Soll-Produktion überprüfen	Lean-Prozess entwickeln und optimieren
• Transferfunktion erstellen • Alternative Ausprägung der Designelemente erzeugen und vergleichen • Tolerance Design und Design for X anwenden • Design Scorecard für Feinkonzept entwickeln • Feinkonzept testen • Feinkonzept auswählen • Design Scorecard anpassen • Risiken abschätzen • Risiken vermeiden	• Relevante Prozess- und Inputvariablen identifizieren • Aktuelle Leistungsfähigkeit bewerten	• Prozessdesign erstellen • Arbeits- und Verfahrensanweisungen erstellen • Einrichtungen und Gebäude planen • Ausrüstung planen • Materialbeschaffung planen • Mitarbeiter zur Verfügung stellen • IT bereitstellen • Lean-Prozessdesign optimieren

Vorgehen

Nach der abschließenden Entwicklung des Feinkonzept, wird gegebenenfalls der existierende Produktionsprozess überprüft bzw. der Prozess neu entwickelt. Weiterhin werden alle notwendigen Prozess- und Inputvariablen für den neuen Produktionsprozess identifiziert und spezifiziert. *Roadmap Design auf der gegenüberliegenden Seite.*

Wichtigste Werkzeuge

- Transferfunktion
- Zickzackskizze
- QFD 3
- Baumdiagramm
- Kreativitätstechniken
- Tolerance Design
- Prototyping

- Statistische Verfahren (Hypothesentests, DOE)
- Design Scorecard
- FMEA
- QFD 4
- Pugh-Matrix
- Simulation

- Lean Toolbox (u.a. Wertstromdesign, Pullsyteme, Poka Yoke)
- CIT
- Prozessmanagementdiagramm

DEFINE · MEASURE · ANALYZE · DESIGN · VERIFY

Roadmap Design

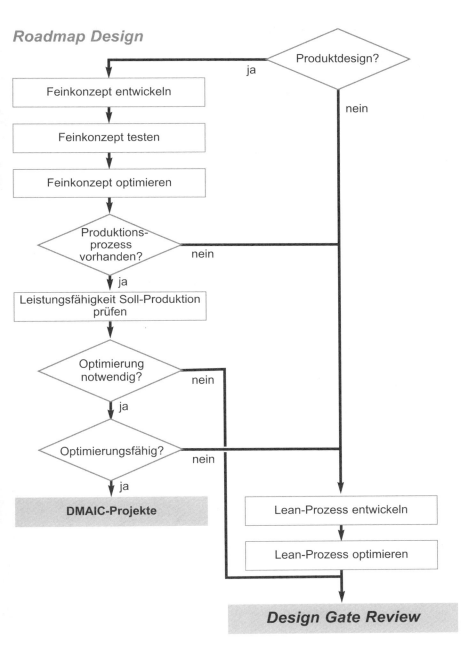

Feinkonzept entwickeln, testen und optimieren

📁 **Bezeichnung / Beschreibung**
Develop, Test and Optimize Detailed Design, Feinkonzept entwickeln,
testen und optimieren

🕐 **Zeitpunkt**
Erster Schritt der Design Phase

◎ **Ziele**
– Entwicklung eines detaillierten, implementierfähigen Feinkonzeptes
– Erfüllung der Spezifikationen durch einen stabilen, vorhersagbaren und
fähigen Prozess

▶▶ **Vorgehensweise**
Bei der Entwicklung des Feinkonzepts wird das, in der Analyze Phase ausgewählte Grobkonzept, weiter verfeinert.

Darstellung Vom Grobkonzept zum Feinkonzept

Analyze Phase	Design Phase
Design-Grobkonzept	*Design-Feinkonzept*

Detaillierungsgrad

niedrig   *hoch*

In der Design Phase gilt es, den entsprechenden Zusammenhang zwischen
den spezifischen Ausprägungen der Designelemente und den Systemfunktionen zu bestimmen (Transferfunktion).

Mit Hilfe der bekannten Kreativitätstechniken können zudem alternative Designelemente erarbeitet werden.
Die Ausprägungen der Designelemente werden solange überarbeitet, bis sämtliche Systemfunktionen widespruchsfrei erfüllt werden können.

Darstellung Entwicklung Feinkonzept

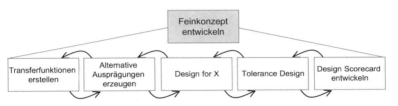

Darstellung Dimensionen der Feinkonzeptentwicklung

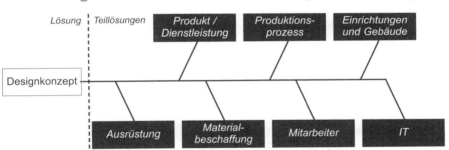

DEFINE

MEASURE

ANALYZE

DESIGN

VERIFY

Transferfunktionen erstellen

📁 **Bezeichnung / Beschreibung**
Transfer Function, Transferfunktion, Beschreibung des Zusammenhanges
$y = f(x)$

🕐 **Zeitpunkt**
Design, Feinkonzept entwickeln

◎ **Ziele**
– Beschreibung der Idealfunktionen mit Hilfe eines physikalisch-mathematischen Modells
– Bewertung der entsprechenden Steuergrößen, bzw. Designparameter

▶▶ **Vorgehensweise**

Um das Grobkonzept bis in das kleinste Detail weiter zu konkretisieren, werden zunächst die Transferfunktionen genauer betrachtet

Dies geschieht in den folgenden fünf Schritten:

Iterativer Prozess

1. **Identifizieren**
   Anwendung von House of Quality und / oder Zickzackskizzen.
2. **Abkoppeln oder entkoppeln**
   Entfernen, optimieren, ersetzen oder Hinzufügen von Einflussgrößen.
3. **Detaillieren**
   Detaillieren des Ursache-Wirkung-Zusammenhangs durch vorzugsweise physikalisch-mathematische Analyse nach der Ab- oder Entkopplungsphase. Die Detaillierung bezieht sich auf die unterstellten Zusammenhänge und die Sensitivität der Einflussgrößen.
4. **Optimieren**
   Nach der Detaillierung werden die verbleibenden abhängigen Variablen (X_{GDP}, X_{FDP}), hinsichtlich Lage und Streuung optimiert.
   Das kann durch Anpassungen und Veränderungen ihrer unabhängigen Variablen (X_{I-GDP}, X_{I-FDP}, X_{PV}) geschehen. An dieser Stelle steht auch der Taguchi-Ansatz im Vordergrund: Der Einfluss von Störvariablen und Rauschen muss minimiert bzw. eliminiert werden.
5. **Validieren**
   Feinkonzept gegenüber CTQs und CTBs überprüfen.

DEFINE

Während in Analyze die Funktionen sowie die Grobdesignparameter fest-gelegt werden, die die Erfüllung der Spezifikationen gewährleisten, werden in der Design Phase die Feinkonzeptparameter und Prozessvariablen gesucht, die die in Analyze festgelegten Systemfunktionen erfüllen.

$$X_{GDP} = f(X_{i\text{-}FDP}, X_{FDP}) \quad bzw. \quad X_{FDP} = f(Xi, X_{PV})$$

Anders ausgedrückt stellt sich hier die Frage:
Welche Feinkonzeptparameter und Prozessvariablen erfüllen die Vorgaben der Produktfunktionen?

MEASURE

Darstellung Transferfunktionen

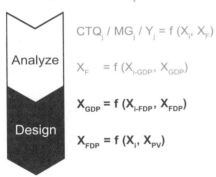

$$CTQ_j / MG_j / Y_j = f(X_i, X_F)$$

$$X_F = f(X_{i\text{-}GDP}, X_{GDP})$$

$$\mathbf{X_{GDP} = f(X_{i\text{-}FDP}, X_{FDP})}$$

$$\mathbf{X_{FDP} = f(X_i, X_{PV})}$$

Legende:	
CTQ	= Critical to Quality
MG / Y	= Messgröße
X_i, $X_{i\text{-}GDP}$, $X_{i\text{-}FDP}$	= Input / Signal
X_F	= Funktion (Produkt / Prozess)
$X_{i\text{-}GDP}$	= Grobdesignparameter
X_{FDP}	= Feinkonzeptparameter
X_{PV}	= Prozessvariable

ANALYZE

Die Idealfunktion bildet den genauen Zusammenhang zwischen Input / Signal (Energie, Information, Material) und Output (Funktionen) ab.

DESIGN

VERIFY

DEFINE

MEASURE

ANALYZE

DESIGN

VERIFY

Zickzackskizze

📁 **Bezeichnung / Beschreibung**
Zigzaging Method, Zickzackmethode, Zickzackskizze

🕐 **Zeitpunkt**
Analyze, Design, Feinkonzept entwickeln

◎ **Ziel**
Grafische Veranschaulichung des Zusammenhangs von Designelementen und Systemfunktionen

▶▶ **Vorgehensweise**
Die Designelemente werden durch Pfeile den jeweiligen Produktfunktionen zugeordnet

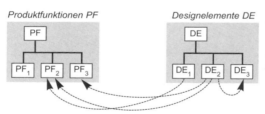

Darstellung Zickzackskizze
Beispiel Passagiersitz

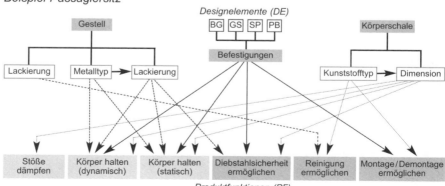

QFD 3

📁 **Bezeichnung / Beschreibung**
Quality Function Deployment 3, QFD 3, House of Quality 3, Qualitätshaus 3

🕐 **Zeitpunkt**
Design, Feinkonzept entwickeln

◎ **Ziele** .
Identifizierung und Priorisierung der notwendigen Designelemente

▶▶ **Vorgehensweise**
Die Designelemente werden abgeleitet, gemäß ihrer Relation zu den priorisierten Systemfunktionen bewertet und schließlich priorisiert.

Darstellung QFD 3

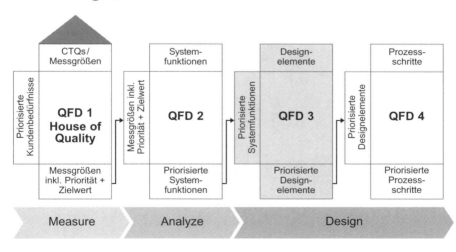

DEFINE

MEASURE

ANALYZE

DESIGN

VERIFY

DEFINE

MEASURE

ANALYZE

DESIGN

VERIFY

⇨ **Tipp**
Das QFD kann genutzt werden, um mögliche Transferfunktionen aufzuzeigen; es kann jedoch genauso genutzt werden, um abschließend die Transferfunktion noch einmal zusammenzufassen und übersichtlich darzustellen

Alternative Ausprägungen der Designelemente erzeugen

☐ **Bezeichnung / Beschreibung**
Alternative Options, alternative Designelemente

🕐 **Zeitpunkt**
Analyze, Design, Feinkonzept entwickeln

◎ **Ziele**
Entwicklung alternativer Designelemente mit dem Ziel der Optimierung der Teilfunktionen

▶▶ **Vorgehensweise**
Eine Vielzahl an unterschiedlichen Analyse-Methoden ermöglicht es, durch die gezielte Entwicklung von Designelementen den ermittelten Ursache-Wirkung-Zusammenhang zu optimieren:

1. *Kreativitätstechniken*
   Zickzackskizzen, Brainstorming, Brainwriting, Mindmapping, Ishikawa, morphologischer Kasten, SCAMPER, Benchmarking, TRIZ

2. *Dokumentiertes vorhandenes Know-how*
   Mathematische, physikalische Zusammenhänge

3. *Mathematisch formulierte Modelle inkl. Ableitungen und Elastizität*
   Damit wird untersucht, inwiefern sich die abhängige Variable ändert bei einer Veränderung der unabhängigen Variablen

4. *Design of Experiments*
   Design of Experiments ist eine weitere Möglichkeit, die Sensivität von Systemen zu untersuchen. Die Daten für die statistische Analyse können durch Monte-Carlo-Simulationen, CAD-CAM (Computer Aided Design / Manufacturing) oder andere Simulationsmethoden erzeugt werden.

DEFINE

MEASURE

ANALYZE

DESIGN

VERIFY

5. *Weitere statistische Werkzeuge*
   Durch Datenanalyse (z. B. Hypothesentests, ANOVA, Regression)
   können weitere Zusammenhänge erkannt werden

6. *Quality Function Deployment*
   Durch die Anwendung weiterer QFD-Matrizen lassen sich Zusammen-
   hänge, Korrelationen und Interdependenzen zwischen verschiedenen
   Transferfunktionen strukturieren und visualisieren

⇨ **Tipp**
Auch Störgrößen beeinflussen den Ursache-Wirkung-Zusammenhang, da
sie zu Abweichungen (Rauschen) von der Idealfunktion führen können. Sie
können z. B. mit Hilfe einer FMEA identifiziert und sollten unbedingt berücksichtigt werden.

Tolerance Design

📁 **Bezeichnung / Beschreibung**
Tolerancing, Tolerance Design, Toleranzbestimmung

🕑 **Zeitpunkt**
Design, Feinkonzept entwickeln

◎ **Ziel**
Ableitung von entsprechenden Toleranzen für die Designelemente

▶▶ **Vorgehensweise**
Bereits bei der Bestimmung der Messgrößen und Spezifikationen wurden Abweichungen berücksichtigt, die nun auf der Basis detailgenauer Transferfunktionen verifiziert werden können.

Darstellung Festlegung der Toleranzen

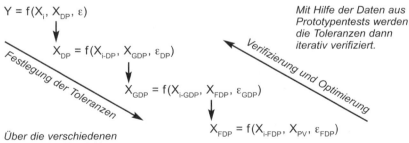

$$Y = f(X_i, X_{DP}, \varepsilon)$$

$$X_{DP} = f(X_{i\text{-}DP}, X_{GDP}, \varepsilon_{DP})$$

$$X_{GDP} = f(X_{i\text{-}GDP}, X_{FDP}, \varepsilon_{GDP})$$

$$X_{FDP} = f(X_{i\text{-}FDP}, X_{PV}, \varepsilon_{FDP})$$

Festlegung der Toleranzen

Verifizierung und Optimierung

Mit Hilfe der Daten aus Prototypentests werden die Toleranzen dann iterativ verifiziert.

Über die verschiedenen Ebenen der Entwicklung müssen die Zielwerte und die entsprechenden Toleranzen berücksichtigt werden.

Legende:
Y = Output
X_i = Input / Signal für das Output
X_{DP} = Designparameter
$X_{i\text{-}DP}$ = Input / Signal für den Designparameter
X_{GDP} = Grobdesignparameter

$X_{i\text{-}GDP}$ = Input / Signal für den Grobdesignparameter
X_{FDP} = Feinkonzeptparameter
$X_{i\text{-}FDP}$ = Input / Signal für den Feinkonzeptparameter
ε = Rauschen, Störgrößen

DEFINE

MEASURE

ANALYZE

DESIGN

VERIFY

DEFINE

MEASURE

ANALYZE

DESIGN

VERIFY

Für ein solches Tolerance Design haben sich in der Praxis drei verschiedene Methoden etabliert:

1. **Worst-Case-Analysis (WCA)**,
   basierend auf dem Prinzip:
   "Die Summe der Einzeltoleranzen ergibt die Toleranz von Y"

   Diese Methode wird bei linearen Transferfunktionen angewendet. Dabei werden unter Berücksichtigung sämtlicher Spezifikationen von Y, die Toleranzen der Feinkonzeptelemente und Prozessvariablen festgelegt.

2. **Root-Sum-Square Methode (RSS)**,
   basierend auf dem Prinzip:
   "Die Variation von Y ist die Wurzel der Summe der Einzelvariationen"

   Die RSS-Methode wird ebenfalls nur bei linearen Transferfunktionen angewendet. Anders als bei der WCA-Methode werden hier jedoch die Variation der Designelemente bzw. Prozessschritte berücksichtigt.

3. **Monte Carlo Analyse (MCA)**
   Die Monte-Carlo-Analyse kann auch bei nicht-linearen Transferfunktionen angewendet werden. Mit Hilfe von Spezialsoftware wie Crystal Ball® und Sigma Flow® werden Verteilungsannahmen getroffen, die auf die Variation von Y schließen lassen. In einem iterativen Prozess werden die Einzeltoleranzen optimiert festgelegt.

Design for X

📁 **Bezeichnung / Beschreibung**
Design for X, DFMA, DFC, DFR, DFS, DFE

🕒 **Zeitpunkt**
Design, Feinkonzept entwickeln

◎ **Ziel**
Entwicklung von zuverlässigen, kostengünstigen, umweltfreudlichen Designelementen

▶▶ **Vorgehensweise**
Mit Design for X soll die Gesamtheit der CTQs und CTBs möglichst umfassend in das Produktdesign einfließen. Dementsprechend berücksichtigt das Design folgende Aspekte:

1. **Design for Manufacturing and Assembly (DFMA)**
   Diese Methode des "Design for X" wird herangezogen, um das Produkt aus dem Blickwinkel der Fertigung und der Montage punktuell zu verbessern. Primäres Ziel dabei ist es, die Anzahl der Teile des Produktes so weit wie möglich zu reduzieren.
   Die alternativen Lösungen werden schließlich in Hinblick auf Kosten und Fehlerresistenz bewertet.

2. **Design for Configuration (DFC)**
   Mit Design for Configuration gilt es, die geforderte äußere Variantenvielfalt mit einer möglichst geringen Anzahl an Komponenten und Prozessen zu verwirklichen. Die Schnittstellen und Abhängigkeiten zwischen den Komponenten werden definiert und auf ihre Übereinstimmung mit den Kundenwünschen hin überprüft.

3. **Design for Reliability (DFR)**
   Mit "Design for Reliability" sollen Fehlermöglichkeiten antizipiert und die Zuverlässigkeit des Designs verbessert werden. Neben einer Reduzierung der Komplexität wird dies durch Standardisierung der Teile und Materialien erreicht. Die Designelemente sollen Umwelteinflüssen

DEFINE

MEASURE

ANALYZE

DESIGN

VERIFY

standhalten bzw. entgegenwirken. Auch Schwachstellen, die bei Verpackung, Transport und Reparatur zu Schäden führen können sollten berücksichtigt werden.

4. Design for Services (DFS)

DFS wird zur Bestimmung und Optimierung zukünftiger Serviceaufgaben, zur Steigerung der Kundenzufriedenheit, Reduzierung der Lebenszykluskosten und Verbesserung der Lebensdauer im Sinne der Umweltverträglichkeit angewendet.

Ein konsequentes Design for Services sorgt für leichte Erkennbarkeit und Zugänglichkeit der Teile, sowie eine Reduzierung des Servicebedarfs durch modulare Systeme.

Zur Realisierung eines Design for Services wird folgendes schrittweises Vorgehen empfohlen:

1 Definition der Servicemaßnahmen
2 Vereinfachung der Diagnose
3 Evaluierung und Optimierung der Teilekosten
4 Feststellung und Optimierung der Arbeitskosten
5 Vereinfachung der gesamten Durchführung

5. Design for Environment (DFE)

Ein Design for Environment berücksichtigt die ökologischen und wirtschaftlichen Konsequenzen am Ende des Lebenszyklus eines Produktes. Es hilft dabei, die Umweltbelastung zu mindern, fördert die Wiederverwendbarkeit und senkt somit die Entsorgungskosten.

Um die Auswirkungen des Produktes auf die Umwelt und die sich daraus ergebenden Folgekosten zu reduzieren, werden folgende Schritte unternommen:

1 Definition der umweltschädlichen Materialien / Verfahren
2 Definition der Verbrauche
3 Evaluierung der Kosten (Schutzmaßnahmen für Mitarbeiter und Umwelt, Entsorgung sowie Verbrauche)
4 Suche nach alternativen Materialien / Verfahren

Darstellung Design for X
Beispiel Passagiersitz

Funktionssicherheit:

- *Fail-Safe*
- *Korrosion*
- *Werkstoffe*
- *Verschleiß*
- *etc.*

etc.

Nutzer:

- *Ergonomie*
- *Instandhaltung / Nutzung*
- *etc.*

Kosten:

- *Varianten*
- *Normen*
- *etc.*

Herstellung:

- *Montage*
- *etc.*
- *Bauteilfertigung*
  - *Spanend*
  - *Umformen*
  - *Urformen*

Umwelt:

- *Geräteentsorgung*
- *Emissionen*
- *Upgrading*
- *etc.*

Design Scorecard für Feinkonzept entwickeln

📋 **Bezeichnung / Beschreibung**
Design Scorecard

🕐 **Zeitpunkt**
Measure, Analyze, Design, Feinkonzept entwickeln, testen und optimieren

◎ **Ziel**
Dokumentation der Spezifikationen und Zielwerte

▸▸ **Vorgehensweise**
Nachdem die besten Designelemente und ihre Spezifikationen fest stehen, erfolgt die Dokumentation ihrer Messgrößen, Spezifikationen und Ziel- werte in einer Design Scorecard.
Für jede Hierarchieebene wird eine Design Scorecard erstellt.

Für die Ermittlung einer Baseline wird ein Datensammlungsplan erstellt (Stichprobenstrategie, Stichprobengröße und Verantwortlichkeiten).

Bei der Validierung des Messsystems mittels Gage R&R und durch die Darstellung der Ergebnisse mittels verschiedener grafischer Werkzeuge, u. a. Verlaufsdiagramme (Run Charts) und Regelkarten (Control Charts), können Ursachen für Variation festgestellt werden.

Mit der Erstellung der Design Scorecards sind die alternativen Design- elemente definiert und können nun getestet und verglichen werden.

⇨ **Tipp**
Die Spezifikationen alternativer Designelemente sollten in der Design Score- card festgehalten werden. Bei nachfolgenden Tests zur Auswahl eines besten Designelements sollten die Informationen aus dem Design Score- card als valide Grundlage verwendet werden.

Darstellung Design Scorecards verschiedener Hierarchie-ebenen

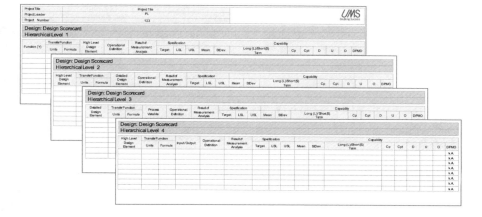

DEFINE

MEASURE

ANALYZE

DESIGN

VERIFY

Feinkonzept testen

🗀 **Bezeichnung / Beschreibung**
Testing Detailed System Design, Überprüfung des detaillierten Systemdesigns

🕑 **Zeitpunkt**
Design, Feinkonzept testen

◎ **Ziel**
Überprüfung aller alternativen Elemente des entwickelten Feinkonzepts

▸▸ **Vorgehensweise**
– Die ausgewählten Designelemente werden in einem Prototyp physisch
  oder virtuell umgesetzt. Alternative Ausprägungen werden mit Hilfe von
  statistischen Methoden verglichen
– Das beste Feinkonzept wird kriterienbasiert ausgewählt
– Die entsprechenden Design Scorecards werden gegebenenfalls ange-
  passt
– Diese Schritte können iterativ erfolgen

Darstellung Feinkonzept testen

Prototyp umsetzen

📁 **Bezeichnung / Beschreibung**
Prototyping, Prototypen, Prototyp umsetzen

🕐 **Zeitpunkt**
Analyze, Design, Feinkonzept testen

◎ **Ziele**
– Erkennen welche Alternativen die Besten sind
– Erkennen von Risiken im ausgewählten Feinkonzept
– Ableitung entsprechender Verbesserungsmaßnahmen

▶▶ **Vorgehensweise**
Ein Prototyp kann sowohl in einem physischen als auch in einem simulier-
ten Modellaufbau des zu entwickelnden Systems umgesetzt werden:

1. **Traditionelle Methode (Tool and Die):**
   Hier wird das Produkt physisch umgesetzt. Die Tool-and-Die-Methode
   wird häufig verwendet, um die Besonderheiten bei Reparatur, Wartung
   und Instandhaltung zu analysieren (z. B. Bau eines Bremssystems zum
   Test des Verschleißes und der Durchführung von Wartungsarbeiten).

2. **Rapid Method (CAD-Methode):**
   Mit der Weiterentwicklung von Computer-Anwendungen wird die CAD-
   Methode (Computer Aided Design) immer häufiger der Tool-and-Die-
   Methode vorgezogen. Die Produkte und ihre Transferfunktionen können
   hier zunehmend realistisch abgebildet werden. Im Gegensatz zur-Tool-
   and-Die ist diese Methode kostengünstiger und zeitsparender.

DEFINE

MEASURE

ANALYZE

DESIGN

VERIFY

DEFINE

MEASURE

ANALYZE

DESIGN

VERIFY

Alternative Designausprägungen vergleichen

📁 **Bezeichnung / Beschreibung**
Alternative Design Comparision, Vergleich von alternativen Design-ausprägungen

🕐 **Zeitpunkt**
Analyze, Design, Feinkonzept testen

◎ **Ziele**
– Vergleich alternativer Konzeptausprägungen im Hinblick auf ihre Leistungsfähigkeit
– Optimierung des Feinkonzepts

▶▶ **Vorgehensweise**
Je nach Fragestellung und Datentyp können unterschiedliche statistische Werkzeuge verwendet werden, um die alternativen Ausprägungen zu vergleichen.

Darstellung Einsatz unterschiedlicher statistischer Werkzeuge gemäß Datenart

		Output (Y)	
		Stetig	Diskret
Input (X)	Stetig	• Korrelation • Einfache und multiple lineare Regression • Nicht-lineare Regression • DOE	• Logistische Regression • DOE
	Diskret	• Tests auf Mittelwert • Tests auf Varianzen • Nicht-parametrische Tests • Varianzanalyse • Statistische Versuchsplanung	• Tests auf Anteile (One and Two Proportion Test, χ^2-Test) • DOE

Hypothesentests

DEFINE

🗀 **Bezeichnung / Beschreibung**
Hypothesis Testing, Hypothesentests, Signifikanz Tests

🕑 **Zeitpunkt**
Analyze, Design, Feinkonzept testen

MEASURE

◎ **Ziele**
– Datenbasierter Vergleich der verschiedenen Konzepte
– Bestimmung von Einflussfaktoren

▶▶ **Vorgehensweise**
In der Regel soll bei der Arbeit mit Daten aus Designprojekten von einer geringen Anzahl an Stichprobenelemente auf die Verhältnisse in der Grundgesamtheit geschlossen werden.
Daher ist zunächst zu ermitteln, welchen Umfang die Stichprobe haben muss, um eine valide Aussage über die wahren Parameter (z. B. Mittelwert, Median, Anteile, Varianz, etc.) der Grundgesamtheit zu ermöglichen.

ANALYZE

Darstellung Grundgesamtheit und Stichprobe

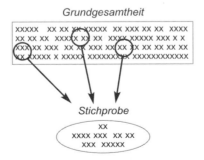

Um den aus den Stichproben errechneten Parameter mit den Äquivalenten aus der Grundgesamtheit zu vergleichen, werden Konfidenzintervalle (oder Vertrauensintervalle) gebildet. Die Konfidenzintervalle sagen aus, dass mit

DESIGN

VERIFY

DEFINE

MEASURE

ANALYZE

DESIGN

VERIFY

einem vorher festgelegten Vertrauen (i. d. R. 95% oder 99% bzw. einem Signifikanzniveau von 5% bzw. 1%) die wahren Werte (Parameter) aus der Grundgesamtheit innerhalb dieser Intervalle liegen.

Konfidenzintervall für den Mittelwert

$$\left[\bar{x} - z\left[\frac{s}{\sqrt{n}}\right]; \bar{x} + z\left[\frac{s}{\sqrt{n}}\right]\right]$$

Die Breite des Konfidenzintervalls wird von der Streuung der Stichprobe (s), von der Sicherheit (z) und von der Stichprobengröße (n) beeinflusst. Die Stichprobengröße n wiederum wird einerseits durch den zeitlichen Aufwand und die entstehenden Kosten für die Untersuchung determiniert, hängt aber auch von der gewünschten Aussagekraft der zu ermittelnden Werte ab:

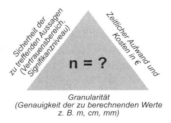

Granularität
(Genauigkeit der zu berechnenden Werte
z. B. m, cm, mm)

Im Allgemeinen ist die Verwendung von Faustformeln für die Berechnung einer geeigneten Stichprobengröße ausreichend.

Stichprobengröße für stetige Daten

$$n = \left[\left(\frac{z \cdot s}{\Delta}\right)^2\right]$$

n = Stichprobengröße
z = Dieser Wert wird aus einer Tabelle entnommen; er ist abhängig vom gewählten Vertrauensbereich; hier $z_{95\%} = 1,96$ bzw. $z_{99\%} = 2,575$.
s = Standardabweichung der Stichprobe
Δ = Granularität (Genauigkeit der berechneten Werte, in der Einheit von s, z. B. m, cm, mm)
⌈x⌉ = Das Symbol bedeutet, dass die Zahl x auf die nächste ganze Zahl aufgerundet wird

Stichprobengröße für diskrete Daten

$$n = \left\lceil \left(\frac{z}{\Delta}\right)^2 \hat{p} \cdot (1 - \hat{p}) \right\rceil$$

n = Stichprobengröße

z = Dieser Wert wird aus einer Tabelle entnommen; er ist abhängig vom gewählten Vertrauensbereich; hier $z_{95\%}$ = 1,96 bzw. $z_{99\%}$ = 2,575

$\hat{p}$ = Anteil (Proportion) der defekten Einheiten in der Stichprobe, z. B. 32% defekte Einheiten entsprechen p = 0,32. Ist der Anteil p nicht bekannt, so wird zunächst mit p = 0,5 gerechnet.

Δ = Granularität (Genauigkeit der berechneten Werte in der Einheit von p, z. B. 10% = 0,1, 1% = 0,01 etc.)

$\lceil x \rceil$ = Das Symbol bedeutet, dass die Zahl x auf die nächste ganze Zahl aufgerundet wird

Nebenbedingung: $n \cdot p \geq 5$ oder $n \cdot (1 - p) \geq 5$

Auf Basis der gezogenen Stichproben können Hypothesentests durchgeführt werden, um Konzepte zu vergleichen oder Einflussfaktoren zu bestimmen. Ein statistischer Test ist ein Verfahren, mit dem mittels einer Prüfgröße (Teststatistik) eine statistische Hypothese für eine Stichprobe auf ihre statistische Gültigkeit (Signifikanz) überprüft wird.

Ein solcher Hypothesentest beruht auf der Formulierung zweier komplementärer Behauptungen, der Null-Hypothese H_0 und der Alternativ-Hypothese H_A:

– Die **Null-Hypothese H_0** behauptet:
 Es besteht Gleichheit; es gibt keinen Unterschied!

– Die **Alternativ-Hypothese H_A** behauptet:
 Es besteht keine Gleichheit; es gibt einen Unterschied!

Statistische Tests können lediglich Unterschiede, nicht jedoch Übereinstimmungen feststellen. Daher wird i. d. R. die Nullhypothese aufgestellt, um verworfen zu werden.

Eine Entscheidung auf Basis eines statistischen Tests ist mit einem gewissen Grad von Unsicherheit verbunden: Man kann nicht 100%ig sicher sein, dass diese Entscheidung richtig ist. Statistische Tests sind jedoch so gestaltet, dass die Wahrscheinlichkeit einer Fehlentscheidung minimiert wird.

DEFINE

Eine Nullhypothese wird dann verworfen, wenn sich mit dem Ergebnis einer Stichprobe zeigt, dass die Gültigkeit der aufgestellten Nullhypothese unwahrscheinlich ist. Was letztlich als unwahrscheinlich gilt, wird vorab mit dem so genannten Signifikanzniveau bzw. Vertrauensbereich festgelegt. Am häufigsten werden die Signifikanzniveaus 0,05 (5%) und 0,01 (1%) bzw. 95%ige und 99%ige Vertrauensbereiche verwendet. Das Signifikanzniveau hängt mit den potentiellen Fehlentscheidungen zusammen.

MEASURE

Es gibt bei statistischen Tests grundsätzlich zwei Fehlentscheidungen bzw. zwei Fehlerarten: Den α–Fehler und den β–Fehler.

Darstellung α- und β-Fehler

		Realität	
		H_0	H_A
Entscheidung	H_0	Richtige Entscheidung	Fehler der 2. Art (ß-Fehler)
	H_A	Fehler der 1. Art (α-Fehler)	Richtige Entscheidung

Die Null-Hypothese wird nicht abgelehnt, obwohl sie in der Realität nicht gilt.
Ein Unterschied in der Grundgesamtheit wird nicht erkannt.

Die Null-Hypothese wird verworfen, obwohl sie in der Realität gilt.

ANALYZE

DESIGN

Die statistische Entscheidung wird getroffen durch den Vergleich des Signifikanzniveaus (α) mit dem p-Wert (p ≡ Probability). Der p-Wert gibt die aus den vorliegenden Stichproben tatsächliche Wahrscheinlichkeit an, die Nullhypothese fälschlicherweise abzulehnen. Demnach entspricht der p-Wert dem verbleibenden Risiko bei Ablehnung der Nullhypothese. Er wird deshalb auch die Irrtumswahrscheinlichkeit genannt. Der p-Wert wird mit einem statistischen Software, z. B. mit Minitab® errechnet.

– Wenn der p-Wert klein ist z.B. kleiner als das festgelegte α (Signifikanzniveau), so muss die Nullhypothese verworfen werden. Es gilt der Merksatz: "If P is low, H_0 must go!"
– Ist der p-Wert größer als das α-Niveau, bedeutet das, dass eventuelle Unterschiede nicht statistisch signifikant sind.

VERIFY

Ein statistischer Test erfolgt in folgenden Schritten:

1. Problem und Ziel definieren (Was wird wozu untersucht?)
2. Hypothesen formulieren (H_0 : Gleichheitsbedingung)
3. Signifikanzniveau α festlegen (i. d. R. $\alpha = 0{,}05$ oder $\alpha = 0{,}01$)
4. Geeigneten statistischen Test wählen (z. B. Two-Sample-t-Test)
5. Teststatistik mit Hilfe eines Statistikprogramms (z. B. MINITAB®) durchführen
6. Teststatistik bzw. p-Wert interpretieren
7. Entscheidung treffen
8. Entscheidung verifizieren. Wenn H_0 nicht abgelehnt wird, dann β mit Hilfe eines Statistikprogramms überprüfen!

Es existiert eine Vielzahl von statistischen Hypothesentests. Nachfolgend sind einige praxisrelevante Tests beschrieben.

DEFINE

MEASURE

ANALYZE

DESIGN

VERIFY

Diskrete Daten – Tests auf Anteile

Test	Wann / wozu	Hypothesen	Voraussetzungen
Binomialtest One Proportion Test	Vergleich eines Anteils mit einem theoretischen bzw. vorgegebenen Anteil bei binomialverteilten Daten, z. B.: gut (i. O.)- / schlecht (n. i. O.)- Prüfung	$H_0: p = p_{Ziel}$ $H_A: p \neq p_{Ziel}$	Binomialverteilte Daten $n \geq 100$ bzw. $n \cdot p \geq 5$ und $n \cdot (1-p) \geq 5$
Binomialtest Two Proportion Test	Vergleich von Anteilen eines Merkmals bei zwei Stichproben	$H_0: p_1 = p_2$ $H_A: p_1 \neq p_2$	Binomialverteilte Daten $n \geq 100$ bzw. $n \cdot p \geq 5$ und $n \cdot (1-p) \geq 5$
χ^2-(Homogenitäts-) test Chi-Square Test	1. Vergleich von Anteilen eines Merkmals bei zwei oder mehreren Stichproben 2. Vergleich von Anteilen bei zwei oder mehreren Populationen	$H_0: p_1^1 = p_1^2 = \ldots = p_1^j$ $p_2^1 = p_2^2 = \ldots = p_2^j$ $\vdots$ $p_j^1 = p_j^2 = \ldots = p_j^j$ H_A: Mindestens ein Anteil ist verschieden	Nominale Daten $n \geq 100$ bzw. $n \cdot p \geq 5$ und $n \cdot (1-p) \geq 5$

Stetige Daten – Tests auf den Mittelwert

Test	Wann / wozu	Hypothesen	Voraussetzungen
Ein-Stichproben-t-Test One Sample t-Test	Vergleich des Mittelwerts einer Stichprobe mit einem Zielwert	$H_0: \mu = \mu_{Ziel}$ $H_A: \mu \neq \mu_{Ziel}$	$n \geq 30$ bzw. normalverteilte Daten
Zwei-Stichproben-t-Test Two Sample t-Test	Vergleich von Mittelwerten zweier unabhängiger Stichproben	$H_0: \mu_1 = \mu_2$ $H_A: \mu_1 \neq \mu_2$	$n \geq 30$ bzw. normalverteilte Daten, unabhängige Stichproben
Zwei-Stichproben t-Test für paarweise angeordnete Messwerte Paired t-Test	Vergleich von Mittelwerten zweier abhängiger Stichproben	$H_0: \mu_1 = \mu_2$ $H_A: \mu_1 \neq \mu_2$	$n \geq 30$ bzw. normalverteilte Daten, paarweise abhängige Stichproben
Einfache Varianzanalyse One Way ANOVA	Vergleich von Mittelwerten mehrerer unabhängiger Stichproben	$H_0: \mu_1 = \mu_2 = ... = \mu_i$ H_A: *Mindestens ein Mittelwert ist verschieden*	Gleiche Varianzen oder gleichgroße Stichproben, unabhängige Stichproben

265

Stetige Daten – Tests auf die Varianzen

Test	Wann / wozu	Hypothesen	Voraussetzungen
F-Test / Levene's Test Two Variances	Vergleich der Varianzen zweier unabhängiger Stichproben	$H_0 : \sigma_1^2 = \sigma_2^2$ $H_A : \sigma_1^2 \neq \sigma_2^2$	F-Test: Normalverteilte Daten. Levene's Test: Keine Verteilungsannahme, unabhängige Stichproben
Bartlett's / Levene's Test) Test For Equal Variances	Vergleich von Varianzen mehrerer unabhängiger Stichproben	$H_0 : \sigma_1^2 = \sigma_2^2 = \ldots = \sigma_i^2$ H_A : Mindestens eine Varianz ist verschieden	Bartlett's Test: Normalverteilte Daten. Levene's Test: Keine Verteilungsannahme, unabhängige Stichproben

Exemplarische Darstellung: One-Sample t-Test

```
One-Sample T: Lackdicke

Test of mu = 140 vs not = 140


Variable    N     Mean    StDev  SE Mean              95% CI       T      P
Lackdicke  80  153,859  35,654    3,986  (145,925; 161,793)   3,48  0,001
```

Ergebnis:

Hier ist $p < 0{,}05$. Es besteht ein statistisch signifikanter Unterschied.

Die Hypothese H_0 kann abgelehnt werden.

DEFINE

MEASURE

ANALYZE

DESIGN

VERIFY

Darstellung One-Sample t-Test

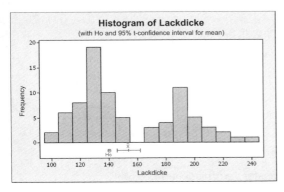

Grafisches Ergebnis:
Der Unterschied zwischen Zielwert und Mittelwert der Stichprobe ist statistisch signifikant.
Die Hypothese H_0 kann abgelehnt
werden.

Design of Experiments (DOE)

📁 **Bezeichnung / Beschreibung**
Design of Experiments, DOE, statistische Versuchsplanung

🕑 **Zeitpunkt**
Analyze, Design, Feinkonzept testen, Lean Prozess optimieren

◎ **Ziele**
- Datenbasierter Vergleich der verschiedenen Konzepte
- Bestimmung der signifikanter Faktoren, deren Effekte und Wechselwirkungen
- Erstellung bzw. Ergänzung der Transferfunktion
- Bestimmung der optimalen Ausprägungen (Designparameter)
- Bestimmung der optimalen Anlageneinstellungen (Prozessvariablen)

▶▶ **Vorgehensweise**
1. Optimierungsaufgabe definieren und Zielgröße festlegen.
2. Einflussvariablen identifizieren.
3. Relevante Faktorstufen bestimmen.
4. Versuchsstrategie ableiten: Geeignetes Design und Stichprobengröße festlegen.
5. Messsystemfähigkeit sicherstellen.
6. Experimente durchführen und Daten erheben.
7. Ergebnisse analysieren und Maßnahmen ableiten.

1. Optimierungsaufgaben definieren und Zielgrößen festlegen
- Zu untersuchendes Produkt bzw. Prozess auswählen.
- Ziele festsetzen.
- Zielgrößen festlegen, mit denen die Zielerreichung gemessen werden soll.
- Dabei beachten, dass die Zielgrößen folgende Eigenschaften aufweisen:
  - *Vollständigkeit:* Alle wesentlichen Prozess- und Produkteigenschaften sind erfasst.
  - *Verschiedenheit:* Jede Zielgröße beschreibt einen anderen Zusammenhang.

- *Relevanz:* Jede Zielgröße steht in klarem Bezug zum Untersuchungsziel.
- *Linearität:* Bei mehreren ähnlichen Zielgrößen wird diejenige ausgewählt, die linear von den Einflussgrößen abhängt.
- *Quantifizierung:* Die Zielgrößen sollten möglichst stetig bzw. metrisch sein.

2. **Einflussvariablen identifizieren**
   - Entscheidende Einflussgrößen mit Hilfe von strukturiertem Brainstorming finden und festhalten.
     Wichtige Hilfsmittel sind:
     - Ursache-Wirkung-Diagramm,
     - Tool 3, (Prüfung der Beziehung zwischen Outputmessgrößen und Input- / Prozessmessgrößen)
     - FMEA.
   - Außerdem können Ergebnisse der Prozess- und Datenanalyse einfließen:
     - Datenschichtung,
     - Hypothesentests,
     - Varianzanalyse,
     - Regressionsanalyse.
   - Die endgültige Bewertung sollte nach folgenden Kriterien erfolgen:
     - Bedeutung des Faktors,
     - Genauigkeit der möglichen Einstellung,
     - Reproduzierbarkeit der Einstellung,
     - Aufwand für die Veränderung der Stufen.

3. **Relevante Faktorstufen bestimmen**
   - Als Faktorstufen werden ein Maximum und ein Minimum festgelegt. Es werden zunächst zwei Faktorstufen ausgewählt.
     - Stetige Einflussgrößen: Das Maximum und das Minimum sollten in einem sinnvollen Bereich liegen, sodass die Zielgröße noch bestimmbar ist.
     - Diskrete Einflussgrößen: Sind die Faktorstufen diskret, z. B. fünf Hersteller, bezieht man sich zunächst auf die zwei wichtigsten Faktorstufen.

4. **Versuchsstrategie ableiten**
   - Stichprobengröße festlegen (Versuchsumfangsplanung).
   - Anzahl der Blöcke bestimmen.
   - Über Randomisierung entscheiden bzw. Restriktionen bei der Ran-

DEFINE

MEASURE

ANALYZE

DESIGN

VERIFY

domisierung berücksichtigen (z. B. aufgrund der Kosten eines Versuchsaufbaus).
– Faktorstufenkombinationen festlegen: Vollfaktorielle oder fraktionell faktorielle Versuchsplanung.

Vollständig faktorielle Versuchspläne

• Bei einem vollständig faktoriellen Versuchsplan werden alle Faktoreinstellungen miteinander kombiniert.

Darstellung Vollfaktorieller Versuchsplan
Beispiel Kraftstoffverbrauch

Geschwindigkeit (km/h)	Reifendruck (Bar)	Treibstoff (Oktan)	Verbrauch (l/100km)
100	2	91	10
150	2	91	15
100	3	91	9
150	3	91	7
100	2	98	9
150	2	98	14
100	3	98	6,5
150	3	98	13

• Dadurch können die Effekte der Faktoren und der Faktorwechselwirkungen vollständig ermittelt werden.
• Die Menge der zu untersuchenden Ausprägungskombinationen ist dabei exponentiell von der Anzahl der Faktoren abhängig:

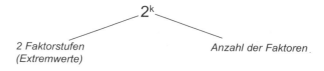

$$2^k$$

2 Faktorstufen (Extremwerte)   Anzahl der Faktoren

Fraktionell faktorielle Versuchspläne

• Durch fraktionell faktorielle (oder auch teilfaktorielle) Versuchspläne wird die Anzahl der Einzelversuche verringert.

$$2^{k-q}$$

2 Faktorstufen (Extremwerte)   Anzahl der Faktoren   Verminderungsgfaktor (Anzahl der Faltungen eines Versuchsplans)

270

- Die Überprüfung der Signifikanz der Faktoren ist mit einem vertretbaren Informationsverlust weiterhin möglich. Der Informationsverlust bezieht sich auf die Vermengung bestimmter Effekte, z. B. die Effekte von Hauptfaktoren und Wechselwirkungen sind nicht von einander zu unterscheiden. Welche Vermengungen vorliegen, hängt von dem entsprechenden Lösungstyp ab.

Darstellung
Lösungstypen von fraktionell faktoriellem Versuchsplan

		Anzahl von Faktoren												
	2	**3**	**4**	**5**	**6**	**7**	**8**	**9**	**10**	**11**	**12**	**13**	**14**	**15**
4	Full	III												
8		Full	IV	III	III	III								
16			Full	V	IV	IV	IV	III	III	III	III	III	III	III
32				Full	VI	IV	IV	IV	IV	IV	IV	IV	IV	IV
64					Full	VII	V	IV	IV	IV	IV	IV	IV	IV
128						Full	VIII	VI	V	V	IV	IV	IV	IV

(Zeilenbeschriftung links: Anzahl von Versuchen)

Lösungstyp	Vermengung	Bewertung
III	Hauptfaktoren werden mit Zweifaktoren-wechselwirkung vermengt	Kritisch
IV	Hauptfaktoren mit Dreifaktorenwechselwirkung / Zweifaktorenwechselwirkung mit Zweifaktoren-wechselwirkung	Weniger kritisch
V	Hauptfaktoren mit Vierfaktorenwechselwirkung / Zweifaktorenwechselwirkung mit Dreifaktoren-wechselwirkung	Unkritisch

Die Auswertung erfolgt genauso wie bei einem vollfaktoriellen Versuchsplan.

DEFINE

MEASURE

ANALYZE

DESIGN

VERIFY

– In der Regel ist ein vollfaktorielles DOE zu aufwendig. Sind die Versuche sukzessiv durchführbar, so ist folgendes Vorgehen zu empfehlen (blockweises Vorgehen):

- *Block 0: Gut-schlecht Vergleich*
  • Es gibt für jeden Faktor zwei unterschiedliche Einstellungen, die zu deutlich unterschiedlichen Werten der betrachteten Zielgröße führen. Alle Faktoren werden erst einmal so eingestellt, dass nach Expertenmeinung ein "gutes" Ergebnis erwartet werden kann (z. B. geringe Fehlerquote, hohe Wirkstoffkonzentration). Dann werden alle Faktoren so eingestellt, dass ein "schlechtes" Ergebnis erwartet werden kann (z. B. hohe Fehlerquote, geringe Wirkstoffkonzentration).
  • Ziel ist es, festzustellen, ob überhaupt Effekte vorhanden sind. Wenn keine Effekte gefunden werden, kann dies daran liegen, dass die gewählten Faktoren nicht relevant sind oder das Signal-Rausch-Verhältnis zu gering ist, d. h. das Rauschen zu groß ist.
    An dieser Stelle sollten dann die Versuche abgebrochen werden und ggf. weitere Faktoren bestimmt oder das Rauschen beseitigt werden.

- *Block 1: Screening-Experimente*
  • Es ist nicht ungewöhnlich, dass man bei der Auswahl der Faktoren auf 10 oder gar 15 Faktoren kommt.
  • Sind Effekte grundsätzlich vorhanden, so sollten zunächst Versuche mit Auflösung III oder IV durchgeführt werden.
  • Die wichtige Frage hier ist es: Gibt es Effekte in ausreichender Größe?
  • Das Ziel besteht darin, in dieser Phase die relevanten Faktoren zu finden ("die Spreu vom Weizen zu trennen"). Häufig kann die Anzahl der relevanten Faktoren erheblich reduziert und weitere Versuchspläne mit weitaus weniger Versuchen durchgeführt werden.
  • Bei der Entscheidung, Faktoren wegzulassen, muss auf mögliche Wechselwirkungen geachtet werden. Deshalb wird in der Praxis davon Abstand genommen, eine Faktorreduzierung bei Auflösung III durchzuführen.

- *Block 2: Bestimmungs-Experimente (Fold Over)*
  Ergänzung des Screening-Versuchsplans durch Fold Over
  (Auffaltung), d. h. Ergänzung durch fehlende Versuche mit dem
  Ziel, einen besseren Lösungstyp zu erreichen.
  Darunter versteht man die Umkehrung der Vorzeichen des
  Ausgangs-Versuchsplans.
  - Ziel ist es, die Anzahl der Faktoren auf die wirklich wichtigen
    zu reduzieren. Damit ist es möglich, die Wechselwirkungen zu
    schätzen.
  - Die statistische Analyse kann bereits erste Ansätze für die
    Optimaleinstellungen geben (Response Optimizer).

- *Block 3: Abschluss-Experimente*
  - Gibt es Grund zur Annahme, dass die Zusammenhänge nicht
    linear sind, d. h. quadratische Effekte oder Effekte höherer
    Ordnung der relevanten Faktoren vorhanden sind, so werden
    zusätzliche Versuche durchgeführt, die zusätzlich Mittelwerte
    neben den Min- und Max-Einstellungen berücksichtigen.
  - Es handelt sich hier um die Response-Surface-Methoden (z. B.
    Central Composite Design – zentral zusammengesetzte Pläne).

- *Block 4: Optimierungs-Experimente*
  - Bei der statistischen Analyse der vorangegangenen Versuche
    wurden Optimaleinstellungen vorgeschlagen.
  - Ziel ist es jetzt, die Optimaleinstellungen der Faktoren zu
    überprüfen.

Abschätzen der Kosten:
Es ist darauf zu achten, dass die Kosten in einem angemessenen
Verhältnis zu dem erhofften Ergebnis stehen. Erscheint der Aufwand
zu groß, so ist zu untersuchen, ob durch Verzicht auf Faktoren bzw.
Faktorstufen, Blockbildung bzw. Randomisierung oder durch eine
kleinere Anzahl von Versuchen die Kosten reduziert werden können,
ohne das Untersuchungsziel zu gefährden.
Ggf. sollte das Untersuchungsziel überdacht werden.

5. **Messsystemfähigkeit sicherstellen**
   - Operationale Definition entwickeln und eine Messsystemanalyse
     durchführen.

DEFINE

– Durch eine Messsystemanalyse überprüfen, ob das Messsystem geeignet ist. Gegebenenfalls ist das Messsystem zu verbessern.

6. Experimente durchführen und Daten erheben

– Vor der eigentlichen Durchführung ist es empfehlenswert, einige Vorlauftests bzw. Pilotexperimente durchzuführen. Ziel ist es, insbesondere zu überprüfen, ob der geschätzte Aufwand realistisch ist und ob das Ergebnis konsistent ist, d. h. das Rauschen ausgeschaltet wurde.
– Bei der Durchführung der Experimente soll sicher gestellt werden, dass alles nach Plan läuft. Das bedeutet, dass jedes Experiment einzeln überwacht werden muss.

MEASURE

7. Ergebnisse analysieren und Maßnahmen ableiten

– Die statistische Analyse der Ergebnisse erfolgt nach den Methoden der Regressions- (Kleinste-Quadrate-Methode) und Varianzanalyse.
– Die grafischen und analytischen Ergebnisse werden nach jedem Block überprüft, um die weitere Vorgehensweise zu bestimmen. Insofern ist die Durchführung eines DOE ein *iterativer Prozess.*
– Bei der Analyse der Ergebnisse und Ableitung des weiteren Vorgehens sollten stets ein oder mehrere Experten aus dem Prozess miteinbezogen werden, um falsche Schlussfolgerungen zu vermeiden. Diese können z. B. durch Messfehler oder Rauschen die wahren Zusammenhänge verdecken. Die Ergebnisse sollten jederzeit auf ihre Sinnhaftigkeit überprüft werden.

ANALYZE

⇨ **Tipp**

* Ein klassisches faktorielles DOE eignet sich auch, wenn neben den Mittelwerten als Zielgröße (Response) die Varianz betrachtet wird. In diesem Fall können die für die Variation verantwortlichen Faktoren erkannt und eine sinnvolle Variationsreduktion betrieben werden.
* Für die Stabilisierung der Variation ist es notwendig, die Varianz s^2 zu transformieren. Dies erfolgt entweder durch die Wurzeltransformation (in diesem Fall ist das Ergebnis die Standardabweichung s) oder eine logarithmische Transformation (ln $[s^2]$).
* Für die Berücksichtigung der Standardabweichung als Zielgröße sind mehrere Messungen bei einer Versuchswiederholung (engl. Repeats) notwendig.

DESIGN

VERIFY

274

Darstellung:
Beispiele von DOE-Anwendungen in der Produktion

Produkt	Zielgröße (Y)	Faktoren (X)
Backmischung	• Gewicht 1cm^3	• Menge Mehl • Menge Backpulver • Granularität Kakao
Backofen	• Bräunungsgrad • Bräunungsgleichmäßigkeit	• Lüftungsgeschwindigkeit • Form der Heizspirale • Abdichtung
Abfülldose	• Ringbreite • Ringtiefe	• Farbton Aluminium • Ölmenge • Anlage A / B • Werkzeuge H / Z

Darstellung:
Beispiele von DOE-Anwendungen in der Dienstleistung

Branche	Zielgröße (Y)	Faktoren (X)
Logistik	• Bestandskosten	• Lieferant • Lieferbedingung • Zahlungsbedingung
Marktforschung	• Bereitschaft das Produkt zu erwerben (Rangskala)	• Beschreibung der Produkteigenschaften • Verpackung • Platzierung
Finanzdienstleister	• Durchlaufzeit zur Bearbeitung des Antrags	• Formularbearbeitung (manuell oder elektronisch) • Genehmigung • Bearbeitung (sequentiell oder parallel) • Bearbeiter (Branchenspezialisierung oder allgemeine Ausbildung)

DEFINE

MEASURE

ANALYZE

DESIGN

VERIFY

Design Of Experiments am Beispiel Passagiersitz

Das DFSS Team muss sich für einen Lacktyp entscheiden, mit dem das Gestell des Sitzes lackiert werden soll.
– Im High-Level-Design hat man sich beim Gestellmaterial für eine Standardlegierung entschieden.
– Die CTQs Korrosionsbeständigkeit und Abriebfestigkeit können mit dieser Legierung nur durch Lackierung erreicht werden.
– Zur Auswahl steht der Lack des Herstellers Xylosud und der des Herstellers Müller, die beide korrosionsbeständigen Lack gegenüber allen üblichen Flüssigkeiten (Reinigungsmittel, Schwefelsäure, Cola, Saft) anbieten.
– Das Team entscheidet sich, die Eignung des Lackes bezüglich der Lackdicke mit Hilfe statistischer Versuchsplanung zu untersuchen.

Es soll die Frage beantwortet werden, mit welchem Lack und mit welcher Vorbehandlung eine maximale Abriebfestigkeit erreicht werden kann.

Outputmessgröße ist hierbei
Y1 : Lackdicke

Input- und Prozessmessgrößen	**Faktorstufen [- ; +]**
X1 : Temperatur	[20; 25]
X2 : Druck	[15; 30]
X3 : Verdünner	[10; 20]
X4 : Vorbehandlung	[A; B]

Die Bestimmung der relevanten Faktoren und Wechselwirkungen wird durch ein Statistikprogramm (wie MINITAB®) unterstützt.

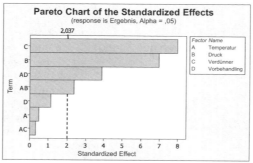

Die gestrichelte Line zeigt ein Konfidenzniveau von 5%, d. h. α-Wert = 0,05.

276

Das graphische Ergebnis der Auswertung ist ein Pareto Chart. Die statistisch signifikanten Faktoren haben die längeren Balken, die über die rote Linie (Signifikanzniveau 5%) gehen.

Mit dem Response Optimizer können schließlich die Optimaleinstellungen ermittelt werden.

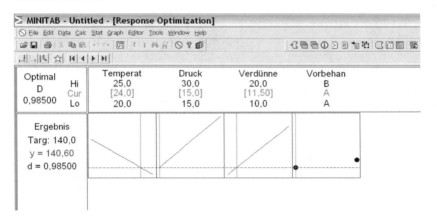

Mit Hilfe eines DOE wurden die optimalen Einstellungen für die stetigen Faktoren Temperatur, Druck und Verdünner sowie die beste Vorbehandlung für die Lackierung ermittelt.

DEFINE

MEASURE

ANALYZE

DESIGN

VERIFY

Feinkonzept auswählen

📁 **Bezeichnung / Beschreibung**
Select Detailled Design, Feinkonzept auswählen, Pugh-Matrix

🕑 **Zeitpunkt**
Analyze, Design, Feinkonzept entwickeln, testen und optimieren

◎ **Ziele**
Kriterienbasierte Auswahl des besten Designkonzept

▶▶ **Vorgehensweise**
Eine kriterienbasierte Auswahl der verschiedenen Feinkonzepte oder auch
Designelemente kann, wie in Analyze beschrieben, mit Hilfe einer Pugh-
Matrix durchgeführt werden.

Darstellung Pugh-Matrix

Alternative \ Kriterien	Feinkonzept 1	Feinkonzept 2 (Standard)	Feinkonzept 3	Priorisierung
Kriterium 1	+	0	-	3
Kriterium 2	+	0	-	4
Kriterium 3	0	0	+	2
Kriterium 4	-	0	0	1
Summe +				
Summe -				
Summe 0				
Gewichtete Summe +				
Gewichtete Summe -				

Design Scorecards anpassen

📁 **Bezeichnung / Beschreibung**
Design Scorecard

🕐 **Zeitpunkt**
Analyze, Design

◎ **Ziele**
- Aktualisierung der Design Scorecards mit den finalen Designparametern
- Dokumentation der finalen Designparameter

▶▶ **Vorgehensweise**
Die Design Scorecards werden mit den neuen, in der Design Phase festgelegten Spezifikationen angepasst, erweitert und finalisiert.

Darstellung
Design Scorecards verschiedener Hierarchieebenen

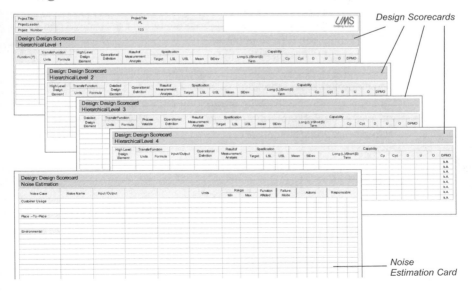

Design Scorecards

Noise
Estimation Card

DEFINE

Risiken einschätzen

📁 **Bezeichnung / Beschreibung**
Risk Evaluation and Analysis of Detailed Product Design, Schwachstellen-
analyse im detaillierten Designkonzept

MEASURE

🕐 **Zeitpunkt**
Analyze, Design, Feinkonzept optimieren

◎ **Ziele**
– Ermittlung von Fehlerpotentialen
– Ableitung von Gegenmaßnahmen

▶▶ **Vorgehensweise**
Vor Beginn der Prozessentwicklung ist es wichtig, das detaillierte Produkt- /
Prozessdesign systematisch auf mögliche Schwachstellen zu überprüfen.
Dabei sollten die folgenden Fragen beantwortet werden:
– Könnten Designelemente vergessen, verwechselt oder falsch montiert
  werden?
– Wäre ein gesteigerter Produktionsaufwand erforderlich?
– Müssten Hilfswerkzeuge oder Sondervorrichtungen gebaut werden?
– Was sind mögliche Belastungsarten?
– Was passiert bei falscher Bedienung?

ANALYZE

Mit verschiedenen Methoden kann eine Überprüfung des ausgewählten
Feinkonzepts auf Schwachstellen vorgenommen werden:
– Antizipierende Fehlererkennung *(siehe Kapitel Analyze)*
– FMEA *(siehe Kapitel Analyze)*
– Poka Yoke

DESIGN

VERIFY

Risiken vermeiden

📁 **Bezeichnung / Beschreibung**
Poka-Yoke, Fehlervermeidung, Risiken vermeiden

🕐 **Zeitpunkt**
Design, Feinkonzept optimieren

◎ **Ziel**
Ergreifen von Maßnahmen zur 100%igen Fehlervermeidung

▶▶ **Vorgehensweise**
Potentielle Fehler werden noch vor ihrem Eintreten analysiert und durch entsprechende Maßnahmen beseitigt.

Hierbei werden die folgenden Fehlertypen unterschieden:
– **Fehlbedienung:** Verdrehen, Vertauschen oder Verwechseln von Teilen
– **Vergesslichkeit:** Wichtige Arbeitsschritte werden vergessen
– **Missverständnisse:** Menschen sehen vermeintliche Lösung, bevor sie mit einer Situation vertraut sind
– **Übersehen:** Fehler durch zu schnelles Hinsehen oder durch zu große Distanz zu einem Objekt
– **Anfänger:** Fehler aufgrund mangelnder Erfahrung
– **Versehentlich:** Fehler aufgrund von Unachtsamkeit
– **Langsamkeit:** Fehler, wenn Abläufe unerwartet angehalten und/oder verlangsamt werden
– **Fehlende Standards:** Fehler aufgrund von fehlenden und/oder unvollständigen Arbeits- und Prozessbeschreibungen
– **Überraschungsfehler:** Fehler, wenn Abläufe anders verlaufen als erwartet
– **Mutwillige Fehler:** Fehler aufgrund absichtlichen Handelns oder Widersetzens gegen Regeln oder Vorschriften
– **Absichtliche Fehler:** Fehler, die mit voller Absicht gemacht werden, bspw. Sabotage oder Diebstähle

Um diese Fehler (jap. Poka) zu vermeiden (jap. Yoke) wird wie folgt vorgegangen:

DEFINE

MEASURE

ANALYZE

DESIGN

VERIFY

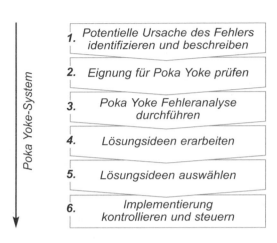

Poka Yoke-System

1. Potentielle Ursache des Fehlers identifizieren und beschreiben
2. Eignung für Poka Yoke prüfen
3. Poka Yoke Fehleranalyse durchführen
4. Lösungsideen erarbeiten
5. Lösungsideen auswählen
6. Implementierung kontrollieren und steuern

1. Potentielle Ursache des Fehlers identifizieren und beschreiben

Die fehlerrelevanten Daten werden unter verschiedenen Gesichtspunkten analysiert:

– Ort und Häufigkeit des Fehlerbildes
– Art des Fehlers (zufällig oder systematisch)
– Zeitpunkt der Fehlerentdeckung
– Bedeutung und Auswirkung des Fehlers

Das Ziel ist eine detaillierte und messbare Beschreibung des Fehlerbildes und des Fehlerumfeldes.

2. Eignung für Poka-Yoke prüfen

Eine ausreichende Spezifizierung des Fehlerbildes ist im Poka Yoke-System die Vorraussetzung für eine erfolgreiche Fehlerbeseitigung.

Deshalb sollten die folgenden Fragen mit Ja beantwortet werden können:

– Ist der Entstehungsort des Fehlerbildes bekannt?
– Ist das verursachende Teil bekannt?
– Ist die verursachende Tätigkeit bekannt?

Wird mehr als eine Frage mit Nein beantwortet, muss eine weitere Spezifizierung des Fehlers vorgenommen werden.

DEFINE

3. Poka-Yoke Fehleranalyse durchführen

Eine Analyse des Fehlers und des Prozesses, in dem der Fehler entsteht, erfolgt durch:
- Beobachtung des Fehlers und seiner Ursachen
- Überprüfung der Verfahrensanweisungen und evtl. Abweichungen vom Standardvorgehen
- Bestimmung des Poka-Yoke Fehlertyps (siehe oben)
- Beobachtung der Auswirkungen des Fehlers

4. Lösungsideen erarbeiten

Auf Basis der Fehleranalyse werden im Team mindestens drei alternative Lösungsideen erarbeitet.
Dabei können bereits erste Anmerkungen zu Machbarkeit und Potential der jeweiligen Lösungsidee notiert werden.

MEASURE

5. Lösungsideen auswählen

Die Lösungsalternativen werden mit Hilfe einer Pugh-Matrix hinsichtlich folgender Aspekte bewertet und priorisiert:
- Machbarkeit / Umsetzung,
- Kosten / Nutzen,
- Potential zur Fehlervermeidung
- Auswirkung auf Prozess bzw. Folgeprozess

ANALYZE

Auf diese Weise kann die beste Poka Yoke Systemlösung ermittelt werden. Wenn keine Lösung zur Fehlerverhinderung am Ursprung identifiziert werden kann, dann sollte der Fehler so früh wie möglich entdeckt werden.
Siehe Darstellung Prüfverfahren auf der folgenden Seite.

DESIGN

6. Implementierung kontrollieren und steuern

Um eine stabile Implementierung der ausgewählten Poka Yoke-Lösung zu gewährleisten, sollten folgende Aktivitäten durchgeführt werden:
- Benötigte Ressourcen und Tätigkeiten zur Implementierung planen und dokumentieren
- Implementierung initiieren, begleiten und überwachen
- Reaktionspläne definieren
- Fehlerbild kontrollieren und bei Bedarf gegensteuern (PDCA)

VERIFY

DEFINE

MEASURE

ANALYZE

DESIGN

VERIFY

Darstellung Prüfverfahren

		Prüfverfahren
Traditionelle Prüfung		• Unterscheidung in Gutteil und Ausschuss bzw. Nacharbeit • Reduziert die an den Kunden gelieferten fehlerhaften Teile • Verhindert nicht die Fehlerproduktion • Langsames Feedback über Ausschuss und Nacharbeit
Statistische Prüfung		• System zur Reduzierung von Prüfungskosten • Verhindert keine Fehlerproduktion, sichert keine fehlerfreien Teile • Fehler können aufgrund der Stichprobenprüfung durchgereicht werden • Langsames Feedback über Ausschuss und Nacharbeit
Fortlaufende Prüfung		• Jeder Prozessschritt prüft die Qualität des vorherigen Prozesses • 100% der Teile werden geprüft • Die Produktion von Fehlern wird nicht vermieden • Hoher Prüfungsaufwand - Effizienz nur bei kleinen Mengen
Selbstprüfung		• Jeder Prozessschritt prüft die eigene Qualität • Sofortiges Feedback und sofortige Korrekturmaßnahme • Stoppt die Weiterverarbeitung des defekten Teiles • Hoher Prüfungsaufwand - 100% der Teile werden geprüft
Vollständige Prüfung		• Jeder Prozess prüft seine Qualität und die seines Lieferanten • Problemerkennung vor Beendigung des Prozessschrittes • Sofortiges Feedback und sofortige Korrekturmaßnahme • Stoppt die Weiterverarbeitung des defekten Teiles • Hoher Prüfungsaufwand – 100% der Teile werden geprüft

DEFINE

MEASURE

ANALYZE

DESIGN

VERIFY

Darstellung Poka-Yoke
Beispiele

Fehlervermeidung:
Verwendung von eindeutig dimensionierten Stecksystemen zur direkten Fehlervermeidung.

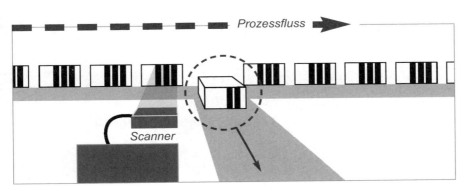

Auswurf fehlerhafter Einheiten

Frühzeitige Fehlererkennung:
Einsatz eines Bar-Code-Systems zur Identifizierung fehlerhafter Einheiten.

DEFINE

MEASURE

ANALYZE

DESIGN

VERIFY

Leistungsfähigkeit für Soll-Produktion überprüfen

⬜ **Bezeichnung / Beschreibung**
Performance Analysis for Future State Production, Prüfung und Bewertung der aktuellen Leistungsfähigkeit für die Soll-Produktion

🕐 **Zeitpunkt**
Design, Leistungsfähigkeit für Soll-Produktion überprüfen

◎ **Ziel**
Entscheidung über die Nutzbarkeit vorhandener Prozess- und Inputvariablen

▶▶ **Vorgehensweise**
– Notwendige Prozessvariablen ermitteln
– Aktuelle Leistungsfähigkeit der Soll-Produktion überprüfen

286

QFD 4

📁 **Bezeichnung / Beschreibung**
Quality Function Deployment 4, QFD 4, House of Quality 4, Qualitätshaus 4

🕐 **Zeitpunkt**
Design, Leistungsfähigkeit für Soll-Produktion überprüfen

◎ **Ziel**
Identifizierung und Priorisierung der notwendigen Prozessschritte

▸▸ **Vorgehensweise**
Die Prozessschritte werden abgeleitet, gemäß ihrer Relation zu den priorisierten Designelemente bewertet und schließlich priorisiert.

Darstellung QFD 4

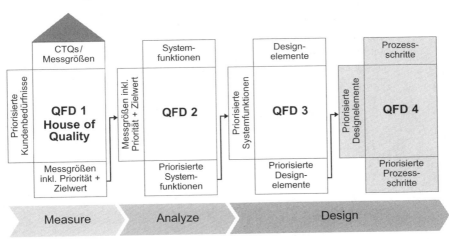

DEFINE

MEASURE

ANALYZE

DESIGN

VERIFY

DEFINE

MEASURE

ANALYZE

DESIGN

VERIFY

Aktuelle Leistungsfähigkeit bewerten

☐ **Bezeichnung / Beschreibung**
Evaluation of Process Performance / Capability, Bewertung der aktuellen Leistungsfähigkeit der Produktionskomponenten

🕐 **Zeitpunkt**
Design, Leistungsfähigkeit für Soll-Produktion überprüfen

◎ **Ziel**
Entscheidung über die Nutzbarkeit vorhandener Prozess- und Inputvariablen.

▶▶ **Vorgehensweise**
Alle relevante Dimensionen müssen unter den Gesichtspunkten Qualität, Kapazität und Kosten evaluiert werden.

Hierbei kann in folgenden Variablen unterschieden werden:
– Prozess
– Einrichtungen und Gebäude
– Ausrüstung
– Materialbeschaffung
– Mitarbeiter
– IT

Darstellung Prozess- und Inputvariablen

Prozess	• Ist der heute existierende Prozess fähig die gewünschte Qualität zu produzieren? • Ist der bestehende Prozess fähig, die dem Kundenbedarf entsprechenden Mengen zu liefern? • Kann der bestehende Prozess die geplanten Produktionskosten einhalten?
Einrichtungen/Gebäude	• Entsprechen die Anlagen den aktuellen Environment, Health and Safety Standards (EHS)? • Sind die Anlagen 5 S-fähig? • Sind die Lagerplätze ausreichend? • Ist das Bedienkonzept für eine gute Produktionssteuerung geeignet – sind die Wegstrecken gering?
Ausrüstung	• Ist die bestehende Ausrüstung (Maschinen/Werkzeuge) in der Lage, die gewünschte Qualität zu liefern? • Sind die richtigen Werkzeuge in der richtigen Menge vorhanden? • Sind die Kosten für die Werkzeuge und Anlagen tragbar (Betriebskosten, Verschleiß etc.)?
Materialbeschaffung	• Ist die Qualität des Standardmaterials ausreichend? • Kann das Material in ausreichenden Mengen zu den gewünschten Terminen bezogen werden? • Entsprechen die Beschaffungskosten des Materials der Planung?
Mitarbeiter	• Sind die Mitarbeiter ausreichend ausgebildet, um das Produkt adäquat zu fertigen? • Sind ausreichend Mitarbeiter vorhanden? • Sind die Arbeitskosten im Planungsrahmen?
IT	• Ist die Unterstützung des Prozesse durch IT gesichert z. B. Auftrags- und Bestandsmanagement, Qualitätsmanagement? • Sind alle verwendeten Materialien im System verzeichnet? • Sind die IT-Kosten im Planungsrahmen?

289

DEFINE

MEASURE

ANALYZE

DESIGN

VERIFY

Die einzelnen Evaluierungen sollen möglichst quantitativ, mit Hilfe von Key Performance Indikatoren oder Kennzahlen (z. B. C_p, C_{pk}, Kosten, Kapazitäten) und Regelkarten (Control Charts) erfolgen.

Die Ergebnisse der Evaluierung werden in einer Matrix systematisch dargestellt. Für die Bewertung der evaluierten Produktionskomponenten, ist folgende Frage entscheidend:
In wie weit werden die nötigen Anforderungen an die einzelnen Komponenten erfüllt?
Das Ergebnis kann mittels einer Evaluierungsmatrix visualisiert werden.

Darstellung Evaluierungsmatrix

Designelement	Bewertung				
	1	2	3	4	5
Produktionsprozess		●		●	
Einrichtungen / Gebäude				●	●
Ausrüstung		●			●
Materialbeschaffung				●	●
Mitarbeiter				●	●
IT				●	●

Kriterien:	Bewertung:
◯ Qualität	1 = wird zu 0% erfüllt
◐ Kosten	2 = wird zu 25% erfüllt
	3 = wird zu 50% erfüllt
	4 = wird zu 75% erfüllt
● Kapazität	5 = wird zu 100% erfüllt

Auf der Grundlage dieser Übersicht muss nun eine Entscheidung über das weitere Vorgehen getroffen werden.

DEFINE

MEASURE

ANALYZE

DESIGN

VERIFY

Darstellung Optimierungsrichtung auf Basis der Evaluierungsergebnisse

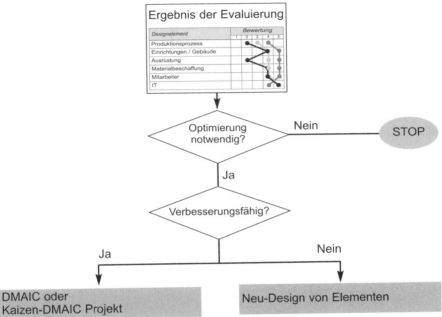

Sind die Vorraussetzungen für eine leistungsfähige Produktion nicht gegeben, so muss ein neuer Produktionsprozess entwickelt werden.

DEFINE

Lean Prozess entwickeln und optimieren

🗀 **Bezeichnung / Beschreibung**
Process Development, Prozessneuentwicklung

🕐 **Zeitpunkt**
Design, Lean Prozess entwickeln und optimieren

◎ **Ziel**
Entwicklung eines effizienten und effektiven Prozesses im Detail

▸▸ **Vorgehensweise**
1. Wesentliche Prozessschritte darstellen
2. Detailprozess visualisieren
3. Arbeits- und Verfahrensanweisung erstellen
4. Durchlaufzeit minimieren
5. Einrichtungen und Gebäude planen
6. Ausrüstung planen
7. Materialbeschaffung planen
8. Mitarbeiter zur Verfügung stellen
9. IT bereitstellen
10. Detailkonzept evaluieren und optimieren

⇨ **Tipp**
• Simulationen während der Design-Phase unterstützen die Validierung und Detaillierung des Designkonzeptes.
• Neben der spezifischen Gestaltung aller Prozessvariablen muss sicher-gestellt werden, dass Produktionsprozess und Produkt den externen und internen Auflagen entsprechen (regulatorische Anforderungen beachten!)

SIPOC

☐ **Bezeichnung / Beschreibung**
SIPOC (Supplier, Input, Process, Output, Customer)
LIPOK (Lieferant, Input, Prozess, Output, Kunde)

🕲 **Zeitpunkt**
Analyze, Design, Lean Prozess entwickeln

◎ **Ziele**
– Überblick über den zu entwickelnden Prozess
– Bestimmung der wesentlichen Inputs bzw. ihrer Lieferanten
– Bestimmung der wesentlichen Outputs und der entsprechenden
   (internen und externen) Kunden

▶▶ **Vorgehensweise**
– Start- und Endpunkte des Prozesses festlegen
– Den Prozess grob (in 5-10 Schritten) darstellen
– Wesentliche Inputs / Lieferanten und Outputs / Kunden identifizieren

Darstellung SIPOC

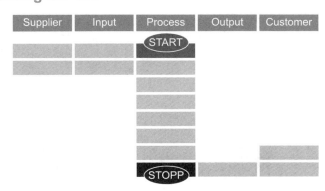

293

DEFINE

MEASURE

ANALYZE

DESIGN

VERIFY

Prozessdiagramm

☐ **Bezeichnung / Beschreibung**
Flow Chart, Cross Functional Diagram, Swim Lane Diagram, Prozessfluss-diagramm, Prozessfunktionsdiagramm, PFD

🕐 **Zeitpunkt**
Design, Lean Prozess entwickeln

◎ **Ziele**
- Visualisierung der Prozessstruktur
- Beschreibung der einzelnen Prozessschritte
- Verdeutlichung der Komplexität (Anzahl Übergaben, etc.)
- Visualisierung der Verantwortlichkeiten
- Aufdeckung von Optimierungspotenzialen

▶▶ **Vorgehensweise**
- Prozess grob darstellen (z. B. SIPOC)
- Start- und Endpunkte deutlich hervorheben
- Detaillierte Prozessschritte und die jeweiligen Verantwortliche identifi-zieren
- Alle Prozessschritte in ihrem tatsächlichen, korrekten Ablauf darstellen.

Darstellung Prozessfunktionsdiagramm

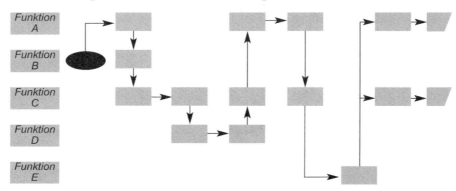

Funktion A
Funktion B
Funktion C
Funktion D
Funktion E

Value Stream Map

📂 **Bezeichnung / Beschreibung**
Value Stream Map, VSM, Wertstromdiagramm

🕑 **Zeitpunkt**
Design, Lean Prozess entwickeln

◎ **Ziele**
- Planung und Transparenz des Material- und Informationsflusses vom Zulieferer bis zum Endkunden
- Identifizierung von Verschwendungsquellen und deren Ursachen

▶▶ **Vorgehensweise**
1. Produktgruppe bzw. -familie festlegen
2. Prozess grob darstellen
3. Detaillierungsgrad der Prozessebene festlegen
4. Prozess visualisieren
5. Material- und Informationsfluss bestimmen
6. Datenboxen hinzufügen, Messgrößen festlegen und Daten sammeln
7. Zeiten operational definieren und ermitteln

1. Produktgruppe bzw. -familie festlegen
Wird auf einer Anlage / in einer Gebäude / in einem Werk mehr als ein Produkt produziert, so wird in einem ersten Schritt auf eine sinnvolle Produktgruppe bzw. -familie fokussiert.

2. Prozess grob darstellen
Als Ausgangspunkt für die schrittweise Ermittlung der relevanten Prozessgrößen, dient eine Prozessbeschreibung auf niedrigem Detaillierungsniveau, z. B. mit Hilfe eines SIPOCs.

3. Detaillierungsgrad der Prozessebene festlegen
Ein "Top Down" Prozessdiagramm kann verwendet werden, um die Prozessschritte weiter zu gliedern und die relevante Prozessebene zu bestimmen.

DEFINE

MEASURE

ANALYZE

DESIGN

VERIFY

4. Prozess visualisieren

Um den Prozessablauf zu skizzieren, ist es hilfreich im Wertstromfluss aufwärts zu gehen und mit den kundenrelevanten Teilprozessen (z. B. Versand) zu beginnen.

In der VSM wird für den Prozessfluss folgende Symbolik verwendet:

Darstellung Prozesssymbole

Prozessschritt

Kunden / Lieferanten

300 Stück / 7 Tage
Lager / Bestandsmengen

Nacharbeit

Ausschuss

Darstellung Prozess visualisieren

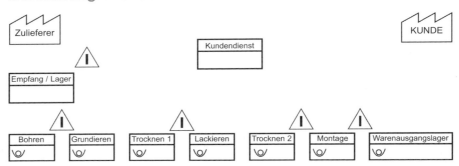

5. Material- und Informationsfluss bestimmen

Im ersten Schritt werden die Bewegungen des Materials zwischen den skizzierten Prozessschritten im Soll-Prozess beschrieben. Dabei werden die Steuerungsprinzipien im Produktionsprozess (Pull- und Push-Systeme) berücksichtigt.

Darstellung Materialflusssymbole

| *LKW Transport* | *Push Pfeil* | *Pull Pfeil* | *Produkt zum Kunden* | *First-In-First-Out-Sequenz* |

Darstellung Steuerungsprinzipien im Produktionsprozess

Push System: Planungsbasiert

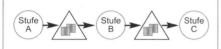

Ein Prozess produziert ohne Rücksicht auf den tatsächlichen Bedarf des nachfolgenden (internen) Kundenprozesses und schiebt die Zwischenprodukte durch den Prozess voran. Die Produktion fertigt nach einem festgelegten Produktionsplan.

Bei Push-Systemen werden im Rahmen traditioneller Losgrößenfertigung „optimale" Losgrößen für unabhängig voneinander agierende Produktionsbereiche ermittelt. Dabei schiebt jeder Bereich seine Teile in einen Puffer für den nachfolgenden Prozess.

Da sehr große Losgrößen produziert werden, kann die Größe dieser Zwischenpuffer mehrere Tagesproduktionen umfassen. Das heißt, das Material wird zu ggf. mehr als 90% der Durchlaufzeit nicht bewegt, sondern in Zwischenpuffern geparkt, was je nach Produkt auch mit erheblichen Kosten für gebundenes Kapital verbunden ist.

Pull System: Verbrauchsgesteuert

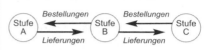

Jeder nachgelagerte Produktionsschritt ist Kunde des vorgelagerten Prozessabschnitts. Produkte werden – im Gegenteil zum Push-System – vom Kunden nachfrageorientiert angefordert (Pull).

Dabei werden durch die Einführung eines Pull-Systems die Umlauf- und Fertigwaren-Lagerbestandes reduziert. Dadurch wird die Durchlaufzeit reduziert.

Das führt wiederum zu einer Reduzierung des gebundenen Kapitals und Erhöhung der Flexibilität gegenüber den Kunden.

Push Materialfluss

- - - ➔

Pull Materialfluss

Der Informationsfluss beginnt mit dem Auftragseingang. Im Rahmen des VSM werden die Art der Kommunikation (z. B. Prognose, Bestellung, Auftrag) und die Frequenz (z. B. monatlich, wöchentlich) dokumentiert. Die Kommunikationsmittel werden symbolisch visualisiert.

Darstellung Informationsflusssymbole

Elektronische Information:
Art, Frequenz,
Kommunikationsmittel

Manuelle Information:
Art, Frequenz,
Kommunikationsmittel

DEFINE

MEASURE

ANALYZE

DESIGN

VERIFY

DEFINE

6. Datenboxen hinzufügen, Messgrößen festlegen und Daten sammeln
In die Datenboxen der VSM können alle, für die Steuerung des Prozesses relevanten Daten eingetragen werden.

Folgende Prozessgrößen werden sind i. d. R. empfehlenswert:
- Anzahl Mitarbeiter, Anzahl Schichten
- Bearbeitungszeit (Processing-Time, P/T)
- Nacharbeitszeit
- Rüstzeit (Setup, SU oder Changeover, C/O)
- Maschinenverfügbarkeit bzw. OEE
- Ertrag (Yield, Ausbeute)
- Losgröße
- Kapazität
- Taktrate / Taktzeit

MEASURE

Darstellung Datenboxen

ANALYZE

Häufigkeit
Dauer
Strecke
Kosten

Materialfluss

Montage
Bediener
Bearbeitungszeit
Durchlaufzeit
Rüstzeiten
Ausschussrate
Losgröße

Prozessdaten

KUNDE
Taktrate
Behälter

Kundendaten

Nach der Auswahl der einzelnen Messgrößen werden sie operational definiert. Schließlich werden die Daten gesammelt (ggf. aus der Planung des Soll-Prozesses) und in die Boxen eingetragen.

DESIGN

7. Zeiten operational definieren und ermitteln
Durch Addition der einzelnen Bearbeitungs- und Wartezeiten im Prozess, erhält man einen Schätzwert für die Gesamtdurchlaufzeit des Wertstroms. Die Durchlaufzeit (DLZ) beschreibt die durchschnittliche Zeit vom "Rohmaterial" bis zum "fertig gestellten Produkt" und ist die zentrale Größe einer Effizienzsteigerung.

VERIFY

DEFINE
MEASURE
ANALYZE
DESIGN
VERIFY

Darstellung Bearbeitung- und Liegezeiten

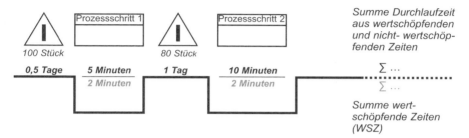

Darstellung Value Stream Map

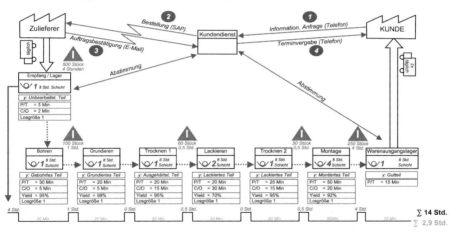

Aus dem optimierten und endgültig definierten Prozess können nun Arbeits- und Verfahrensanweisungen (SOP – Standard Operating Procedures) und das Produktionslayout erstellt werden.

DEFINE

MEASURE

ANALYZE

DESIGN

VERIFY

Arbeits- und Verfahrensanweisungen erstellen

📁 **Bezeichnung / Beschreibung**
Standard Operating Procedures (SOPs), Work Instruction, Arbeits- und
Verfahrensanweisung

🕐 **Zeitpunkt**
Design, Lean Prozess entwickeln

◎ **Ziel**
Detaillierte Beschreibung der Prozessschritte von der Erstellung bis zur
Einführung der Arbeits- und Verfahrensanweisungen

▶▶ **Vorgehensweise**
1. Um Arbeits- und Verfahrensanweisungen (SOP – Standard Operating
   Procedures) für den optimierten bzw. entwickelten Prozess zu erstellen,
   sind folgende Grundlagen zu bilden:
   – Definition der Prozesseinstellungen und Materialspezifikationen
   – Abstimmung von Service Level Agreements (SLAs) mit internen
     Lieferanten und externen Zulieferern
   – Detaillierte Beschreibung der Prozessschritte
   – Prüfung der SOPs durch eine zweite Person anhand definierter Prüf-
     kriterien mit Unterschrift
   – Information und Schulung der Mitarbeiter
   – Nachhaltiges Änderungsmanagement
   – Definition von Verantwortlichkeiten

2. Bei der Erstellung nachvollziehbarer und dementsprechend geeigneter
   SOPs ist im nächsten Schritt folgendes zu beachten:
   – Einen Detaillierungsgrad verwenden, der ausreichend klärt, welche
     Aktivitäten zu welchem Zeitpunkt an welchem Ort ablaufen.
   – Grafische Elemente wie Prozessflussdiagramme, Ablaufdiagramme
     und Wertstromdiagramme etc. zur Beschreibung der Aktivitäten- und
     Ergebnisdarstellung nutzen.

- In einfacher, auch für Prozessfremde leicht verständlichen Sprache die Gründe für die Aktivität erklären.
- Ausreichende Hinweise (z. B. durch den Vermerk ergänzender Ursache-Wirkung-Beziehungen) zur Einschränkung der Variation geben.
- Erläuterungen zielgruppengerecht formulieren.
- Auf einfache und zentrale Zugriffsmöglichkeit achten, d. h.:
  - die SOP sollte sowohl online als auch als Hard Copy für jedermann zur Verfügung stehen.
  - die Verantwortlichkeiten für die Dokumentation der Aktivitäten müssen klar definiert sein
  - es müssen interne Verknüpfungsmöglichkeiten zwischen den Dokumentationen bestehen.
  - es sollte ein Aktualisierungs- und Optimierungsmechanismus zur kontinuierlichen Weiterentwicklung der Dokumentationen bestehen.

Darstellung Arbeits- und Verfahrensanweisung
Beispiel Passagiersitz

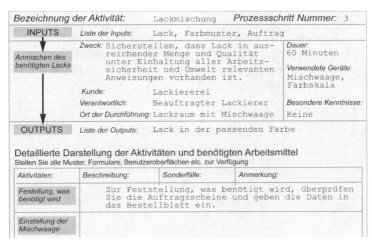

301

DEFINE

MEASURE

ANALYZE

DESIGN

VERIFY

Minimierung der Durchlaufzeit

📁 **Bezeichnung / Beschreibung**
Minimizing Process Lead Time, Minimierung der Durchlaufzeit

🕐 **Zeitpunkt**
Design, Lean Prozess entwickeln und optimieren

◎ **Ziele**
– Eliminierung von Verschwendung im Prozess
– Erhöhung der Flexibilität des Prozesses

▶▶ **Vorgehensweise**
1. Komplexität reduzieren
2. Nicht-wertschöpfende Tätigkeiten eliminieren
3. Bestand reduzieren und Kapazität an Engpässen steigern
4. Rüstzeiten reduzieren

1. Komplexität reduzieren
Ein wesentlicher Gesichtspunkt beim Prozessdesign ist die Minimierung von Komplexität. Sie sollte möglichst in allen Bereichen des Prozesses berücksichtigt werden.

Darstellung Komplexitätsvermeidung

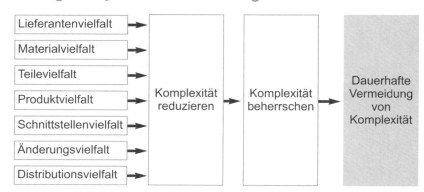

Für die Komplexitätsreduktion bieten sich verschiedenen Möglichkeiten an.

Darstellung Mögichkeiten der Komplexitätsreduktion

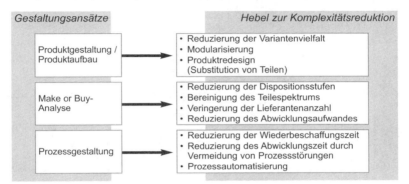

2. **Nicht-wertschöpfende Tätigkeiten eliminieren**

   Die Durchlaufzeit wird häufig größtenteils aus nicht-wertschöpfenden Tätigkeiten determiniert.

Darstellung
Verschwendungsarten in Produktionsprozessen

7 Verschwendungsarten in der Produktion	
1 **T**ransport	• Bewegung von Material / Produkten von einem Platz zum anderen • Umpacken, Transport mit Bändern und Fördermitteln etc. sofern nicht vom Kunden bezahlt
2 **I**nventory	• Material / Produkt wartet bearbeitet zu werden • Lager, Puffer, Zwischenlager und auch schwarze Lager
3 **M**otion	• Überschuss an Bewegungen / schlechte Ergonomie • Arbeitsplätze weit voneinander entfernt, Suche nach Material etc.
4 **W**aiting	• Verzögerung im Arbeitsablauf • Warten auf Material, Freigaben, Stillstände etc
5 **O**verproduction	• Es wird mehr produziert als nötig • Durch Vermeidung von Rüstvorgängen etc. • Nutzung der Produktivität als Schlüssel-Steuergröße
6 **O**verprocessing	• Es wird mehr geleistet als der Kunden bereit ist zu zahlen • Durch falsch verstandene und unbekannte Kundenbedürfnisse etc.
7 **D**efects	• Defekte die behoben werden müssen bzw. Ausschuss • Durch falsche Maschineneinstellung, Materialien etc.

DEFINE

MEASURE

ANALYZE

DESIGN

VERIFY

Darstellung
Verschwendungsarten in Dienstleistungsprozessen

7 Verschwendungsarten in der Dienstleistung	
1 **T**ransport	• Unnötiger Informationstransport • Bewegen der Dokumente, durchlaufen von Hierarchien, nicht benötigte Aktenablage
2 **I**nventory	• Unnötige Bestände • Unterlagen abgeschlossener Projekte, ungenutze Arbeitsmittel und Datenbestände, Mehrfachablage
3 **M**otion	• Unnötige Wege • Laufwege auf der Suche nach Dokumenten, zu Kollegen, ergonomische Hindernisse
4 **W**aiting	• Wartezeiten / Liegezeiten • Warten auf Entscheidungen, Rückgaben, Weitergaben, Anlaufzeiten von Bürogeräten.
5 **O**verproduction	• Informationsüberfluss • Mehr Information (E-Mails, Kopien, Memos etc.) als der Kunde, nachfolgende Prozesse oder auch die aktuelle Prozessphase benötigen
6 **O**verprocessing	• Nutzlose Tätigkeiten • Ungelesene Berichte, Statistiken und Protokolle, unnötige Dateneingaben und Kopien
7 **D**efects	• Fehler • Medienbrüche in Datenformaten, unlesbare Faxe und Notizen, unvollständige Information

Dieser Ansatz ist ein wesentlicher Aspekt bei der Steigerung der Prozesseffizienz.

$$\text{Prozess-Effizienz}\,[\%] = \frac{\text{wertschöpfende Zeit}\,[t]}{\text{Durchlaufzeit}\,[t]} \cdot 100\,[\%]$$

Darstellung Durchlaufzeit

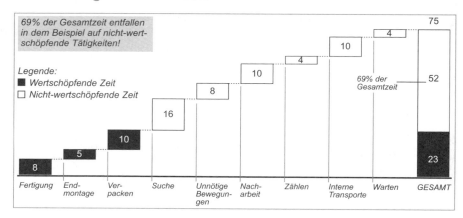

69% der Gesamtzeit entfallen in dem Beispiel auf nicht-wertschöpfende Tätigkeiten!

Legende:
■ Wertschöpfende Zeit
□ Nicht-wertschöpfende Zeit

Fertigung — 8
Endmontage — 5
Verpacken — 10
Suche — 16
Unnötige Bewegungen — 8
Nacharbeit — 10
Zählen — 4
Interne Transporte — 10
Warten — 4
GESAMT — 75 / 69% der Gesamtzeit — 52 / 23

DEFINE

MEASURE

ANALYZE

DESIGN

VERIFY

3. Bestände reduzieren und Kapazität an Engpässen steigern

Grundlegende Definitionen:
Kapazität
Die maximale Produktmenge (Output), die ein Prozess innerhalb eines bestimmten Zeitraums produziert.

Flaschenhals (Time Trap)
Der Prozessschritt, der die größte zeitliche Verzögerung in einem Prozess verursacht – es kann nur einen Flaschenhals in einem Prozess geben.

Engpass (Constraint)
Ein als Flaschenhals gekennzeichneter Prozessschritt, der nicht fähig ist, den vom Kunden geforderten Durchsatz (intern oder extern) zu produzieren (Produktion unterhalb der am Kundenbedarf ausgerichteten Taktrate). Ein Engpass ist immer ein Flaschenhals, aber ein Flaschenhals muss nicht immer ein Engpass sein!

Work in Process (WIP)
Bestände innerhalb des Prozesses; jeder vollständige Arbeitsgang, der angefangen aber noch nicht beendet ist. Ein "Arbeitsgang" kann z.B. entstehen durch Materialien, Aufträge, Bestellungen, wartende Kunden, Montagearbeiten, E-Mails, u.s.w.

Durchsatz (Exit Rate)
Der Output eines Prozesses innerhalb einer bestimmten Zeit.

Taktrate [Menge / Zeit]
Die Menge eines Produktes (Output), die vom Kunden über eine bestimmte Zeitperiode benötigt wird.
Beispiel: Unsere Kunden fordern eine Taktrate von 100 Teilen / Tag.

Taktzeit [Zeit / Menge]
Die daraus resultierende Zeitspanne in welcher der Prozess die produzierten Teile ausbringen muss.
Beispiel: Die Taktzeit beträgt 45 Sekunden / Teil.

Vorhandene Engpässe lassen sich mit Hilfe eines Task Time Charts identifizieren. Dazu werden die Bearbeitungszeiten der jeweiligen Prozessschritte in einem Diagramm gesammelt und mit der errechneten Taktzeit in Beziehung gesetzt.

DEFINE

MEASURE

ANALYZE

DESIGN

VERIFY

Darstellung Task Time Chart

Beispiel

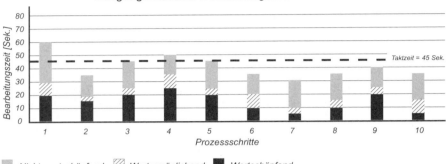

Ausgangssituation: Bearbeitungszeiten der Prozesse

Engpässe haben Auswirkungen auf die Leistungsfähigkeit des Prozesses, da sie größere Lagerbestände, mehr Maschinen, mehr Personal, mehr Material und mehr Zeit benötigen, um den Kundenanforderungen gerecht zu werden.

Durch die Reduzierung nicht-wertschöpfender Tätigkeiten, die Minimierung von Verschwendung und das Zusammenlegen einzelner Prozessschritte können solche Engpässe vermieden werden.

Der Zusammenhang zwischen Durchlaufzeit, Prozessbeständen (WIP) und Leistungsfähigkeit des Prozesses (Durchlauf) wird in Little's Law beschrieben.

Darstellung Little's Law

Darstellung Reduzierung der Durchlaufzeit
Beispiel Produktionsprozess mit 3 Prozessschritten.

Eine Aufnahme der einzelnen Taktzeiten ergibt folgende Darstellung:

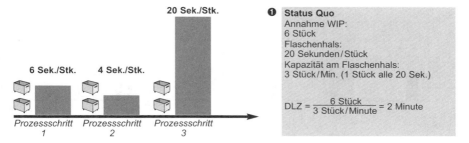

❶ Status Quo
Annahme WIP:
6 Stück
Flaschenhals:
20 Sekunden / Stück
Kapazität am Flaschenhals:
3 Stück / Min. (1 Stück alle 20 Sek.)

$$DLZ = \frac{6 \text{ Stück}}{3 \text{ Stück} / \text{Minute}} = 2 \text{ Minute}$$

Wie wirkt sich eine Reduzierung des Bestandsniveaus bei unveränderter Kapazität auf die Durchlaufzeit im Produktionsprozess aus?

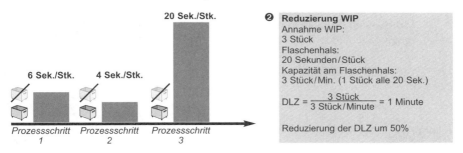

❷ Reduzierung WIP
Annahme WIP:
3 Stück
Flaschenhals:
20 Sekunden / Stück
Kapazität am Flaschenhals:
3 Stück / Min. (1 Stück alle 20 Sek.)

$$DLZ = \frac{3 \text{ Stück}}{3 \text{ Stück} / \text{Minute}} = 1 \text{ Minute}$$

Reduzierung der DLZ um 50%

Wie wirkt sich nun eine zusätzliche Kapazitätssteigerung am Engpass auf die Durchlaufzeit im Produktionsprozess aus?

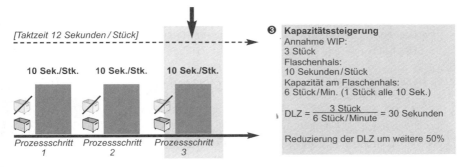

❸ Kapazitätssteigerung
Annahme WIP:
3 Stück
Flaschenhals:
10 Sekunden / Stück
Kapazität am Flaschenhals:
6 Stück / Min. (1 Stück alle 10 Sek.)

$$DLZ = \frac{3 \text{ Stück}}{6 \text{ Stück} / \text{Minute}} = 30 \text{ Sekunden}$$

Reduzierung der DLZ um weitere 50%

DEFINE

MEASURE

ANALYZE

DESIGN

VERIFY

Darstellung Prozessaustaktung
Beispiel

Realer Optimierungsansatz

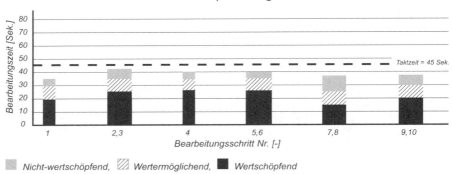

Nicht-wertschöpfend, ▨ Wertermöglichend, ■ Wertschöpfend

4. Rüstzeiten reduzieren

Die Rüstzeit ist definiert als Dauer vom letzten Gutteil eines Loses bis zum ersten Gutteil des Folgeloses mit geplanter Prozessgeschwindigkeit.

Darstellung Rüstzeit
Beispiel

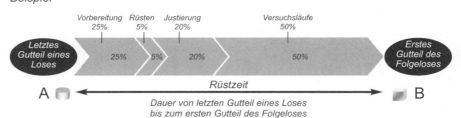

Bei einer Reduzierung der Rüstzeit stehen besonders interne Rüsttätigkeiten im Fokus:

Die Rüstzeitreduzierung, auch SMED (Single Minute Exchange of Die) genannt, erfolgt in vier Schritten:

1. Rüstprozess dokumentieren und die Einzeltätigkeiten in interne und externe Tätigkeiten unterteilen
   a. Interne Rüsttätigkeiten können nur bei stillstehender Anlage durch- geführt werden (z. B. Austauschen von Werkzeugen)

    b. Externe Rüsttätigkeiten können parallel zur produzierenden Anlage durchgeführt werden (z. B. Materialvorbereiten, Charge abrechnen)

2. Interne Tätigkeiten in externe Tätigkeiten umwandeln

3. Verbliebene interne Tätigkeiten rationalisieren

4. Beseitigung von Justieren und Testläufen

Darstellung
Vier Schritte zur Rüstzeitreduzierung bei Losfertigung

Kurze Rüstzeiten sind die zentrale Voraussetzung für eine wirtschaftliche Produktion mit kleinen Losgrößen (Batch Sizes)

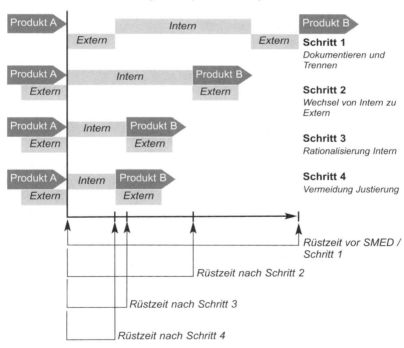

DEFINE

MEASURE

ANALYZE

DESIGN

VERIFY

Einrichtungen und Gebäude planen

🗀 ## Bezeichnung / Beschreibung
Plant Layout, Facility Layout Planning, Produktionslayout planen,
Einrichtungs- und Gebäudeplanung

🕒 ## Zeitpunkt
Design, Lean-Prozess entwickeln

◎ ## Ziele
Erstellung des Produktionslayouts durch:
– Optimierung der internen Wegstrecken
– Schaffung eines leistungsfähigen Arbeitsumfeldes
– Gewährleistung von Prozessbalance und -steuerung

▸▸ ## Vorgehensweise
– Produktionslayout entwickeln
– Hallen- / Bürolayout erstellen
– Wegstrecken für Mitarbeiter und Material definieren und optimieren
– Ausstattung der Hallen / Büros definieren
– 5 S Konzept integrieren und sicherstellen
– EHS-Fähigkeit überprüfen und einplanen (Abluft, getrennte Wege etc.)
– Material- und Informationsflüsse innerhalb der einzelnen Prozess-
variablen analysieren, um Optimierungsmöglichkeiten im konkreten
Arbeitsumfeld zu identifizieren

Spaghettidiagramm

📂 **Bezeichnung / Beschreibung**
Spaghetti Diagram, Spaghettidiagramm

🕑 **Zeitpunkt**
Design, Lean Prozess entwickeln

◎ **Ziele**
 – Verdeutlichung von geplanten Material- und Informationsflüssen
 – Aufdeckung von Optimierungspotenzialen

▶▶ **Vorgehensweise**
Anhand des Produktionsprozesses werden die für eine herkömmliche
Produktion notwendigen Wege eingezeichnet.
Unterschiedliche Farben markieren hierbei Mitarbeiter, Material und / oder
Informationen.

Darstellung Spaghettidiagramm

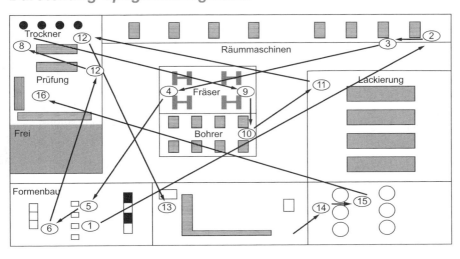

5 S-Konzept

📁 **Bezeichnung / Beschreibung**
5 S, Sort – Seiri, Set In Order – Seiton, Shine – Seiso, Standardize – Seiketsu, Sustain - Shitsuke, 5 A

🕐 **Zeitpunkt**
Design, Lean Prozess entwickeln

◎ **Ziele**
Schaffung eines sauberen, sicheren und leistungsfähigen Arbeitsumfeldes

▶▶ **Vorgehensweise**
Fünf japanische Worte stehen für die Prinzipien eines gut organisierten Arbeitsumfeldes:

– **Seiri** (engl. **Sort, Separate, dt. aussortieren)**)
Sämtliche Gegenstände am Arbeitsplatz werden in die Kategorien "nötig" bzw. "unnötig" einsortiert. Letztere werden beseitigt.

– **Seiton** (engl. **Set In Order, Simplify, dt. aufräumen**)
Sämtliche benötigte Gegenstände haben einen festen Platz an dem sie leicht und schnell zu finden sind.

– **Seiso** (engl. **Shine, Scrub, dt. Arbeitsplatz sauber halten**)
Die Arbeitsumgebung wird ordentlich und sauber gehalten.

– **Seiketsu** (engl. **Standardize, dt. Anordnung zur Regel machen**)
Ein Standard definiert nachhaltig Ordnung und Sauberkeit.

– **Shitsuke** (engl. **Systematize, Sustain, Self-Discipline, dt. alle Punkte einhalten**)
Die beschriebenen Vorgehensweisen werden zur Gewohnheit.

Die Umsetzung von 5 S kann mit Hilfe eines Radar Charts visualisiert werden:

Darstellung Radar Chart für 5 S

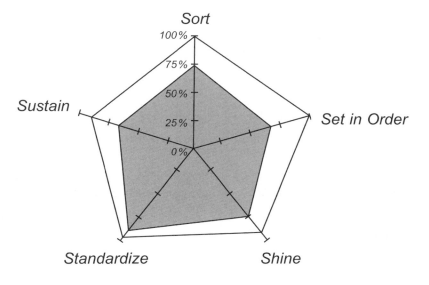

DEFINE

Ausrüstung planen

📁 **Bezeichnung / Beschreibung**
Operational Equipment Planning, Anlagenplanung, Ausrüstung planen

🕐 **Zeitpunkt**
Design, Lean Prozess entwickeln

MEASURE

◎ **Ziele**
– Identifizierung der notwendigen Maschinen, Anlagen und Werkzeugen
– Optimierung der Verfügbarkeit der Maschinen und Anlagen

▶▶ **Vorgehensweise**
– Anforderungen an Maschinen, Anlagen und Werkzeugen definieren
– Maschinen, Anlagen und Werkzeugen auswählen
– Ggf. Werkzeuge entwickeln
– Maschinen bei Hersteller testen
– Rüstvorgang planen und optimieren
– Wartungsfreundlichkeit testen
– Wartungsplan erstellen
– Ersatzteilbedarf bestimmen

ANALYZE

DESIGN

VERIFY

Materialbeschaffung planen

📁 **Bezeichnung / Beschreibung**
Material Procurement Planning, Materialbeschaffung planen

🕓 **Zeitpunkt**
Design, Lean Prozess entwickeln

◎ **Ziel**
– Sicherstellung der Materialbeschaffung zum richtigen Zeitpunkt, in der benötigten Menge und erforderlicher Qualität zu minimalen Kosten

▶▶ **Vorgehensweise**
– Verfahren zur Qualitätsprüfung erstellen
– Verbrauchsmengen und Einkaufkosten bestimmen
– Lieferanten auswählen
– SLAs mit Lieferanten festlegen

⇥ **Tipp**
Je früher etwaige Fehler erkannt werden, umso geringer sind die Kosten ihrer Beseitigung. Um Fehler im Prozess rechtzeitig zu erkennen, gibt es verschiedene **Prüfungsmethoden** (*Siehe unter Poka Yoke*).

DEFINE

MEASURE

ANALYZE

DESIGN

VERIFY

Mitarbeiter zur Verfügung stellen

📁 **Bezeichnung / Beschreibung**
Work Plan, Personnel Planning, Arbeitsorganisation, Personaleinsatzplanung

🕐 **Zeitpunkt**
Design, Lean Prozess entwickeln

◎ **Ziel**
Bedarfsgerechte Personaleinsatzplanung zur Umsetzung der neuen Prozesse

▶▶ **Vorgehensweise**
- Arbeitsplätze und Tätigkeiten definieren
- Arbeitsorganisation definieren
- Notwendige Fähigkeiten ableiten
- Mitarbeiterbedarf bestimmen
- Trainingsplan festlegen
- Arbeitsplatzlayout, Belastung der Mitarbeiter (EHS) und Ergonomie prüfen
- Entlohnungs- und Anreizsysteme definieren

⇒ **Tipp**
Ein geeignetes Trainingskonzept sollte folgende Fragestellungen beantworten:
- Welche Arbeitsschritte werden durch die Umstellung primär beeinflusst?
- Wer ist für diese Arbeitsschritte verantwortlich bzw. wer führt diese durch?
- Wer ist interner Lieferant bzw. Kunde des Prozessschrittes?
- Wie können diese Personen auf die Umstellung vorbereitet werden?
- Wie kann ein optimaler Transfer der Trainingsinhalte in die tägliche Arbeit sichergestellt werden?
- Wie soll die Umstellung nach außen kommuniziert werden (Elevator Speech)?

Im Rahmen der Trainings werden Implementierungsteams gebildet. Diese Teams unterstützen als Multiplikatoren die Umstellung auf vielfältige Weise:

- Sie sorgen in ihrer Abteilung für die Kommunikation der Umstellungs-aktivitäten.
- Sie sichern die vollständige Umstellung auf den neuen Prozessablauf als Ansprechpartner vor Ort.
- Sie berichten dem DFSS-Team frühzeitig über Implementierungsrisiken und -probleme.

DEFINE

MEASURE

ANALYZE

DESIGN

VERIFY

DEFINE

MEASURE

ANALYZE

DESIGN

VERIFY

IT bereitstellen

▢ **Bezeichnung / Beschreibung**
Supply and Demand for Information Technology (IT), IT-Bereitstellung

🕓 **Zeitpunkt**
Design, Lean Prozess entwickeln

◎ **Ziel**
Sicherstellung einer bedarfsgerechten und funktionsfähigen Gestaltung der IT-Systeme zur Abbildung der neuen Prozesse

▸▸ **Vorgehensweise**
– Anforderungen an die IT sammeln
– Compliance mit den existierenden Systemen sicherstellen
– Logisches und physisches Design entwickeln
– Hardware und Software definieren
– Datenmigration prüfen
– Mitarbeiter schulen

Um eine bedarfsgerechte Gestaltung der IT-Leistung sicherzustellen, muss vorher festgelegt werden, welcher Leistungsumfang für die Abbildung der Prozesse gefordert ist. Es kann in drei Bereiche, die die IT übernehmen kann, unterschieden werden:
– Technische Infrastruktur:
Zu diesem Bereich gehören die Hardware und ihre Leistungsmerkmale, d. h. sämtliche Aufgaben, die bspw. das Betreiben des Zentralrechners und der Rechnersysteme betreffen.
– Software- und Systemstruktur:
Zu diesem Bereich zählen bspw. Applikationen, deren Entwicklung und Anpassung sowie Wartungsarbeiten.
– IT-Personal:
I. S. d. qualitativen und quantitativen Personalkapazität, weil gerade der IT-Bereich durch Fachwissen und Kommunikation geprägt ist.

DEFINE

MEASURE

ANALYZE

DESIGN

VERIFY

Darstellung Gestaltung der IT-Prozesssteuerung

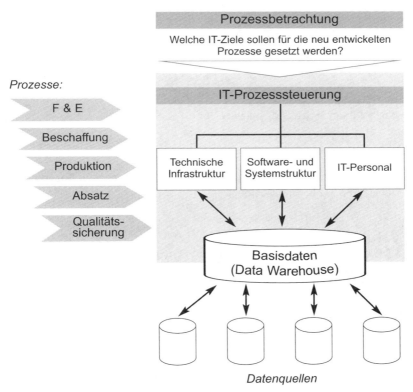

Prozessbetrachtung

Welche IT-Ziele sollen für die neu entwickelten
Prozesse gesetzt werden?

Prozesse:

F & E

Beschaffung

Produktion

Absatz

Qualitäts-
sicherung

IT-Prozesssteuerung

Technische
Infrastruktur

Software- und
Systemstruktur

IT-Personal

Basisdaten
(Data Warehouse)

Datenquellen

Lean Prozessdesign optimieren

🗁 **Bezeichnung / Beschreibung**
Process Design Optimization, Optimierung Lean Prozessdesign

🕓 **Zeitpunkt**
Design, Lean Prozess optimieren

◎ **Ziel**
Evaluierung und Optimierung des entwickelten Prozesses in Bezug auf Qualität, Kapazität und Kosten

▶▶ **Vorgehensweise**
1. Die für den Lean Prozess definierten Layouts hinsichtlich Qualität, Kapazität und Kosten prüfen

Darstellung Evaluierungsmatrix

Designelement	Bewertung				
	1	2	3	4	5
Prozesse				●	●
Einrichtungen / Gebäude				●	●
Ausrüstung				●	●
Material				●	●
Mitarbeiter				●	●
IT				●	●
Regulatorische Anforderungen erfüllt?					✓

Bewertung:
1 = wird zu 0% erfüllt
2 = wird zu 25% erfüllt
3 = wird zu 50% erfüllt
4 = wird zu 75% erfüllt
5 = wird zu 100% erfüllt

Kriterien:
● Qualität
● Kosten
● Kapazität

2. Lean Prozess mittels Lean Tools optimieren und Qualität durch statistische Methoden z. B. DOE verbessern.
3. Risiken z. B. durch eine FMEA identifizieren, analysieren und möglichst eliminieren.

Gate Review

📁 **Bezeichnung / Beschreibung**
Gate Review, Phasencheck, Phasenabnahme

🕐 **Zeitpunkt**
Zum Abschluss jeder Phase

◎ **Ziele**
– Den Sponsor von Ergebnissen und Maßnahmen der jeweiligen Phase in Kenntnis setzen
– Die Ergebnisse beurteilen
– Über den weiteren Verlauf des Projektes entscheiden

▶▶ **Vorgehensweise**
Die Ergebnisse werden vollständig und nachvollziehbar präsentiert.
Der Sponsor prüft den aktuellen Stand des Projektes nach folgenden Kriterien:
– Vollständigkeit der Ergebnisse,
– Wahrscheinlichkeit des Projekterfolges,
– die optimale Allokation der Ressourcen im Projekt.

Der Sponsor entscheidet, ob das Projekt in die nächste Phase eintreten kann.

Sämtliche Ergebnisse der Design Phase werden im abschließenden Design Gate Review dem Sponsor und den Stakeholdern vorgestellt. In einer vollständigen und nachvollziehbaren Präsentation müssen folgende Fragen beantwortet werden:

DEFINE · MEASURE · ANALYZE · DESIGN · VERIFY

DEFINE

MEASURE

ANALYZE

DESIGN

VERIFY

Zu Produktfeinkonzept entwickeln, testen und optimieren:
- Wurden Transferfunktionen für die Bewertung der Designparameter entwickelt und wie lauten diese?
- Wurden alternative Ausprägungen der Designelemente bestimmt und miteinander verglichen? Welche statistisch signifikanten Unterschiede sind dabei festgestellt worden?
- Wurden Tolerance Design und Design for X angewendet? Mit welchem Ergebnis?
- Ist eine Design Scorecard für das Feinkonzept entwickelt worden?
- Wurde ein Prototyp umgesetzt? Welche Erkenntnisse konnten daraus abgeleitet werden?
- Wie wurden die Testergebnisse in das finale Design eingearbeitet?
- Welche Risiken wurden identifiziert und welche Maßnahmen zur Risikovermeidung wurden abgeleitet?
- Wurde die Markteinführung vorbereitet? Auf welche Weise?

Zu Leistungsfähigkeit der Prozess- und Inputvariablen überprüfen:
- Wurden die relevanten Prozess- und Inputvariablen identifiziert?
- Sind die relevanten Prozess- und Inputvariablen geprüft worden? Mit welchem Ergebnis?
- Ist die aktuelle Leistungsfähigkeit des Prozesses evaluiert worden? Wie wurde sie bewertet?

Zu Lean-Prozess entwickeln:
- Wurde das Prozessdesign erstellt?
- Sind alle regulatorischen Anforderungen beachtet worden?
- Wurden alle prozessbezogenen Daten in einer VSM dargestellt?
- Wurde die Prozesseffizienz überprüft und optimiert? Mit welchen Mitteln?
- Wurde ein Produktionslayout entwickelt? Wie und mit welchen Ergebnissen wurde es getestet?
- Wie ist die Materialbeschaffung geplant worden? Wie wurde die gleich bleibende Qualität der Lieferungen sichergestellt?
- Wie wird die Verfügbarkeit der Mitarbeiter sichergestellt? Wie ihre Fähigkeit und Motivation?
- Welche IT-Ressourcen sollen den Lean Prozess unterstützen?

Kostenkalkulation und Marketing:
- Wie sind die detaillierten Produktkosten aufgeschlüsselt?
- Welche Herstellkosten (HK1) wurden kalkuliert?
- Welche Qualitätskosten werden erwartet (Nacharbeit, Ausschuss, etc.)?
- Werden die Zielkosten eingehalten?
- Wie sieht der detaillierte Marketing- und Sales-Plan aus?
  Welche Kosten wurden hierfür kalkuliert?
- Welche Deckungsbeiträge (DB 1 bis DB 4) wurden kalkuliert?

DEFINE

MEASURE

ANALYZE

DESIGN

VERIFY

Design For Six Sigma^{+Lean} Toolset

VERIFY

DEFINE

Phase 5: Verify

Ziele

- Pilotierung und Implementierung des neuen Prozesses
- Entwicklung einer geeigneten Prozesssteuerung
- Übergabe der Prozessverantwortung

MEASURE

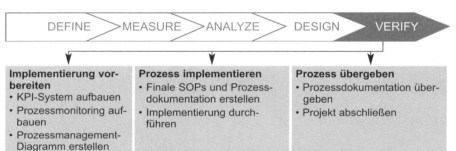

Implementierung vorbereiten	Prozess implementieren	Prozess übergeben
• KPI-System aufbauen	• Finale SOPs und Prozess-dokumentation erstellen	• Prozessdokumentation übergeben
• Prozessmonitoring aufbauen	• Implementierung durchführen	• Projekt abschließen
• Prozessmanagement-Diagramm erstellen		
• Prozess pilotieren		

ANALYZE

Vorgehen

Nach der erfolgreichen Pilotierung erfolgt die Implementierung und die Übergabe an die Prozesseigner.
Roadmap Verify auf der gegenüberliegenden Seite.

Wichtigste Werkzeuge

- PDCA-Zyklus
- FMEA
- Projektmanagement Tools
  (Arbeitspakete, Gantt Chart, Netzplantechnik, RACI Chart)
- Change Management Tools
  (Stakeholderanalyse, Kommunikationsplan)
- Dokumentation
- SOPs
- KPI-Systeme
- Control-Charts
- Prozessmanagement-Diagramm

DESIGN

VERIFY

DEFINE

MEASURE

ANALYZE

DESIGN

VERIFY

Roadmap Verify

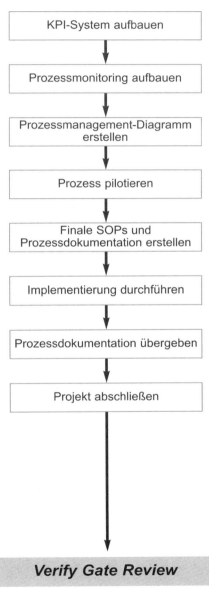

```
┌─────────────────────────────┐
│     KPI-System aufbauen      │
└─────────────────────────────┘
              │
              ▼
┌─────────────────────────────┐
│   Prozessmonitoring aufbauen │
└─────────────────────────────┘
              │
              ▼
┌─────────────────────────────┐
│  Prozessmanagement-Diagramm  │
│           erstellen          │
└─────────────────────────────┘
              │
              ▼
┌─────────────────────────────┐
│      Prozess pilotieren      │
└─────────────────────────────┘
              │
              ▼
┌─────────────────────────────┐
│       Finale SOPs und        │
│ Prozessdokumentation erstellen│
└─────────────────────────────┘
              │
              ▼
┌─────────────────────────────┐
│  Implementierung durchführen │
└─────────────────────────────┘
              │
              ▼
┌─────────────────────────────┐
│ Prozessdokumentation übergeben│
└─────────────────────────────┘
              │
              ▼
┌─────────────────────────────┐
│      Projekt abschließen     │
└─────────────────────────────┘
              │
              ▼
```

Verify Gate Review

Sponsor: Go / No Go Entscheidung

DEFINE

Implementierung vorbereiten

Bezeichnung / Beschreibung
Implementation Planning, Implementation Strategy, Implementierungsstrategie

MEASURE

Zeitpunkt
Verify, Implementierungen vorbereiten.

Ziele
– Ableitung der Implementierungsstrategie
– Fertigstellung des Implementierungsplans

ANALYZE

▶▶ Vorgehensweise
Der Implementierungsplan wird ergänzt und komplettiert. Ein Implementierungsplan beinhaltet eine Vielzahl von Inhalten.

Darstellung Inhalte des Implementierungsplans

DESIGN

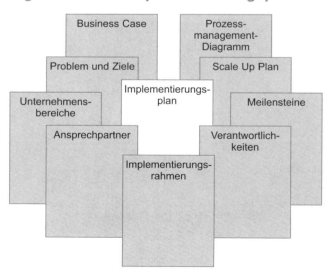

VERIFY

Der **Implementierungsrahmen** definiert die Grenzen des Implementierungs-
projektes.

Darstellung Implementierungsrahmen

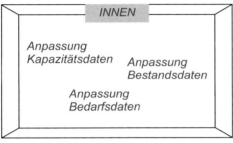

Imlementierungsrahmen

Ein **Scale Up Plan** vermeidet Fehler bei komplexen Umstellungen, indem
diese schrittweise eingeführt und gegebenenfalls optimiert werden.

Darstellung Scale Up Schritte

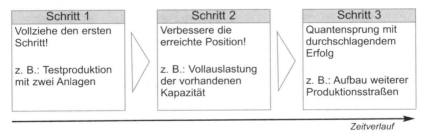

Auch Multigenerationspläne unterstützen eine strukturierte Implementierungs-
vorbereitung.
Ein Übergangsplan hilft Stillstände in der Übergangsphase zu vermeiden.
Das kann auf verschiedenen Arten erreicht werden.

Darstellung Übergangsplan auf der folgenden Seite.

DEFINE

Darstellung Übergangsplan

Verlagerung	Parallelbetrieb	Schrittweiser Übergang
Herunterfahren und Verlagerung des laufenden Prozessbetriebes an einen alternativen Produktions-standort bis der Wechsel zum neuen Prozess voll-zogen ist.	Paralleler Betrieb des alten und des neuen Prozesses, bis dieser stabil verläuft.	Ausnutzung von Produktions-zeiten mit geringer Maschi-nenauslastung, um die Umstellung auf den neuen Prozess schrittweise vorzu-nehmen.

MEASURE

Die Steuerungsfähigkeit des neuen Prozesses muss garantiert sein. Die Kontrolle der prozessrelevanten Daten wird mittels eines Prozessmanagement-Diagramms sichergestellt.

Darstellung Prozessmanagement-Diagramm

ANALYZE

Prozessmanagement	Monitoring	Reaktionsplanung
• Die Steuerungs-fähigkeit des Prozesses sicherstellen • Prozessschritte, Kennzahlen, Spezifikationen und notwendige Aktionen definieren	• Die ausgewählten KPIs in Run und Control Charts darstellen • Regelmäßiges Reporting (IT-Support) vorbereiten	• Notwendigen Maßnahmen bei Abweichungen definieren • Trainingsmaßnahmen für die Mitarbeiter vorbereiten

DESIGN

Für die Implementierung des Prozesses sind verschiedene Strategien möglich.

VERIFY

DEFINE

Darstellung Implementierungsstrategien

Phasenweise	Das Prozessdesign wird gemäß definierter Umsetzungs-phasen in einem Standort schrittweise implementiert und umgesetzt
Sequentiell	Das definierte Prozessdesign wird zunächst in einem Standort implementiert und umgesetzt, bevor es in einem weiteren Standort implementiert wird
Ganzheitlich	Ganzheitliche Umsetzung des definierten Prozessdesigns parallel in allen Standorten

Es ist sinnvoll, diese Implementierungsstrategien miteinander zu kombinieren. Folgende Fragestellungen sind dabei hilfreich:
- Wie viel Zeit steht für die Implementierung des Prozesses zur Verfügung?
- Welche Projekte bzw. Initiativen sind von der Implementierung betroffen? In welchem Umfang?
- Welche Projekte und Initiativen können unterstützend eingebunden werden?
- Welche Ressourcen werden für die jeweilige Implementierungsstrategie benötigt?
- Welche Auswirkungen hat die Implementierung auf den laufenden Betrieb?

Die Implementierung des Lean Prozesses sollte gut vorbereitet werden, d. h.:
- Alle vom neuen Prozessdesign betroffenen Bereiche müssen identifiziert werden.
- Ein Implementierungsrahmen muss festgelegt werden.
- Ansprechpartner und Implementierungs-Verantwortliche müssen definiert sein.
- Der Bedarf an Übergangsplänen muss evaluiert werden.

MEASURE

ANALYZE

DESIGN

VERIFY

DEFINE

MEASURE

ANALYZE

DESIGN

VERIFY

KPI-System aufbauen

📁 **Bezeichnung / Beschreibung**
KPI-System, Key Performance Indicators, Kennzahlensystem

🕐 **Zeitpunkt**
Verify, Implementierung vorbereiten

◎ **Ziele**
- Ermittlung des Wertschöpfungsgrades der neu entwickelten Produkte und Prozesse
- Überwachung und Steuerung des gesamten Wertschöpfungsprozesses

▶▶ **Vorgehensweise**
1. Die Supply Chain wird in die Bereiche Beschaffung, Produktion und Distribution aufgegliedert.

2. Für jeden Bereich werden Kennzahlen bestimmt, die eine Bewertung und gegebenenfalls auch eine Steuerung der spezifischen Leistungen und Leistungspotentiale ermöglichen.

Darstellung Steuerung der Wertschöpfungskette mit KPI

Wertschöpfungsprozess

Zentrale KPI für den Supply Chain Bereich

| Bestelldisposition und Materialwirtschaft | Planung und Steuerung der Soll-Produktion | Vertriebsplanung- und steuerung, Kunden- auftragsbearbeitung |

KPI der Beschaffung | KPI der Produktion | KPI der Distribution

DEFINE

Relevante KPI für den Bereich Beschaffung

KPI, die den gesamten Beschaffungsprozess steuern, müssen Kennzahlen aus allen Wertschöpfungsstufen des Bereichs beinhalten.

Darstellung Relevante KPI für den Bereich Beschaffung

MEASURE

Es wird empfohlen, folgende KPI zu definieren:
- Einflussfaktoren, die sich auf die Leistungsfähigkeit der Beschaffung auswirken
- Bedarf, Beschaffungsmenge und -zeitpunkt (kurz- und langfristig)
- Beschaffungskosten von Materialien
- Einkaufsleistung und Absicherung der betrieblichen Materialversorgung

ANALYZE

Darstellung Beschaffungsmatrix
Beispiel Passagiersitz

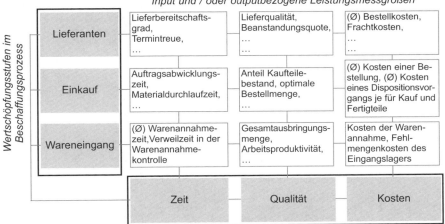

Steuerungs- und Optimierungskriterien

DESIGN

VERIFY

Relevante KPI für den Bereich Produktion

Die Kennzahlen für ein KPI-System im Produktionsbereich sollten Aufschluss geben über:

– Entwicklungstendenzen des Prozesses
– Wirtschaftlichkeit, Zuverlässigkeit und Fehlerfreiheit der Produktionsaktivitäten
– Zusammenhänge zwischen Einzelaktivitäten
– Optimierungspotentiale im Produktionsbereich

Darstellung Produktionsmatrix
Beispiel Passagiersitz

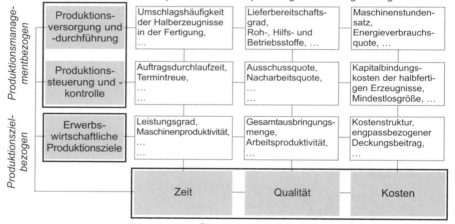

Steuerungs- und Optimierungskriterien

Relevante KPI für den Bereich Distribution

Geeignete Kennzahlen für das KPI-System im Vertrieb ermöglichen:

- Transparenz bezüglich der Qualität und der Kosten
- Darstellung von Optimierungspotentialen
- Sicherung der Nachhaltigkeit der Verbesserungen

Darstellung Distributionsmatrix

Beispiel Passagiersitz

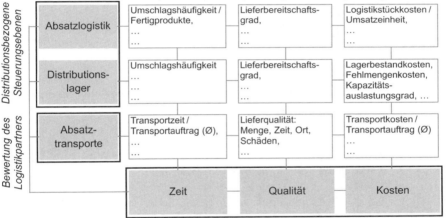

335

DEFINE

MEASURE

ANALYZE

DESIGN

VERIFY

Prozessmonitoring aufbauen

🗁 **Bezeichnung / Beschreibung**
Monitoring, Prozessüberwachung

🕑 **Zeitpunkt**
Verify, Implementierung vorbereiten

◎ **Ziele**
Überwachung der Prozessfähigkeit

▶▶ **Vorgehensweise**
Nachdem die KPIs bestimmt wurden, sollte die regelmäßige Erfassung und Überwachung der einzelnen Kennzahlen eingeführt werden.
Dabei wird folgendes Vorgehen gewählt:

1. Standardisierte Erfassung der Kennzahlen sicherstellen (was?, wie?, wann?, wie oft?, wo?, wer?)

2. Spezifikationsgrenzen festlegen (vom Kunden vorgegeben):
   LSL = Lower Specification Limit (untere Spezifikationsgrenze);
   USL = Upper Specification Limit (obere Spezifikationsgrenze).

3. Mit Hilfe von Control Charts die Kontrollgrenzen statistisch bestimmen:
   LCL = Lower Control Limit (untere Kontrollgrenze)
   ($\approx$ - 3 Standardabweichungen vom Mittelwert);
   UCL = Upper Control Limit (obere Kontrollgrenze)
   ($\approx$ + 3 Standardabweichungen vom Mittelwert).

Insgesamt liegen 99,74 % der Daten in dem Intervall zwischen oberer und unterer Kontrollgrenze. Liegt ein Datenpunkt außerhalb oder weist ein starkes Trendverhalten auf (siehe Shewarts Regeln), liegt ein statistischer Ausreißer vor – es kann eine spezielle Ursache vermutet werden. Dies muss im Rahmen einer näheren Untersuchung überprüft werden.

336

4. Prozessfähigkeit überwachen. Dabei gibt es folgende Möglichkeiten:
   A. Prozess innerhalb der Spezifikationen und in statistischer Kontrolle: Keine Aktion notwendig.
   B. Nicht innerhalb der Spezifikationen aber in statistischer Kontrolle: Suche nach gewöhnlichen Ursachen und Prozessoptimierung durchführen.
   C. Innerhalb der Spezifikationen aber nicht in statistische Kontrolle: Genaue Überwachung sicherstellen.
   D. Nicht innerhalb der Spezifikationen und nicht in statistischer Kontrolle: Suche nach speziellen Ursachen und Fire Prevention durchführen.

Darstellung
Beispiel Passagiersitz

Kennzahl	Anteil der fehlerhaften Sitzbezüge
Definition	Anteil der fehlerhaften Sitzbezüge im Verhältnis zur Gesamtanzahl produzierter Sitze
Dimension	%
Soll-Wert	Zielwert 1% pro Jahr
Messperiode	Wochenweise
Wiederholung	Permanente Messung
Datenermittler	Qualitätskontrolle
Datenempfänger	Prozesseigner
Auswertung / Reporting	Leiter QS
Verantwortlich	Prozesseigner

◆ Prozent in der Messwoche
■ Zielwert für die Messwoche

DEFINE

Darstellung Überwachung der Prozessfähigkeit

 A

In den Spezifikationen und in statistischer
Kontrolle

Keine Aktion notwendig

B

Nicht in den Spezifikationen, aber in
statistischer Kontrolle

Aktion: Prozess optimieren

MEASURE

C

In den Spezifikationen, aber nicht in
statistischer Kontrolle

 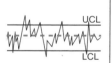

Überwachen, aber erstmal keine Aktion
notwendig

D

Nicht in den Spezifikationen und nicht in
statistischer Kontrolle

 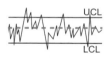

Aktion: Fire Prevention – Ursachen für
die Ausreißer finden und abstellen

ANALYZE

LSL = Lower Specification Limit:
   Die unteren vom Kunden bestimmten Spezifikationsgrenzen
USL = Upper Specification Limit:
   Die oberen vom Kunden bestimmten Spezifikationsgrenzen
LCL = Lower Control Limit:
   Die unteren statistisch berechneten Kontrollgrenzn
UCL = Upper Control Limit:
   Die oberen statistisch berechneten Kontrollgrenzen

DESIGN

⇨ **Tipp**
- Ein durch Bilder, Farben und Markierungen visuell unterstütztes Monitoring sorgt für Nachhaltigkeit.
- Die Prozesseigner sollten im Umgang mit dem Prozessmonitoring geschult werden.

VERIFY

Prozessmanagement-Diagramm erstellen

📁 **Bezeichnung / Beschreibung**
Process Management Diagram, Prozessmanagement-Diagramm

🕑 **Zeitpunkt**
Verify, Implementierung vorbereiten

◎ **Ziele**
- Bei Über- oder Unterschreitung der Spezifikationen steht fest, was zu tun ist
- Eine zielgerichtete Reaktion und Maßnahmeneinleitung sind möglich
- Kontinuierliche Prozesskontrolle

▸▸ **Vorgehensweise**
1. Verbesserten Prozess z. B. mit Hilfe einer FMEA auf potentielle Probleme hin untersuchen.
2. Für jeden Punkt die notwendigen Maßnahmen ableiten und einen Verantwortlichen benennen.
3. Prozessmanagement-Diagramm erstellen (Prozessdarstellung, Monitoring mit KPI und Reaktionsplan).
4. Prozess überwachen – bei Abweichungen tritt der Reaktionsplan in Kraft.
5. Nachdem die KPI bestimmt wurden, sollte die regelmäßige Erfassung und Überwachung der einzelnen Kennzahlen eingeführt werden.

Darstellung Prozessmanagement-Diagramm auf der nächsten Seiten.

DEFINE

MEASURE

ANALYZE

DESIGN

VERIFY

DEFINE · MEASURE · ANALYZE · DESIGN · VERIFY

Darstellung Prozessmanagement-Diagramm

Prozess: Lackiervorgang / Unfallinstandsetzung	Prozesseigner: K. Goldbach	Datum: April 2005
Zweck: Beibehaltung von Lackierqualität von Unfallinstandsetzungen		Rev.: 17.5

Prozessschritte					Monitoring				Reaktionsplan	
Abt. A	Abt. B	Abt. C	Abt. D	Abt. E	Output-Messgrößen	Input-Prozess-Messgrößen	Standard/Spezifikationen	Methode zur Stichprobenerhebung/Aufzeichnung der Daten	Sofortige Lösung	Prozess-/Systemverbesserung
Auftrag zur Instandsetzung					Verständlichkeit des Auftrags		100% der Mitarbeiter mit vollem Verständnis	Wöchentliche Mitarbeiterbefragung durch Messgruppe		Monatliche Überprüfung durch Abteilungsleiter Kundendienst
	Instandsetzung der Karosserie				Dauer der Instandsetzung		Karosserieinstandsetzung mindestens 4 Tage vor Fertigstellungstermin	Wöchentliche Stichprobe, Abgleich Fertigstellungstermin und Instandsetzungs-Enddatum durch Messgruppe		Monatliche Überprüfung durch Abteilungsleiter Kundendienst
						Verfügbarkeit der Ersatzteile	95%ige Verfügbarkeit zu Beginn der Arbeit	Vollerhebung der Daten durch EDV, durch Karosseriebeauftragten im Lager	Eine Person im Lager zum Verantwortlichen im Lagerbereich erklären	
		Lackierung			Lackdicke in Mikrometern		Lackdicke nicht mehr als 300 Mikrometer nach Fertigstellung	Vollerhebung der Daten, Messung durch Abteilungsleiter Lack bei Endkontrolle		Monatliche Überprüfung durch Abteilungsleiter Kundendienst
					Haltbarkeit der Lackierung		Keine Durchrostungen der lackierten Stellen innerhalb von 5 Jahren	Anschreiben der betroffenen Kunden nach 2, 4 und 5 Jahren	Monatliche Serienbriefaktion einleiten, EDV-gesteuert nach Datum	Besprechung der Ergebnisse im monatlichen Management-Meeting
					Anteil interner Nacharbeit		Höchstens 2% innerhalb 90 Tagen	Verfolgung monatlicher Finanzbericht durch Abteilungsleiter Lack		Bestandteil des Qualitäts Management Reviews
					Abteilungs-bruttoertrag			Verfolgung monatlicher Finanzbericht durch Abteilungsleiter Lack		
						Verfügbarkeit der benötigten Lacke		Vollerhebung der Daten durch EDV, durch Karosseriebeauftragten im Lager	Eine Person im Lager zum Verantwortlichen im Lagerbereich erklären	

Prozess pilotieren

🗀 **Bezeichnung / Beschreibung**
Pilot, Test des neuen Prozesses in einem begrenzten Umfeld

🕙 **Zeitpunkt**
Verify Phase, Implementierung vorbereiten

◎ **Ziele**
- Leistungsfähigkeit des entwickelten Prozesses überprüfen
- Grundlage für das Roll Out schaffen

▶▶ **Vorgehensweise**
Die Prozesspilotierung erfolgt in vier Schritten in der Reihenfolge Plan-Do-Check-Act (PDCA):

1	Plan: Pilot vorbereiten
2	Do: Pilot durchführen
3	Check: Ergebnisse analysieren
4	Act: Optimierungen durchführen

1. Plan: Pilot vorbereiten
Notwendige Tätigkeiten, um den Pilot vorzubereiten sind:
- Pilotteam festlegen
- Pilotumfang definieren
- Implementierungsplan erstellen
- Risiken abschätzen
- Einrichtungen und Gebäude bereitstellen

DEFINE

- Maschinen und Ausrüstung beschaffen und aufstellen
- IT-Infrastruktur aufbauen
- Ausreichende Menge an Material von den ausgewählten Lieferanten beschaffen
- Mitarbeiter On The Job trainieren

Mit Hilfe einer Prozess-FMEA (siehe Analyze) können schon vorab potentielle Fehler im neuen Prozess identifiziert und analysiert werden. Für solche Fehlermöglichkeiten werden dann Strategien zur frühzeitigen Erkennung und Vermeidung entwickelt.

Auf diese Weise kann eine FMEA als Basis für einen Reaktionsplan dienen.

MEASURE

2. Do: Pilot durchführen
Um eine frühzeitige Korrektur zu ermöglichen, sollte die Pilotdurchführung schrittweise erfolgen:
- Testläufe vorbereiten
- Testläufe durchführen
- Maschineneinstellungen optimieren (DOE)
- Schrittweise Mengen steigern
- Produktion unter Volllast fahren

ANALYZE

3. Check: Ergebnisse analysieren
Für die Prozessanalyse wird jeder relevante Prozessschritt unter verschiedenen Gesichtspunkten betrachtet:
- Qualität (Einhaltung von Spezifikationen, Prozessfähigkeit)
- Kapazität (Durchsatz, Geschwindigkeit)
- Kosten (Zielkosten erreicht?)
- Regulatorische Anforderungen (Umwelt, Gesundheit, Arbeitssicherheit)

DESIGN

Zur Bewertung eines Prozesses können verschiedene Kenngrößen verwendet werden.

VERIFY

Darstellung Kenngrößen zur Validierung eines Prozesses

Prozessschritte validieren		
Qualität	Spezifikationen	LSL, USL
	Prozessfähigkeit	C_p, C_{pk}, LCL, UCL
Kapazität	Durchsatz	Menge / Zeit
	Geschwindigkeit	Durchlaufzeit
Kosten	Produktionskosten	Material, Personalkosten, etc.
	Umlaufvermögen	Bestände in Euro (Umlauf- und Fertigwarenbestände)
	Anlagevermögen	Abschreibungen auf Maschinen, Gebäude, etc.
Regulatorische Anforderungen	Umwelt	Emissionen
	Gesundheit	Ergonomie und Belastung
	Arbeitssicherheit	Verletzungsgefahr

4. Act: Optimierungen durchführen
Entsprechen die Ergebnisse bei der Prüfung nicht den geplanten Zielen, werden die Schwachpunkte beseitigt. Nach der Beseitigung der Schwachpunkte beginnt der PDCA-Zyklus wieder von Vorne – bis die gewünschten Ergebnisse erzielt werden. Danach kann eine Freigabe für den Roll Out erfolgen.

Darstellung Pilotprogramm und PDAC
Beispiel Passagiersitz

Verbesserungen vornehmen
Einleitung von Maßnahmen
1. Maßnahme:
   1 Mitarbeiter mehr an
   dieser Position
2. Maßnahme:
   Veränderung des Verfahrens

Pilot planen
Pilot Montage eines Sitzes wird geplant.
Die Schulung der Mitarbeiter steht im Vordergrund.

Act | Plan
Check | Do

Ergebnis prüfen
Bei der Durchführung der Sitz-bespannung kam es immer wieder zu Verzögerungen.

12.10.2006   30.10.2006

DLZ in Stunden

Pilot umsetzen
Der Pilot wird durchgeführt.
50 Sitze werden im ersten Test-lauf montiert.

DEFINE

MEASURE

ANALYZE

DESIGN

VERIFY

DEFINE

Finale SOPs und Prozessdokumentation erstellen

📁 **Bezeichnung / Beschreibung**
Standard Operating Procedures (SOPs), Arbeitsanweisungen, Process Documentation, Prozessdokumentation

🕐 **Zeitpunkt**
Verify, Prozess implementieren

◎ **Ziel**
Sicherstellung der Nachhaltigkeit des Projektergebnisses

▶▶ **Vorgehensweise**
1. Nach der erfolgreichen Durchführung des Piloten werden alle Änderungen in die Prozessdokumentation und in die SOPs eingearbeitet

2. Dann werden diese an den jeweiligen Arbeitsplätzen zugänglich gemacht:
   - Methoden der visuellen Prozesskontrolle nutzen, visuelle Darstellung des optimalen Arbeitsplatzes nach 5 S, visuelle Darstellung der wichtigsten Handgriffe und des richtig gefertigten Produktes
   - Visuelle Darstellung der wichtigsten Produktionsparameter wie Maschineneinstellungen, Takt, WIP, Durchlaufzeiten etc.

MEASURE *ANALYZE* *DESIGN* *VERIFY*

Implementierung durchführen

DEFINE

☐ **Bezeichnung / Beschreibung**
Implementation, Roll Out

🕐 **Zeitpunkt**
Verify, Prozess implementieren

MEASURE

◎ **Ziel**
Herstellung von fehlerfreien Produkten mit einem effizienten und effektiven Prozess

▸▸ **Vorgehensweise**
Um die im Projektverlauf erarbeitete und verifizierte Lösung in ihrem gesamten Umfang auszurollen, konzentriert sich die Planung und Durchführung der Implementierung auf die zentralen Anforderungen eines Projektes:

ANALYZE

1. **Ziele der Implementierung** werden auf Basis eines Projekt Charters definiert:
   - Warum wird die Implementierung durchgeführt?
   - Was soll mit der Implementierung erreicht werden?
   - Welche Beschränkungen haben sich als notwendig erwiesen?

2. **Aktivitäten-, Zeit- und Ressourcenplanung** werden mit Hilfe der vorgestellten Werkzeuge ermittelt:
   - Definition der Aktivitäten (siehe Define)
   - Festlegung der Zeiten
   - Festlegung der Verantwortlichkeiten
   - Visualisierung in einem Gantt-Chart

DESIGN

3. **Budgetplanung und -kontrolle** erfolgen unter zwei Blickwinkeln:
   - Wird das geplante Budget für die Implementierung eingehalten (Beschaffungskosten, Trainingskosten, Installation etc.)?
   - Werden die geplanten Produktionskosten eingehalten (Energie, Arbeit, Instandhaltung etc.)?

VERIFY

DEFINE

4. **Risikoabschätzung** kann mit folgenden Werkzeugen erfolgen:
   – Prozess FMEA (siehe Analyze)
   – Risiko-Management-Matrix (siehe Define)

5. **Change-Management-Strategie** wird auf der Basis folgenden Vorgehens entwickelt:
   – Stakeholderanalyse (siehe Define)
   – Kommunikationsplan (siehe Define)

6. **Steuerung und Kontrolle** ermöglichen eine effiziente und planbare Implementierung durch:
   – RACI-Charts (siehe Define)
   – Monitoring
   – Reaktionsplanung bei Abweichungen

MEASURE

ANALYZE

DESIGN

VERIFY

Prozessdokumentation übergeben

⬜ **Bezeichnung / Beschreibung**
Handover, Prozessübergabe, Prozess wird an die Prozesseigner übergeben

🕐 **Zeitpunkt**
Verify, Prozess übergeben

◎ **Ziele**
- Übergabe des Prozess an den Prozesseigner
- Offizieller Abschluss des Projektes

▶▶ **Vorgehensweise**
Bei der Übergabe des Projektes an die Prozesseigner übernehmen diese
die Verantwortung für den entwickelten Prozess. Ein effizientes Prozess-
management basiert auf der nachhaltigen Aufarbeitung aller relevanter
Daten:
- Finale Dokumentation und SOPs
- Relevante KPI und Steuergrößen
- Regelmäßiges und korrektes Monitoring
- Prozessmanagement (inkl. notwendigem Reaktionsplan)
- Prozesseigner in das Prozessmanagementdiagramm eingeführt

Projektabschluss durchführen

🗀 **Bezeichnung / Beschreibung**
Project Closure, Projektabschluss

🕒 **Zeitpunkt**
Verify, Prozess übergeben

◎ **Ziele**
– Offizielle Übergabe der Projektdokumentation
– Abschluss des Projektes

▶▶ **Vorgehensweise**
– Alle Projektdokumentationen werden zusammengefasst. Die Inhalte und Gliederung sollen so aufbereitet werden, dass
  - die Erfahrungen und das Wissen des Teams erhalten bleiben und als Best Practices weiter verwendet werden können,
  - eine Basis für weitere Entwicklungsprojekte im Unternehmen entsteht,
  - die Ergebnisse und Daten für spätere Vergleiche festgehalten sind.

Es sollten sowohl die Ergebnisse des Projektes als auch die Arbeit des Entwicklungsteams in Hinblick auf folgende Frage bewertet und kommuniziert werden:
  - Was wurde im Rahmen der Projektarbeit gelernt?
  - Was kann bei den nächsten Projekten besser gemacht werden?

DEFINE *MEASURE* *ANALYZE* *DESIGN* *VERIFY*

Darstellung Matrix Lessons Learned

Team / Ressourcen	*Zeitplan*
• Waren das Team und die Ressourcen verfügbar? • Wurde die Planung eingehalten? • Was hat sich positiv auf die Einhaltung der Planung ausgewirkt und sollte beim nächsten Mal genauso gemacht werden? • Was hat sich negativ ausgewirkt und wie sollte es beim nächsten Mal vermieden werden?	• Wurde der Zeitplan eingehalten? • Was hat sich positiv auf die Einhaltung der Zeitplans ausgewirkt und sollte beim nächsten Mal genauso gemacht werden? • Was hat sich negativ ausgewirkt und wie sollte es beim nächsten Mal vermieden werden?
Ziele / Ergebnisse	*Weitere wichtige Punkte*
• Wurde das Ziel erreicht? • Was hat sich positiv auf die Einhaltung des Ziels ausgewirkt und sollte beim nächsten Mal genauso gemacht werden? • Was hat sich negativ ausgewirkt und wie sollte es beim nächsten Mal vermieden werden?	• Was war darüber hinaus für das Projekt förderlich und sollte beim nächsten Mal genauso gemacht werden? • Was war hinderlich und sollte beim nächsten Mal vermieden werden?

Gate Review

📁 **Bezeichnung / Beschreibung**
Gate Review, Phasencheck, Phasenabnahme

🕐 **Zeitpunkt**
Zum Abschluss jeder Phase

◎ **Ziele**
- Den Sponsor von Ergebnissen und Maßnahmen der jeweiligen Phase in Kenntnis setzen
- Die Ergebnisse beurteilen
- Über den weiteren Verlauf des Projektes entscheiden

▶▶ **Vorgehensweise**
Die Ergebnisse werden vollständig und nachvollziehbar präsentiert.
Der Sponsor prüft den aktuellen Stand des Projektes nach folgenden Kriterien:
- Vollständigkeit der Ergebnisse,
- Wahrscheinlichkeit des Projekterfolges,
- die optimale Allokation der Ressourcen im Projekt.

Sämtliche Ergebnisse der Verify Phase werden im abschließenden Verify Gate Review dem Sponsor und den Stakeholdern vorgestellt. Um den Abschluss der Verify Phase und die Übernahme des Projekts durch den Sponsor zu ermöglichen, müssen folgende Fragen beantwortet werden können:

Zur Pilotierung:

- Wie erfolgreich ist der Pilot durchgeführt worden?
- Wie gut sind die Ziele bezüglich Qualität, Kosten, Kapazität und die regulatorischen Anforderungen erfüllt worden?

Zur Implementierung:

- Wie wurde der Prozess final dokumentiert?
- Wird der Prozess mittels eines sinnvollen Kennzahlensystems überwacht?
- Wie kann getestet werden, ob der Reaktionsplan für den Fall, dass Abweichungen auftreten, funktionsfähig ist?
- Sind die für eine Markteinführung notwendigen Aktivitäten erfolgreich durchgeführt worden?
- Wie kann festgestellt werden, ob die Aktivitäten ausreichend sind?

Zur Prozessübergabe:

- Was sind die Inhalte der finalen Dokumentation?
- Wodurch wird deutlich, dass der Prozesseigner vollständig die Verantwortung übernommen hat und das Entwicklungsteam somit entlastet ist?

Kostenkalkulation und Marketing:

- Wie sind die detaillierten Produktkosten aufgeschlüsselt?
- Welche Herstellkosten (HK1) wurden kalkuliert?
- Welche Qualitätskosten werden erwartet (Nacharbeit, Ausschuss, etc.)?
- Werden die Zielkosten eingehalten?
- Wie sieht der detaillierte Marketing- und Sales-Plan aus? Welche Kosten wurden hierfür kalkuliert?
- Welche Deckungsbeiträge (DB 1 bis DB 4) wurden kalkuliert?

Das Projekt kann nun offiziell abgeschlossen werden.

Ein Grund zu feiern!

DEFINE

MEASURE

ANALYZE

DESIGN

VERIFY

5S	Sort (aussortieren) / Set in Order (aufräumen) / Shine (reinigen) / Standardize (standardisieren) / Sustain (Nachhaltigkeit sichern)
AFD	Anticipatory Failure Determination
AFE	Antizipierende Fehlererkennung
AHP	Analytisch-Hierarchischer-Prozess
ANOVA	Analysis of Variances
BB	Black Belt
bzw.	beziehungsweise
C/O	Changeover (Rüstzeit)
CAD	Computer Aided Design
CAPS	Computer Aided Process Simulation
CIT	Change Implementation Tools
CTB	Critical To Business
CTQ	Critical To Quality
DB	Deckungsbeitrag
DFC	Design For Configuration
DFE	Design For Environment
DFMA	Design For Manufacturing and Assembly
DFR	Design For Reliability
DFS	Design For Services
DFSS	Design For Six Sigma
d. h.	das heißt
DLZ	Durchlaufzeit
DMADV	Define, Measure, Analyze, Design, Verify
DMAIC	Define, Measure, Analyze, Improve, Control
DOE	Design Of Experiments
DPMO	Defects Per Million Opportunities
DPU	Defects Per Unit
EBIT	Earnings Before Interest and Taxes
EBITDA	Earnings Before Interest, Taxes, Depreciation and Amortization
EHS	Environment / Health / Safety
etc.	et cetera
EVA®	Economic Value Added
F&E	Forschung und Entwicklung

f.	folgende
ff.	fortfolgende
FMEA	Failure Mode and Effect Analysis / Fehlermöglichkeiten und Einfluss Analyse
FTA	Fault Tree Analysis (Fehlerbaumanalyse)
GB	Green Belt
ggf.	gegebenfalls
HK	Herstellkosten
HR	Human Resources
Hrsg.	Herausgeber
i. d. R.	In der Regel
inkl.	inklusive
IT	Informationstechnologie
KPI	Key Performance Indicator
LCL	Lower Control Limit
LSL	Lower Specification Limit
Max	Maximum
MBB	Master Black Belt
MCA	Monte Carlo Analyse
MGP	Multigenerationsplan
Min	Minimum
min	Minute
Mio.	Million
NFs	Nützliche Funktionen
NOPAT	Net Operating Profit After Taxes
P/T	Processing Time (Bearbeitungszeit)
PDCA	Plan, Do, Check, Act
ppm	parts per million / Fehler pro eine Million Fehlermöglichkeiten
QFD	Quality Function Diagram
R&R	Repeatability & Reproducibility
RACI	Responsible / Accountable / Consulted / Informed
RPN / RPZ	Risk Priority Number / Risiko-Prioritäten-Zahl
RSS	Root-Sum-Square Methode
S.	Seite

s.	siehe
SCAMPER	Substitute / Combine / Adapt / Modify / Put to other uses / Eliminate
SFM	Stoff-Feld-Modell
SFs	Schädliche Funktionen
SIPOC	Supplier / Input / Prozess / Output / Customer
SLA	Service Level Agreements
SMA	Shape-Memory-Alloys
SMART	Spezifisch / Messbar / Abgestimmt / Realistisch / Terminiert
SMED	Single Minute Exchange of Die (Rüstzeitreduzierung)
sog.	so genannt
Std.	Stunde
SU	Setup (Rüstzeit)
Sufield Analysis	Substance-Field Analysis
TIMWOOD	Transport / Inventory (Bestände) / Motion (Bewegung) / Waiting (Warten) / Overproduction (Überproduktion) / Overprocessing (Überentwicklung) / Defects (Fehler)
TIPS	Theory of Inventive Problem Solving
TRIZ	Teoriya Reshemiya Izobretatelskikh Zadach (russisches Akronym für die Theorie des erfinderischen Problemlösens)
u. a.	unter anderem
u. U.	unter Umständen
UCL	Upper Control Limit
USL	Upper Specification Limit
USP	Unique Selling Proposition / Point
VOC	Voice Of the Customer
VSM	Value Stream Map
WCA	Worst-Case-Analysis
WIP	Work in Process (Ware in Arbeit)
z. B.	zum Beispiel

Begriff	Seite
Designkonzept identifizieren	42, 236
Designkonzept optimieren	42, 57, 134, **168**, 236
Dissatisfier	91 ff., 99, 105
Distributionsmatrix	335
DPMO-Methode	116, 118 ff., 127 f., 353
Durchlaufzeit (DLZ)	32, 69, 275, 292, 297 ff., 302 ff., 306
E	
EBIDTA	38
Einfluss	14, 22, **38**, 41, 54 f., 58, 79, 143 f., 161, 221, 225, 230, 236, 242, 354
Eintrittswahrscheinlichkeit	54, 230
Elevator Speech	51, 316
Engineering Contradictions	**171**
Engpass	**305**, 307
Entdeckungswahrscheinlichkeit	222 ff.
Entwicklungskennzahlen	31
Erhebungsdesign	**161 f.**
Ertrag	119, **122 f.**, 128, 298
EVA®	31 f., 353
Evaluierungsmatrix	**290**, **320**
Evolution technologischer Systeme	**209 ff.**
Evolutionsgesetze	**210**
Externe Recherche	**72**
F	
Factorial Design	163
Fehlerbaumanalyse	354
Fehlermöglichkeiten und Einfluss-Analyse	**221**
Fehlertypen	**281**
Fehlervermeidung	221, 227, **281**, 283, 285
Feinkonzept auswählen	**278**
Feinkonzept entwickeln	322
Feinkonzept testen	**256**
First Pass Yield	123, 127
Flaschenhals	**305**, 307

Begriff	Seite
Kundenstimmen sammeln	42 ff., 57, **68**, 74
Kundenwerte	11, 70, 74
L	
Lean Prozess	322
Leistungsfähigkeit	127, 258, **286**, 288, 322, 333
Leistungsfaktoren	92 f.
Lessons Learned Matrix	**349**
Little's Law	**306**
Lower Control Limit (LCL)	336, 338
Lower Specification Limit (LSL)	336, 338
M	
Magnetorheologische Flüssigkeiten	194
Main Effects Plot	165 f.
Makroebene	200, 202, 210, 214
Marketingstrategie	233
Marktanalyse	26, 64,
Markteinführung	5 f., 37, **232**, 322, 351
Marktsegmentierung	63
Measure Gate Review	130 f.
Meilensteine	24, 41, 328
Messgrößen	14, 42, 84, 98 f., 103 f., 109 ff., 131, 141 ff.,
Mikroebene	210, 214
Mindmapping	145, **149**, 247
Monitoring	13, 330, **336**, 338 f., 346 f.
Monte Carlo Analyse (MCA)	250
Morphologischer Kasten	145, **151**, 247
Multigenerationsplan	14, 24, **36 f.**, 41, 236
N	
Netzplan	44
Neu-Design	12, 24, **30**, 291
Niedergang	209
Normalized Yield	122
Null-Hypothese	261 f.

Begriff	Seite
Separation in Bezug auf die Zeit	191, **192**
Setup (SU)	298
Shape-Memory Alloys	**194**
Simulation	247, 255, 292
SIPOC-Diagramm	**293 f.**
S-Kurve	209, **210 f.**
S-Kurven-Analyse	210
Smart Materials	194
SMART-Regel	28, 30
Soft Savings	24, 31 f.
Spaghettidiagramm	**311**
Sponsor	24, 33 f., 50 ff., 130 f.,235 f., 321 f., 350
Stakeholder	9, **50**, **228**, 236
Stakeholderanalyse	**50**
Standard Operating Procedures (SOP)	299, **300**, 344
Statistische Fehler (α- und ß-Fehler)	262
Statistische Werkzeuge	248, 258
Steuerungsprinzipien	296 f.
Stichprobe	70, 126, 259 ff., 265, 267
Stichprobengröße	78, 81, 254, 260 f., 268 f.
Stimuli	161 ff., 167
Stoff-Feld-Analyse	**195 ff.,**
Stoff-Feld-Interaktion	217
Subsysteme	193, 200, 202, 225
Subversive Fehleranalyse	226
Sufield Analysis	**195 ff.**
T	
Taktrate	298, 305
Taktzeit	298, 305 ff.
Target Costing	**82**
Task Time Chart	306
Technical Contradictions	**171**, 371
Technische Widersprüche	170, **171**, 371

Ertrag	Prozess-Sigma (ST)	Fehler pro 1.000.000	Fehler pro 100.000	Fehler pro 10.000	Fehler pro 1.000	Fehler pro 100
99,99966%	6,0	3,4	0,34	0,034	0,0034	0,00034
99,9995%	5,9	5	0,5	0,05	0,005	0,0005
99,9992%	5,8	8	0,8	0,08	0,008	0,0008
99,9990%	5,7	10	1	0,1	0,01	0,001
99,9980%	5,6	20	2	0,2	0,02	0,002
99,9970%	5,5	30	3	0,3	0,03	0,003
99,9960%	5,4	40	4	0,4	0,04	0,004
99,9930%	5,3	70	7	0,7	0,07	0,007
99,9900%	5,2	100	10	1,0	0,1	0,01
99,9850%	5,1	150	15	1,5	0,15	0,015
99,9770%	5,0	230	23	2,3	0,23	0,023
99,9670%	4,9	330	33	3,3	0,33	0,033
99,9520%	4,8	480	48	4,8	0,48	0,048
99,9320%	4,7	680	68	6,8	0,68	0,068
99,9040%	4,6	960	96	9,6	0,96	0,096
99,8650%	4,5	1.350	135	13,5	1,35	0,135
99,8140%	4,4	1.860	186	18,6	1,86	0,186
99,7450%	4,3	2.550	255	25,5	2,55	0,255
99,6540%	4,2	3.460	346	34,6	3,46	0,346
99,5340%	4,1	4.660	466	46,6	4,66	0,466
99,3790%	4,0	6.210	621	62,1	6,21	0,621
99,1810%	3,9	8.190	819	81,9	8,19	0,819
98,930%	3,8	10.700	1.070	107	10,7	1,07
98,610%	3,7	13.900	1.390	139	13,9	1,39
98,220%	3,6	17.800	1.780	178	17,8	1,78
97,730%	3,5	22.700	2.270	227	22,7	2,27
97,130%	3,4	28.700	2.870	287	28,7	2,87
96,410%	3,3	35.900	3.590	359	35,9	3,59
95,540%	3,2	44.600	4.460	446	44,6	4,46
94,520%	3,1	54.800	5.480	548	54,8	5,48
93,320%	3,0	66.800	6.680	668	66,8	6,68
91,920%	2,9	80.800	8.080	808	80,8	8,08
90,320%	2,8	96.800	9.680	968	96,8	9,68
88,50%	2,7	115.000	11.500	1.150	115	11,5
86,50%	2,6	135.000	13.500	1.350	135	13,5
84,20%	2,5	158.000	15.800	1.580	158	15,8
81,60%	2,4	184.000	18.400	1.840	184	18,4
78,80%	2,3	212.000	21.200	2.120	212	21,2
75,80%	2,2	242.000	24.200	2.420	242	24,2
72,60%	2,1	274.000	27.400	2.740	274	27,4
69,20%	2,0	308.000	30.800	3.080	308	30,8
65,60%	1,9	344.000	34.400	3.440	344	34,4
61,80%	1,8	382.000	38.200	3.820	382	38,2
58,00%	1,7	420.000	42.000	4.200	420	42
54,00%	1,6	460.000	46.000	4.600	460	46
50,00%	1,5	500.000	50.000	5.000	500	50
46,00%	1,4	540.000	54.000	5.400	540	54
43,00%	1,3	570.000	57.000	5.700	570	57
39,00%	1,2	610.000	61.000	6.100	610	61
35,00%	1,1	650.000	65.000	6.500	650	65
31,00%	1,0	690.000	69.000	6.900	690	69
28,00%	0,9	720.000	72.000	7.200	720	72
25,00%	0,8	750.000	75.000	7.500	750	75
22,00%	0,7	780.000	78.000	7.800	780	78
19,00%	0,6	810.000	81.000	8.100	810	81
16,00%	0,5	840.000	84.000	8.400	840	84
14,00%	0,4	860.000	86.000	8.600	860	86
12,00%	0,3	880.000	88.000	8.800	880	88
10,00%	0,2	900.000	90.000	9.000	900	90
8,00%	0,1	920.000	92.000	9.200	920	92

Hinweis: Subtrahieren Sie 1,5, um das langfristige Prozess Sigma zu erhalten. $\sigma_{LT} = \sigma_{ST}-1,5$

Printing: Ten Brink, Meppel, The Netherlands
Binding: Stürtz, Würzburg, Germany